Ingrid Gerstbach

77 Tools für Design Thinker

Ingrid Gerstbach

77 Tools für Design Thinker

Insidertipps aus der Design-Thinking-Praxis

Bibliographische Information der Deutschen Nationalbibliothek
Die Deutsche Nationalbibliothek verzeichnet diese Publikation in der
Deutschen Nationalbibliografie; detaillierte bibliografische Daten
sind im Internet über http://dnb.d-nb.de abrufbar.

ISBN 978-3-86936-805-4

Lektorat: Anna Ueltgesforth
Umschlaggestaltung: Martin Zech Design, Bremen | www.martinzech.de
Titelfoto: iidea studio/shutterstock
Grafiken: Peter Gerstbach | www.gerstbach.at
Autorenfoto: Budiono Nguyen, Wien | www.budiono.at
Satz und Layout: Lohse Design, Heppenheim | www.lohse-design.de
Druck und Bindung: Salzland Druck, Staßfurt
2. Auflage 2018

www.gabal-verlag.de
www.twitter.com/gabalbuecher
www.facebook.com/Gabalbuecher

Inhalt

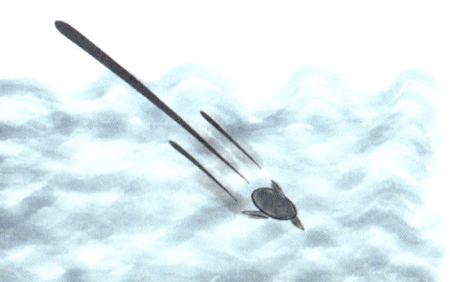

Phase 1 – Einfühlen 49

Phase 2 – Definieren 147

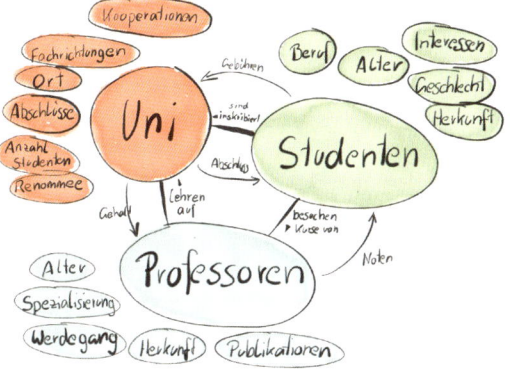

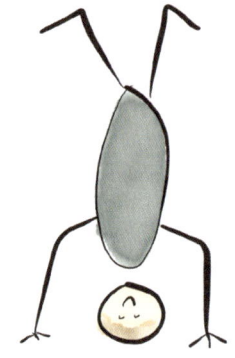

Phase 4 – Prototyping 241

Die Symbole

✏	Thema
🪧	Ziele
👥	Beteiligt
📄	Hilfsmittel
⏳	Benötigte Zeit
👍	Vorteile
👎	Nachteile

Vorwort

Wie sehr hätte ich mir früher, in der Anfangszeit als Design-Thinking-Beraterin, ein Nachschlagewerk gewünscht, das mir kurz die jeweiligen Techniken und Methoden beschreibt und gleichzeitig mit konkreten Fallbeispielen untermauert ist! Und das Ganze nicht von einem Institut oder einer Universität, sondern direkt aus der Praxis mit dem Fokus auf Unternehmensberatung!

Dieses Buch stellt nicht die Basics aus dem Design Thinking in den Mittelpunkt, sondern spricht Menschen an, die bereits die Grundlagen kennen und teilweise anwenden. Die zugrundeliegenden Erfahrungen und Erkenntnisse stammen aus mehr als zehn Jahren täglicher Unternehmensberatung, Workshops und Trainings.

Aus dem direkten Projektgeschäft habe ich mich zurückgezogen, inzwischen arbeite ich als Begleiterin und halte mit meinen Kunden Workshops im Halbtagsformat ab. Viele lösen in deren Rahmen ein Innovationsproblem. Die meisten dieser Unternehmen begleite ich schon seit etlichen Jahren. Mir ist es wichtig, dass ich zu Ergebnissen beitrage, die über einen längeren Zeitraum wirken.

Empathie, Kooperation und Vertrauen sind dabei die maßgeblichen Schlüsselkompetenzen. Folgende Grundannahmen, die ich in meiner Praxis als Design-Thinking-Beraterin aufgestellt habe, verdeutlichen diese Sichtweise:

- Menschen interagieren anhand ihrer ganz persönlichen Sicht auf die Welt.
- Für jedes Problem gibt es mindestens eine funktionierende Lösung.
- Die Bedeutung einer Kommunikation erkennen Sie an ihrem Ergebnis.
- Jeder Mensch weiß alles, was er oder sie benötigt, auch wenn dieses Wissen gerade nicht abrufbar ist.
- Jedem Verhalten liegt eine positive Absicht zugrunde.
- Menschen sind nicht ihr Verhalten.
- Es gibt kein Scheitern, sondern nur Feedback.
- Wenn etwas nicht funktioniert, dann muss man das Vorgehen ändern.
- Jedes menschliche Verhalten hat eine bestimmte Struktur.
- Externes Verhalten ist das Ergebnis von internem Verhalten.

Dieses Buch unterstützt Sie dabei, Unternehmen mit Design Thinking zu begleiten und sich emphatisch in die Kunden einzufühlen, ohne sich selbst zu verlieren. Sie werden lernen, Unternehmen in Sachen Innovation und Kreativität zu unterstützen und nachhaltige Wirkung zu erzielen – keine kurzfristigen Kosmetik-Effekte.

Viel Erfolg dabei!
Ihre Ingrid Gerstbach

Innovation:
Die richtige Technik
zur richtigen Zeit

Wer den Design-Thinking-Prozess versteht, hat eine gute Voraussetzung dafür, Innovationen zu schaffen. Allerdings reicht es nicht, den Design-Thinking-Prozess nur zu verstehen – es ist auch wichtig, die spezifischen Techniken und Fähigkeiten zu kennen, die an verschiedenen Punkten während des gesamten Prozesses eingesetzt werden können. Dazu gehören ganz einfache Techniken, wie eine 2 × 2-Matrix, aber auch komplexere Techniken, wie eine Analyse oder der Austausch von Einblicken und Beobachtungen.

So wie ein Handwerksmeister fachmännisch seinen eigenen Satz an Handwerkzeug hat und – je nachdem, was er bearbeitet – ein anderes Werkzeug wählt, so muss der Design Thinker mit einer Vielzahl verschiedener Techniken vertraut sein, um die richtige Technik für ein Projekt und das entsprechende Team auszuwählen.

Das richtige Handwerkszeug

Der 4 × 4 Design Thinking® Prozess bildet die Struktur für dieses Buch. Die Kapitel 2 bis 4 erläutern die Schlüsselaktivitäten in jedem Prozessschritt und beschreiben detailliert 77 verschiedene, einfache, leistungsfähige und hochflexible Techniken, die Design Thinker einsetzen können, um im gesamten Design-Thinking-Prozess Fortschritte zu machen. Jede Beschreibung enthält ein konkretes Vorgehen, das veranschaulicht, wie und wann dieses Verfahren in einem Projekt eingesetzt werden kann. Die Beispiele aus den verschiedenen Unternehmen reichen von explorativen Projektbeispielen bis hin zu renommierten Unternehmensfällen, die eine breite Anwendbarkeit des Design-Thinking-Prozesses in vielen verschiedenen Projekten aufzeigen sollen.

Zu einigen Tools finden Sie unter folgendem Link hilfreiche Vorlagen: https://gerstbach-designthinking.com/vorlagen/77tools

4 × 4 Design Thinking® – Der Prozess

Die Zeit ist reif, neue Wege zu beschreiten. Nicht nur, um den Erfolg von Unternehmen zu fördern. Sondern auch, um deren Überleben zu sichern. Innovation ist mittlerweile ein erfolgs- und wettbewerbsentscheidender Faktor für Unternehmen. Wer nicht innoviert, geht unter. Doch neue Ideen fallen leider nicht einfach so vom Himmel. Design Thinking ermöglicht es, konzertiert und zuverlässig innovative Ideen zu generieren – weil es die Kreativität der Menschen herausfordert. Und der Schlüssel zu funktionierenden Innovationen liegt genau in dieser Kreativität.

Design Thinking: Der Mensch im Fokus

Um Menschen zu erreichen, müssen wir verstehen, was sie wirklich brauchen, was sie bewegt und wie wir sie mit unserem Wissen unterstützen können. Wir müssen vernetzt denken, Wissen teilen, bisher Unverknüpftes miteinander in Beziehung setzen und vorhandene Lösungsräume erweitern. Das bedarf eines neuen Ansatzes, der den Status quo gezielt hinterfragt. Im Fokus dieser Veränderung steht dabei der Mensch in seiner Ganzheit und mit seinen Wünschen und Werten. Der Mensch dient dabei aber auch als Inspirationsquelle für Neues: für bessere und nach-

Vernetztes Denken: Basis für Innovation

haltigere Produkte, Dienstleistungen und gänzlich andere Systeme. Design Thinking macht diesen Wandel möglich.

Mit Design Thinking können wir selbst tief in die Welt des vernetzten Denkens eintauchen. Das ist maßgeblich, um in dieser besonderen Zeit sicher zu überleben. In einer Welt, die geprägt ist von Paradigmenwechseln, von immer komplexer werdenden Fragestellungen, kulturellen Verschiebungen und Digitalisierung bzw. Globalisierung.

Wir sind gefordert, komplexe Probleme auch komplex anzugehen und nicht nur Experten zu befragen, sondern die Welt aus möglichst verschiedenen Blickwinkeln zu betrachten und zu erforschen. Die Nachfrage nach Unterstützung im Bereich Design Thinking wächst derart, dass ich mir sicher bin: Die Zeit ist reif, die Welt neu zu denken und Altbewährtes gezielt zu hinterfragen.

Um Unternehmen bei der Einführung von Design Thinking als Problemlösungsstrategie zu unterstützen, habe ich aus meiner Erfahrung heraus die 4 × 4 Design Thinking® Methode entworfen. Diese dient als Voraussetzung für Innovation und Leistungsfähigkeit und umfasst 16 Erfolgsfaktoren, die Sie brauchen, wenn Sie das Potenzial von Design Thinking voll ausschöpfen, eine Basis für langfristigen Erfolg schaffen und Design Thinking in Ihrem Unternehmen einführen wollen. Die 4 × 4 Design Thinking® Methode besteht aus:

- 4 Phasen des Prozesses: Empathie aufbauen, Definieren, Ideen entwickeln, Experimentieren und Testen
- 4 Faktoren des Mindsets: Offenheit, Empathie, Kommunikation, systemisches Denken
- 4 Faktoren des Umfelds: Multidisziplinäre Zusammenarbeit, Raum, Methoden und Projektauftrag
- 4 Faktoren der Einführung: Kick-off-Meeting, Design Thinking Session (gemeinsam), Training, Design Thinking Session (durch Coachee)

In diesem Kapitel beschreibe ich den Prozess von Design Thinking. Welche Schritte sind nötig, welches Wissen ist Voraussetzung, welche Methoden sind unabdingbar?

Tauchen Sie ein in die Welt des Design Thinking und lassen Sie sich überraschen, wie viel Änderung ein einfacher Perspektivwechsel mit sich bringt und wie viel Kreativität und Erfindergeist auch in Ihnen steckt!

Jeder der vier Schritte im Design-Thinking-Prozess hat seine eigenen Ziele und Aktivitäten. Ich werde jeden dieser Schritte detailliert in einem eigenen Kapitel behandeln.

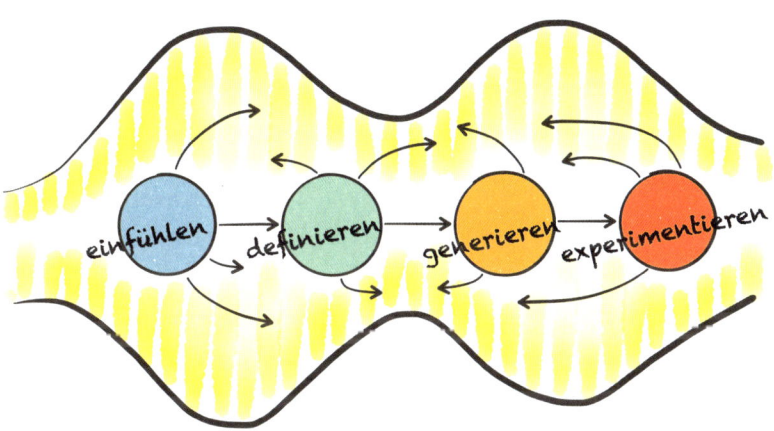

Phase 1: Einfühlen

Zu Beginn des Prozesses gilt es herauszufinden, wo Sie anfangen sollen. Vor dem Sprung in ein Projekt gönnen Sie sich am besten eine Pause und betrachten die sich verändernde Welt um sich herum. Betrachten Sie alle Änderungen, die in den Bereichen Wirtschaft, Technologie, Gesellschaft, Kultur, Politik und dergleichen geschehen. Sammeln Sie die neuesten Ereignisse, aktuelle Entwicklungen und aktuelle Neuigkeiten. Studieren Sie die Trends, die Ihren Themenbereich beeinflussen können. Betrachten Sie die Gesamteffekte dieser Veränderungen. All dies bietet Ihnen einen Weg, Ihr ursprüngliches Problem zu lösen und nach neuen Innovationsmöglichkeiten Ausschau zu halten.

In dieser Phase ist das Ziel, die Menschen (Endbenutzer und andere Stakeholder) und ihre Interaktion im Alltag zu erforschen. Dazu sind traditionelle Marktforschungsmethoden am sinnvollsten.

Um jedoch eine Person mit unausgesprochenen Bedürfnissen zu verstehen, müssen Sie leistungsfähigere Techniken und Werkzeuge einsetzen. Dafür eignen sich Beobachtungs- und ethnografische Forschungsmethoden. Damit lernen Sie Menschen in einer Weise kennen, die sich von Interviews oder Fokusgruppenstudien unterscheidet. Ein wichtiges Ziel dabei ist es, die wertvollsten Einsichten aus Ihrem Beobachtungen herauszuholen. Eine „Einsicht" ist hier als eine interessante Offenbarung oder ein Lernen definiert, das aus der Beobachtung des tatsächlichen Verhaltens der Personen hervorgeht. Einsicht ist eine Interpretation dessen, was beobachtet wird, und oft die Antwort auf die Frage nach dem Warum.

Ohne Empathie geht's nicht

Analyse und Orientierung

Menschen kennenzulernen bedeutet, ein empathisches Verständnis für ihre Gedanken, Gefühle und Bedürfnisse zu gewinnen, und zwar durch Zuhören, Beobachten, Interagieren und Analysieren. Das Eintauchen in den Alltag der Menschen und das genaue Zuhören können sehr wertvolle Einblicke gewähren, die manchmal Überraschendes und vor allem meist etwas nicht Offensichtliches offenbaren. Um solch wertvolle Einsichten zu erlangen, sollten Sie sich auf alles konzentrieren, was die Menschen tun, sagen und denken. Sie müssen ihre Denkweise in aller Tiefe verstehen, die Aktivitäten der Menschen, ihre Bedürfnisse, Motivationen und allgemeinen Erfahrungen, ebenso wie

Sie ihre Produkte studieren sollten, wenn Sie ein Produkt-Entwicklungsprojekt umsetzen wollen. Es geht darum, ein grundlegendes Verständnis zu entwickeln für die Probleme, vor denen diese Menschen stehen, für die Herausforderungen, die sie bewältigen müssen, und für die Bedürfnisse, die Ihre Kunden verklausuliert ausdrücken – aber auch für diejenigen, die sie nicht ausdrücken. Das Wissen über die Menschen kann zu völlig neuen Kategorien von Produkten, Dienstleistungen oder Geschäftsstrategien führen, die die Bedürfnisse und Wünsche der Menschen grundlegend ansprechen, einen bedeutenden neuen Wert schaffen und sehr schwer zu kopieren sind.

Studieren Sie auch den Kontext im Detail – die Umstände oder Ereignisse, von denen die Umwelt der Personen beeinflusst wird. Lernen Sie, wie der Markt auf Ihre Angebote reagiert, konzentrieren Sie sich auf Unternehmen, die Ihrem ähnlich sind, und beobachten Sie, wie diese agieren. Sie lernen Ihr Unternehmen aus einer anderen Sicht kennen. Dazu betrachten Sie auch Unternehmen aus verschiedenen Branchen genauso wie direkte Konkurrenten, die noch ganz am Anfang stehen. Studieren Sie, wie diese ihre Strategien entwickeln. Lernen Sie die Beziehung Ihres Unternehmens zu seinen Wettbewerbern in der Branche kennen. Der Fokus liegt dabei auf dem, was den Innovationskontext, einschließlich Gesellschaft, Umwelt, Industrie, Technologie, Wirtschaft, Kultur, Politik und Wirtschaft, mitbestimmt.

Phase 2: Definieren

Nach der Erforschung ist die nächste Herausforderung, Strukturen und Muster in das zu bringen, was Sie in der vorherigen Phase herausgefunden und gelernt haben. Sie sortieren, gruppieren und organisieren die Daten und beginnen, wichtige Unterschiede bzw. Gemeinsamkeiten zu finden. Sie analysieren Kontexte und Muster, die auf unerschlossene Marktchancen oder Nischen hinweisen. Diese Einsichten, die sich aus mehreren Analysen von Daten ergeben, sind von großer Bedeutung für die weitere Forschung. Daher verwenden Sie in dieser Phase am besten eine Kombination verschiedener Techniken, um für ein besseres Verständnis mehrere Perspektiven innerhalb des Kontextes einzunehmen. Richtlinien oder Prinzipien, die dabei generiert werden, helfen Ihnen, weitere Konzepte und mögliche Lösungen zu erforschen.

Beim Umgang mit großen, komplexen Mengen qualitativer Daten über Menschen und deren Umgebung ist es unmöglich, jedes Detail der Situation darzustellen oder vollständig zu verstehen. In den meisten Fällen gibt es viel zu viele Notizen, Videos, zu viele Bedeutungszuschreibungen, um alles über jeden wissen zu können. Aber zum Glück brauchen Sie auch kein vollständiges und richtiges Verständnis der gesamten Umgebung für erfolgreiche Innovationen. Wichtig ist es vielmehr, die elementarsten Muster der Daten zu verstehen, um allgemeine Prinzipien aufzudecken.

Muster helfen, Modelle zu erstellen

Selektion: den roten Faden konsequent verfolgen

Eine Möglichkeit, solche Prinzipien zu finden, liegt in der Katalogisierung. Dabei werden häufig wiederkehrende Begriffe oder Phrasen aus Interviews gesammelt und geclustert. Eine andere Möglichkeit ist die Darstellung von wichtigen Punkten in einem Raster und das darauffolgende Studium der Verteilung der Punkte. Die daraus resultierenden visuell dargestellten Muster sind ein enorm leistungsfähiges Analyse- und Kommunikationsinstrument, sowohl bei der Erfassung der Einblicke als auch bei der Erstellung der Prinzipien.

Der entscheidende Vorteil der Suche nach Mustern ist jedoch, dass sie Ihnen helfen, sich von zu detaillierten und ungeordneten Daten hin zu allgemeinen, abstrakten, leicht zu erfassenden Modellen zu bewegen und zu erkennen, auf welche Weise ein Muster im jeweiligen Kontext funktioniert. Aus diesen Modellen heraus können Sie leicht einen sogenannten Point of View, einen Standpunkt, entwickeln, Erkenntnisse generieren oder Innovationsgrundsätze erarbeiten.

So wie das Erkennen von Mustern in der Vielzahl komplexer Daten hilfreich ist, überhaupt zu Einsichten zu kommen, trägt das visuelle Erfassen der Muster vor allem zu einem vollständigen Verständnis des Kontextes bei. Je herausfordernder ein Innovationsprojekt ist, desto größer sind die aus den unterschiedlichen Forschungsmethoden hervorgebrachten Datenmengen. Durch die verschiedenen Techniken gelingt es Ihnen, systematisch Erkenntnisse aus den komplexen Daten und den zahlreichen Ebenen zu ziehen. Während es in der vorherigen Phase absolut notwendig ist, sich intensiv zu fokussieren, um tiefe Einblicke zu bekommen und Bedürfnisse aufzudecken, besteht in dieser Phase die Herausforderung darin, die Denkweise auf eine höhere Ebene zu heben – eine Ebene, auf der Systeme und Muster deutlich sichtbar und verständlich werden.

Aus dem Menschen und seinem Kontext heraus lernen

Gute Übersichten funktionieren wie eine hilfreiche Landkarte, die weniger Details enthält als das eigentliche Territorium. Sie geben dem Team und den Stakeholdern gerade genug Informationen, um Diskussionen, Ideen und Entscheidungen daraus zu filtern. Wirklich gute Ergebnisse aus dieser Phase erzählen Geschichten von echten Menschen und deren Erfahrungen und illustrieren oft einen Prozess, eine Reise oder eine Situation, die dem Team Verständnis und Einfühlung gegenüber den potenziellen Nutzern ermöglicht. Dazu muss der Überblick umfassend genug sein und sowohl die Kernaspekte des Kontextes als auch die Grenzen repräsentieren. Erst dadurch ist es dem Team möglich, nach neuen Möglichkeiten zu suchen und Konzepte zu entwickeln, die andere verpasst oder ausgelassen haben.

Die Fülle von Erkenntnissen aus den vielen Informationen, die Sie bis hierher bereits gesammelt haben, sollte nun urbar gemacht werden, sodass Sie eine gute Grundlage für die Entwicklung neuer Konzepte bekommen. An dieser Stelle helfen Ihnen Leitlinien und Prinzipien dabei, weiter darüber nachzudenken, was Sie entwickeln könnten. Zwar gilt es während des gesamten Innovationsprozesses, solche Prinzipien zu suchen, aber in dieser Phase ist der Fokus noch eindeutiger darauf gerichtet. Sie wollen aus dem Verständnis für den Menschen in seinem persönlichen Kontext heraus lernen – deshalb sind die Werkzeuge so wichtig, die die Einsichten und Beobachtungen auf eine Handvoll wichtiger, bedeutender Cluster reduzieren, die dann wiederum als Leitgedanken für Innovationsentwicklungen eingesetzt werden können. Der Vorteil einer solchen Denkweise ist: Der kreative Prozess, den Sie in der kommenden Phase für die Entwicklung von Konzepten verwenden, basiert auf einer Reihe von Prinzipien, mit deren Hilfe Sie die wirklichen Herausforderungen und Chancen erkennen.

Phase 3: Ideen generieren

In dieser Phase geht es vor allem darum, strukturiert Ideen zu finden und dadurch Chancen zu identifizieren und neue Konzepte zu erforschen. Als Input verwenden Sie dabei die Erkenntnisse und Prinzipien, die Sie in den vorherigen Phasen erkundet haben. Ziel in dieser Phase ist es, dass frische und mutige Ideen durch gemeinsame Sessions entstehen – Sie wollen innovative Ideen für das Projektthema generieren. Teammitglieder bauen auf den verschiedenen Konzepten auf und verschieben die kritische Evaluierung vorsichtig. Indem Sie Ihre Konzepte auf die Ergebnisse früherer Phasen stützen, stellen Sie sicher, dass sie realistisch sind.

Neben den richtigen Werkzeugen ist es wichtig, verschiedene Menschen in den Prozess der Ideenerzeugung miteinzubeziehen. In der Regel sind das Menschen, die in ihrer Eigenschaft als Experten auf ihre eigene Erfahrung zurückgreifen. Neben dem multidisziplinären Projekt-Team ist es wichtig, dass Sie an dieser Stelle noch andere Mitglieder wie Benutzer und Fachleute, die für das betreffende Thema relevant sind, einladen. Das Ziel einer Zusammenführung so vielfältiger Fachkenntnisse ist es, unterschiedliche Perspektiven zu ermitteln, die letztlich das Endergebnis reicher und anspruchsvoller machen.

Produktiver Gedanken- austausch

Grobe Prototypen entwerfen

In dieser Phase untersuchen Sie typischerweise Konzepte für Produkte, Dienstleistungen, Kommunikation, Umgebungen, Marken und Geschäftsmodelle. Sie sind zwar noch nicht in der Prototyping-Phase, aber dennoch konstruieren Sie jetzt schon grobe Prototypen – entweder um Teamgespräche zu fokussieren oder um frühes Benutzer- oder Kundenfeedback zu erhalten.

Sie bewerten Konzepte und identifizieren diejenigen, die den Stakeholdern den größten Nutzen bringen (vor allem Anwender und Unternehmen). Die wertvollsten Begriffe fassen Sie zu Konzepten zusammen, die sich gegenseitig stärken. Sie bewerten auch Konzepte anhand ihrer Kompatibilität, um ganzheitliche Lösungen zu finden. Sie sorgen dafür, dass die Konzepte und Lösungen in nützlichen Kategorien und Hierarchien organisiert sind. Sie schaffen iterativ Prototyp-Lösungen und testen diese in der echten Welt. In dieser Phase verleihen Sie Beschreibungen von Lösungen physische Gestalt, um dem Team, den Anwendern und dem Klienten eine Vorstellung Ihrer Idee von dem zu vermitteln, was sein könnte. Kombinieren Sie dazu die vielen Konzepte, die Sie in dieser Phase erstellen: von Lösungsoptionen für die weitere Auswahl bis hin zum Clustern und der Synthese von Konzepten in kohärente Systeme. Es geht dabei auch um die Evaluierung von Konzepten: Bewertung,

Wahl und Ranking der verschiedenen Einsichten, Prüfung hinsichtlich Kosten und Nutzen, aber auch Lebensfähigkeit und Realisierbarkeit. Suchen Sie nach Kommunikationslösungen: Visualisieren Sie Gedanken in Skizzen, Diagrammen, Prototypen und Erzählungen, um so den Zugriff zu vereinfachen, einschließlich der Nutzung durch andere Teams und Projekte.

Zusammenhänge begreifen

Da Ihre Sichtweise vom Wissen über den Kontext und den Menschen abhängt, damit Sie überhaupt Einsichten aufzeigen und gestalten können, bewegen Sie sich aber von der realen Welt weg und hin zu der abstrakten Welt der Einsichten, Prinzipien, Systeme und Ideen. In dieser Phase beginnen Sie die Dinge und Zusammenhänge zu verstehen, das, was Sie in der realen Welt gelernt haben, zu begreifen – und Sie beginnen, wichtige Erkenntnisse aus den vielen, unscharfen Datensätzen herauszuholen.

Die Menschen, für die Sie Lösungen entwickeln, haben unterschiedliche Verhaltensweisen und Eigenschaften. Der Kontext, in dem Ihre Innovationen funktionieren müssen, ist komplex. Er ist ein dichtes Netzwerk von miteinander verbundenen Teilen. Sie suchen nun aktiv, um dieses komplexe System zu erforschen, verarbeiten genau die ermittelten Forschungsdaten und betrachten die Ergebnisse aus vielen unterschiedlichen Perspektiven und Blickwinkeln. Sie stellen sich den vielen Fragezeichen, die Ihre Erkenntnisse mit sich bringen, und suchen einen Weg durch die Mehrdeutigkeit. Sie äußern Ihre Gedanken in Form von Visualisierungen oder Diagrammen, um Klarheit in Ihr eigenes Denken zu bringen, mit Ihren Kollegen zusammenzuarbeiten und besser mit Ihren Stakeholdern zu kommunizieren. Denn erst wenn sie Klarheit haben, sind Sie in der Lage, neue Chancen zu identifizieren.

Durch das Denken in Systemen, das in dieser Phase im Vordergrund steht, stellen Sie sicher, dass die von Ihnen erstellten Konzepte eine wirkliche Chance haben, mit komplexen realen Systemen zurechtzukommen. Darüber hinaus hilft diese Denkweise, die klassischen Fallstricke der Fokussierung zu vermeiden. Denn Systeme sind im Grunde nichts weiter als Sammlungen von Entitäten. Einige Beispiele von Entitäten, die ich am häufigsten in meinen Projekten verwende, sind Menschen, Services, Produkte, Unternehmen und Märkte. Entitäten haben Beziehungen zueinander, zum Beispiel Ähnlichkeit, Zugehörigkeit, Ergänzungen, aber es können auch Attribute sein, wie demografische Daten, Preise oder Beschreibungen. Und genau das ist der richtige Ausgangspunkt, um all diese Systeme, diese Entitäten, zu sammeln, zu clustern und genau zu untersuchen, damit Sie die sinnvollsten Muster identifizieren und die wertvollsten Einsichten gewinnen können.

Die Ideenphase beginnt in der Regel mit dem Projektteam, das Brainstorming-Sitzungen (eine der häufigsten Techniken für die Ideengewinnung) über das zu erforschende Thema durchführt. Anschließend wird je nach Bedarf des Projektes mindestens eine weitere Ideengenerierungssitzung mit Nutzern oder dem Personal des Kunden-Unternehmens eingerichtet. Die Ideen, die während dieses Prozesses entstehen, werden auf Kärtchen erfasst, die zu einem späteren Zeitpunkt validiert werden.

Phase 4: Prototyping

Mit dem Prototyping validieren Sie die generierten Ideen, indem Sie sie als Modell visualisieren. Ein Prototyp hat bereits die wichtigsten Eigenschaften eines Produkts oder Services. Nutzer können ein Produkt oder eine Dienstleistung erleben und das Konzept überprüfen. Die Natur eines Prototyps variiert sehr stark und ist abhängig von dem Tätigkeitsbereich und den Ansprüchen an die eigentliche Lösung. So können mögliche Prototypen grafische Schnittstellen sein, wie z. B. Handy-App-Mock-ups, aber genauso ein Produkt oder auch ein Rollenspiel, mit dem die Erfahrung eines Nutzers bei einer bestimmten Tätigkeit simuliert wird. Obwohl Prototyping als eine der letzten Phasen im Design Thinking präsentiert wird, kann es im gesamten Projekt gleichzeitig mit anderen Phasen auftreten.

1. Prototyping aus der Sicht des Teamprojekts:
   Sie lernen, indem Sie ausprobieren: Wenn Sie eine Idee gestalten, achten Sie während des gesamten Prozesses auf die Details und Feinheiten.
2. Prototyping aus der Sicht des Nutzers:
   Sie lernen vom Nutzer. Durch die Interaktion mit dem Modell auf verschiedenen kontextuellen Ebenen kann der Nutzer bewerten und gibt Ihnen so Feedback für die Entwicklung und Verbesserung.

Erkenntnisse reflektieren

Mit dem Prototyping machen Sie eine Idee greifbarer. Es bildet den Übergang von der Abstraktion zur Körperlichkeit, indem es die Realität darstellt – wenn auch vereinfacht – und Validierungen liefert. Ein Prototyp kann alles sein: von einer begrifflichen oder analogen Darstellung der Lösung über die Assimilierung von Aspekten der Idee bis hin zur Konstruktion von etwas, das schon so weit wie möglich an die End-Idee herankommt. Prototyping reduziert deshalb Unsicherheiten, die in jedem Projekt stecken. Sehr schnell können Sie Alternativen aufgeben, die nicht gut aufgenommen werden. Dadurch wird ein Weg zu einer endgültigeren Variante immer klarer.

Der Prozess des Prototypings beginnt immer mit Fragen, die zur idealen Lösung führen sollen. Dazu werden Modelle erstellt, die gewisse Aspekte so darstellen, dass diese auf Herz und Nieren getestet werden können. Die Ergebnisse daraus werden danach analysiert, und so wird der Zyklus unzählige Male wiederholt, bis das Projektteam eine definitive Lösung im Einklang mit den Bedürfnissen der Nutzer und dem Interesse des Unternehmens erreicht hat. Je mehr Tests durchgeführt werden und je früher der Prozess eingeleitet wird, desto mehr kann gelernt werden und desto größer sind die Chancen für den Erfolg der endgültigen Lösung.

Prototyping ist also eine Reihe von Simulationen, um Probleme zu analysieren, Hypothesen zu prüfen und Ideen darzustellen, die dann realisiert werden und zu Diskussionen führen.

Die Entwicklung von Prototypen ermöglicht,
- entscheidende Ideen auszuwählen und neu zu gestalten,
- Ideen konkreter zu gestalten und interaktiv zu bewerten,
- Lösungen mit einer Stichprobe der Nutzerakzeptanz zu validieren und
- mögliche Engpässe und Probleme, Risiken und Kostenoptimierungen zu berücksichtigen.

4 Mythen der Innovation, die Ihren Erfolg verhindern

Unternehmen wie Apple und Google sind ständig in den Schlagzeilen – ihre Innovationen bekommen die Aufmerksamkeit der Führungskräfte überall auf der Welt. In so gut wie jedem Fachmagazin, jeder Zeitschrift, jeder Konferenz und jedem Tagungsraum taucht der Begriff „Innovation" auf, sobald es auch nur ansatzweise um Zukunft oder Strategie geht. Aber trotz der Tatsache, dass Innovation so viel Aufmerksamkeit im strategischen Kontext erhält, wissen nur wenige Unternehmen, wie Innovation zu einem zuverlässigen und wiederholbaren Prozess gemacht werden kann. Studien zeigen, dass lediglich weniger als 4 Prozent der Innovationsprojekte von Unternehmen erfolgreich durchgeführt werden. Die restlichen 96 Prozent der Projekte scheitern. Wenn Innovation so wichtig ist – warum sind die Unternehmen dann darin nicht besser? Warum scheitern immer noch so viele Innovationsprojekte? Welche Mythen stecken dahinter?

Mythen und Wahrheit

Mythos 1: Innovation ist Sache des Managements.

Wahrheit: Die Mitarbeiter, die tagtäglich an der Front stehen und mit dem Kunden arbeiten, sind oft die eigentlichen Quellen für bahnbrechende Ideen.
Es fehlt aber an Strukturen und Prozessen, die sie dabei unterstützen, Innovationen zu planen und zu definieren. Die meisten

der derzeitigen Vorstellungen über Innovation dienen Managern mehr als eine Art der Erinnerung, dass Innovation ein notwendiger Bestandteil der Strategie ist. Sobald eine Innovationsinitiative entwickelt worden ist, sollten Teams aus diversen Fachabteilungen und Hierarchieebenen wie Manager, Designer, Forscher, Vermarkter und Ingenieure zusammengestellt werden, die erarbeiten, wie sie auf die Veränderungen reagieren können. Welche neuen Wege sollte das Unternehmen folgen? Welche Fertigkeiten, Aktivitäten und Fähigkeiten werden benötigt? Danach gilt es einen Plan zu erstellen – mit dem Ziel, etwas auf den Markt zu etablieren, das niemand anderer je zuvor auf den Markt gebracht hat.

Mythos 2: Innovation muss das Wie beantworten, denn Innovation ist eine Sache für Praktiker.

Wahrheit: Innovation ist nicht nur für Praktiker, sondern sollte immer in Zusammenarbeit mit Taktikern entstehen.
Innovation muss in eine größere Strategie eingebunden werden, um ein breiteres Verständnis zu ermöglichen. Dazu müssen die vorhandenen Annahmen infrage gestellt werden, die Grundsätze umgekehrt und nicht angepasste Marktbedürfnisse und -möglichkeiten erforscht werden. Das erfordert ein tiefes Verständnis der Geschäftsstrategien und vor allem das Wissen, warum und in welchem Bereich ein Unternehmen überhaupt innovieren muss. Es ist wichtig, dass Verbindungen zwischen dem, was Praktiker tun, und dem Einfluss ihrer Aktionen auf die Strategie gezogen werden. Denn Innovation ist keine Enzyklopädie, sondern sollte ein Leitfaden sein, anhand dessen die Werkzeuge und Aktivitäten in die Strategie integriert werden.

Mythos 3: So, wie wir momentan innovieren, ist es gut.

Wahrheit: Die momentanen Innovationspraktiken liefern keine Durchbrüche.

Es herrscht ein Mangel an zuverlässigen Werkzeugen und Techniken, die Innovationen ermöglichen – und nicht nur zufällige Verbesserungen. Viel zu spät wird ein Innovationsteam aufgesetzt. Viele der Praktiken sind dann bereits überaltert oder einfach nicht zielführend. So werden vielleicht Techniken benutzt, die bestimmten Eckdaten unterliegen, die einfach nicht gegeben sind, weil z. B. die Innovation so radikal ist, dass von einer möglichen Konkurrenz einfach nicht die Rede sein kann. Oder oft werden die Probleme nicht vollständig verstanden und Chancen bleiben unsichtbar.

Mythos 4: Innovation kann nicht geplant werden.

Wahrheit: Es existieren wissenschaftliche, systematische Prozesse, die Innovationen ermöglichen.

Wenn Unternehmen an Management denken, denken sie an Kontrolle, an Prozesse, die prognostiziert, geplant, systematisiert und geleitet werden können, um voraussagbare Ergebnisse zu erzielen. Wenn sie an Innovation denken, sind es jedoch andere Attribute. Es ist ein allgemeiner Irrglaube, dass Innovation einfach nur „Dinge anders tut" oder dass „Denken außerhalb der Box" reicht, dort, wo die normalen Regeln nicht gelten. Nur wenige Unternehmen können es sich leisten, in eine Praxis zu investieren, die jeglicher Kontrolle entbehrt und in der Innovation zufällig und nichtlinear einfach nur passiert. Innovation ist eine wichtige Fähigkeit. Damit Innovation breiter eingesetzt werden kann, brauchen die Unternehmen einen neuen Ansatz, um diese zu praktizieren. Innovation ist eine Disziplin – keine Magie. Es ist etwas, das Unternehmen bewusst anwenden, üben und verbessern können.

4 Mythen der Innovation, die Ihren Erfolg verhindern

4 Faktoren erfolgreicher Innovation

Ich habe aus meiner Praxis heraus einen Prozess entwickelt, der Unternehmen dabei unterstützen soll, auf systematische Weise Innovation zu erreichen. Lassen Sie uns nun jeden dieser Faktoren nach und nach untersuchen und entdecken, wie Sie diese einsetzen können, um Innovationen zuverlässiger zu entwickeln.

Die Analyse einiger der innovativsten Unternehmen der Welt zeigt, dass es im Grunde vier Prinzipien gibt, die allen gemein sind.

Faktor 1: Im Zentrum jeder Innovation steht der Mensch

Obwohl der Begriff „User Experience" (oder UX) mit der Software- und Informationstechnologie verbunden ist, sollte die Benutzerfreundlichkeit ein wichtiger Faktor für den Erfolg jedes Angebots sein. Jedes Unternehmen beeinflusst in gewissem Maße die Erfahrungen der einzelnen Kunden. Die Fokussierung auf genau diese Erfahrungen ist der ideale Ausgangspunkt, um Innovationen zu entwickeln.

Stellen Sie sich vor, Sie seien Hersteller von Bürostühlen. Normalerweise würden Sie damit starten, einen Stuhl nach ästhetischen Gesichtspunkten zu designen und darüber nachzudenken, wie Sie den Komfort und Stil verbessern können, um ein besseres Produkt zu produzieren. Da konkurrierende Unternehmen genau dasselbe tun, entsprechen deren Verbesserungen mehr oder weniger Ihren eigenen. Wenn Sie allerdings den Blick auf den größeren Kontext „Sitzerfahrung" lenken, bekommen Sie eine breitere Palette von Möglichkeiten, die wiederum neue Wege im Wettbewerb bietet.

In den meisten Unternehmen passiert Innovation einfach so. Oft ist der Startpunkt der Fokus auf ein Angebot. Unternehmen versuchen zu verstehen, warum Verbraucher ihr aktuelles Produkt kaufen und wie dieses dann eingesetzt wird. Die typischen Methoden, diese Informationen zu finden, sind Umfragen, Fokusgruppen, Interviews und Usability-Tests. Meinungsforscher versuchen anhand einer Vielzahl von Fragen, Informationen über das Produkt zu erhalten. Welche Verbesserungen können vorgenommen werden? Warum kaufen die Leute dieses Produkt und nicht das der Konkurrenz? Für welche zusätzlichen Funktionen würden sie bezahlen? Alle Innovationen, die diesem Prinzip folgen, konzentrieren sich auf das bestehende Produkt selbst.

Menschenzentrierte Innovation nutzt einen anderen Ansatz. Der Fokus liegt dabei nicht auf dem Produkt, sondern auf den Anwendern. Der Fokus verschiebt sich von den Dingen, die Menschen benutzen, zu dem, was sie tun – zu ihrem Verhalten, ihren Aktivitäten, ihren Bedürfnissen und Motivationen.

Fokus auf das Wesentliche Die erfolgreichsten Innovationen basieren eigentlich gar nicht auf detaillierten Kenntnissen über ein Produkt oder eine Technologie, sondern letztlich auf dem, was das Unternehmen über seine Kunden weiß. Unternehmen sollten sich deshalb nicht auf die offensichtlichen Erfahrungen über den Gebrauch des Produkts konzentrieren, sondern auf die zahlreichen Aktivitäten und den Kontext, in dem diese eingesetzt werden. Es geht darum, den Bedarf zu erkennen, das Produkt oder die Dienstleistung zu entdecken und zu lernen, was wirklich gebraucht wird und wie es genutzt werden kann. Unternehmen müssen also ihr Konzept der Produktleistung über das Verständnis der Eigenschaften und Funktionen hinaus erweitern und die eigentlichen Motivationen und Bedürfnisse der Nutzer verstehen. Dieses Denken und Verständnis führt letztlich zu den eigentlichen Innovationen.

Design Thinking beschäftigt sich viel mit Wissen über Menschen, das gesammelt wird durch direkte Beobachtung und Interaktion mit ihnen. Es geht darum, ein tieferes Verständnis für die Menschen zu entwickeln. Während viele Unternehmen sich auf traditionelle Methoden wie Fokusgruppen und Umfragen stützen, geht es bei der ethnografischen Beobachtung um die oft unerwarteten Erkenntnisse über Menschen, die direkt aus der Beobachtung und dem Kontext stammen. Dieser Ansatz nimmt den Fokus von dem, was die Menschen sagen, und richtet ihn auf das, was sie tatsächlich tun.

Faktor 2: Die DNA von Innovation

Als Paradebeispiel für Innovationsdesign und Innovationserfolge dienen oft Apple oder Google. Beide Unternehmen hatten charismatische Gründer, die eine Idee verfolgten und die geborene Innovatoren waren. Im Nabel der Innovationswelt, dem Silicon Valley, fanden auch beide Unternehmen viele organisatorische und kulturelle Vorteile, die es ihnen ermöglichen, eine erfolgreiche Innovationsstrategie zu verfolgen.

Weniger bekannte Beispiele liefern Geschichten etablierter Unternehmen, die nicht von Anfang an auf eine Innovationsstrategie setzten, sondern sich diese erst erarbeiten mussten. Ein solches Beispiel ist die Southwest Airline. Das Unternehmen kreierte eine alternative Industrie und fand einen neuen Nutzen für potenzielle Kunden. Dazu positionierte sich Southwest Airline bewusst als Wettbewerber zur Automobilbranche und nicht zu einer anderen Airline und passte die Strategie an die sich ergebenden Bedürfnisse an. Durch den Wegfall zusätzlicher Dienstleistungen konnten die Preise reduziert werden. Verbesserte Check-in-Zeiten und Abflugfrequenz ermöglichten neue Reisegeschwindigkeit. Hier hat also eine Neudefinition des Kunden stattgefunden, obwohl die Dienstleistung grundsätzlich dieselbe blieb. Dabei ging es um die Kultivierung einer Denkweise der Menschen in einem bestehenden Unternehmen.

Jeder ist dabei aufgefordert, aktiv und auf täglicher Basis sein Verhalten im Unternehmen anzupassen. Denn jede Innovationspraxis ist ein kollaborativer Prozess: Menschen mit Kompetenzen in unterschiedlichen Bereichen müssen sich in einem gemeinsamen Raum zusammenfinden, um den Design-Thinking-Prozess erst wertvoll zu machen. Ingenieure, Fachleute, Ethnografen, Manager, Designer, Wirtschaftsplaner, Marketingforscher und Finanzplaner sowie auch Endverbraucher werden in diesen Innovationsprozess eingebunden. Dieses Kooperationsniveau zu erreichen, ist für viele Unternehmen ein weiter Weg. Ein erster kleiner Schritt dahin ist, bewusst häufige, interaktive Meetings einzuführen und so Menschen mit vielfältigem Know-how zusammenzubringen.

Faktor 3: Innovation als Teil eines großen Ganzen

Weitblick zahlt sich aus Ein Angebot, egal, ob es ein Produkt, eine Dienstleistung oder auch ein Prozess ist, gehört immer zu einem größeren System. Unter dem Begriff „System" verstehe ich in diesem Fall mehrere voneinander abhängige Einheiten, die miteinander interagieren und zusammen ein Ganzes bilden, das größer ist als die Summe seiner Teile. Wenn nun jemand versteht, wie dieses große Ganze arbeitet und aus welchen Einheiten es besteht, kann er dadurch ein Angebot erstellen, das einen größeren Mehrwert bietet.

Nehmen wir als Beispiel eine Kundenkarte in einem Geschäft. Das Unternehmen könnte sich nun ausschließlich auf das Produkt Karte konzentrieren. Oder es könnte die Kundenkarte als Teil eines Gesamtangebots sehen. Dadurch eröffnen sich vollkommen neue Möglichkeiten. Das Unternehmen könnte beobachten, wie der Kunde wann welche Produkte einkauft, was wiederum zu neuen Einblicken in die Kundensegmente führt, aber auch neue Angebote für den Kunden zu bestimmten Zeitpunkten ermöglicht. All dies kann wiederum zu neuen Innovationen führen, die sonst vielleicht nicht berücksichtigt worden wären. Solche Innovationen, die auf Teilen eines Systems basieren, haben einen größeren Wert und verhelfen dem Unternehmen nicht selten zu ungeahnten Wettbewerbsvorteilen.

Faktor 4: Innovation ist kein Zufall

Auch wenn ich mich wiederhole: Innovation ist kein Zufall und kann geplant werden wie jede andere organisatorische Funktion auch. Mithilfe von gut entwickelten Prozessen und wiederholbaren Techniken ist es möglich, ein Innovationsverständnis innerhalb eines Unternehmens aufzubauen, welches das Denken in Systemen und die Innovationskultur aktiv fördert. Dafür ist aber ein hohes Maß an Disziplin erforderlich.

Ein erster Schritt ist es, anzuerkennen, dass es Zeit ist, einen Innovationsplan zu erstellen und erste Schritte einzuleiten. Dazu gilt es zu beachten, dass der Innovationsprozess parallel zu anderen Prozessen im Unternehmen existiert und gut integriert werden muss.

Der Design-Thinking-Prozess startet immer damit, den Kunden zu verstehen und Konzepte zu entwickeln, die die beobachteten und verstandenen Bedürfnisse eben jener Menschen erfüllen. Zu wissen und zu erkennen, wann und wo verschiedene Prozesse dabei miteinander interagieren, ist der Schlüssel für eine erfolgreiche Zusammenarbeit im Unternehmen. Innovation kann zuverlässig und wiederholbar werden, wenn der Prozess kollaborativer Natur ist und aktiv praktiziert wird. Konzipiert mit Wirtschaft, Technologie und einem hohen, ökonomischen Wert wird eine hohe Akzeptanz erreicht, die wiederum zu einer möglichen Marktführerschaft führt.

Der Design-Thinking-Prozess verläuft nicht linear, auch wenn die Idee eines Prozesses eine lineare Folge von Ereignissen impliziert. So kann zum Beispiel ein Projekt mit einem plötzlichen Brainstorming beginnen (Ideen generieren, Phase 3 im Design-Thinking-Prozess) und dann durch Einfühlen in den Nutzer (Phase 1) und Definieren (Phase 2) die generierten Ideen validieren und verbessern, gefolgt von weiteren Explorationen und Iteration.

Innovation als iterativer Prozess

Der Prozess ist deshalb auch iterativer Natur, weil Innovation immer viele Zyklen erfordert und selten ein direkter sequenzieller Anstoß ist. So könnten Sie ein Projekt mit einer Idee und einer Absicht starten. Sie werden dann aber mehrere aufeinanderfolgende Runden brauchen, um die Bedürfnisse des Nutzers zu erforschen. Die neuen ersten Erkenntnisse helfen Ihnen, das Bild zu verfeinern und weitere Ideen über die Absicht zu bekommen. Diese wiederum müssen analysiert und validiert werden, bis sie als Prototyp getestet und verfeinert werden können.

Die Anzahl der Wiederholungen und Schleifen in einem Design-Thinking-Prozess ist weitgehend abhängig von Budget und Umfang Ihres Vorhabens. In einigen Fällen können mehrere kurze Schleifen notwendig sein, in anderen sind sie völlig undurchführbar. Mehrere Iterationen führen in der Regel zu höherwertigen, erfolgreicheren Innovationen, verlangen aber mehr Disziplin und Durchhaltevermögen.

Exkurs 1: Gruppendynamik – warum es so wichtig ist, dass Sie Ihr Team kennen

Erinnern Sie sich an die Fluggesellschaft Swissair? Im 20. Jahrhundert galt diese noch als so sicher wie eine Schweizer Bank, weswegen sie auch als „fliegende Bank" bezeichnet wurde. Und doch war es die erste Fluggesellschaft, die Opfer der Wirtschaftskrise 2001 wurde. Einer Studie zufolge lag der Grund des Scheiterns der Fluglinie in schlechten strategischen Entscheidungen, die aufgrund von Gruppendenken getroffen wurden.

Ursachen und Ergebnisse von Gruppendenken

Gruppendenken geschieht, wenn eine Gruppe von Menschen gemeinsam schlechtere Entscheidungen trifft, als jedes Gruppenmitglied sie allein getroffen hätte. Die Ursachen für dieses irrationale Verhalten liegen im gegenseitigen Druck zu Homogenität und Konformität mit tatsächlichen oder vermeintlichen Gruppenwerten sowie in einer hierarchischen Gruppenstruktur, in der der Leiter immer recht hat und jeder sich schnell dem anpasst, was dieser (vermutlich) will.

Kennen Sie Ihr Team?

Die wirtschaftlichen Kosten von schlechten Entscheidungen aufgrund von Gruppendenken können enorm sein, wie die Beispiele Enron, Swissair und in jüngerer Zeit VW zeigen.

Stellen Sie sich vor, Sie haben die hellsten Leute aus Ihrer Abteilung zusammengebracht, um ein Problem zu lösen. Sie setzen große Hoffnungen in das Team. Aber irgendwie kommt die Gruppe nicht so recht in Schwung.

Mehrere Faktoren können da hineinspielen:
- Eine Person ist sehr kritisch und zerlegt jede Idee der Kollegen. Sie vermuten, dass ihre Fehlersuche andere davon abhält, sich zu äußern.

- Ein anderer hat kaum etwas beigetragen: Wenn er nach seiner Meinung gefragt wird, stimmt er einfach mit einem dominanteren Kollegen überein.
- Schließlich macht ein Gruppenmitglied Kommentare, dass zum Beispiel die Zeiten unrealistisch einzuhalten wären, was den Schwung der Diskussion bremst und das Team demotiviert.

Bedeutung der Gruppendynamik

Kurt Lewin, ein bekannter Sozialpsychologe und Change-Management-Experte, hat in den frühen 1940er-Jahren den Begriff der Gruppendynamik geprägt. Er verstand darunter unterschiedliche Rollen und Verhaltensweisen, die Menschen innerhalb von Gruppen einnehmen. Der Begriff Gruppendynamik beschreibt die Auswirkungen dieser Rollen und Verhaltensweisen auf andere Gruppenmitglieder und auf die Gruppe als Ganzes.

Eine Gruppe mit einer positiven Dynamik können Sie leicht daran erkennen, dass die Teammitglieder einander vertrauen, gut miteinander auf eine kollektive Entscheidung hinarbeiten und gemeinsam Verantwortung für Entscheidungen übernehmen. Forschungen zeigen, dass Teams mit einer positiven Dynamik fast doppelt so kreativ arbeiten wie eine durchschnittliche Gruppe.

In einer Gruppe mit schlechter Gruppendynamik stört das Verhalten der Beteiligten die Arbeit. Als Ergebnis kommt die Gruppe kaum zu einer Entscheidung oder sie trifft eine schlechte Wahl, denn die Gruppenmitglieder konnten Optionen nicht effektiv erarbeiten und erkunden.

Ursachen schlechter Gruppendynamik

Gruppenleiter und Teammitglieder können zu einer negativen Gruppendynamik beitragen. Hier sind einige der häufigsten Probleme, die auftreten können:

- Schlechte Führung: Wenn dem Team ein starker Führer fehlt, übernimmt oft ein dominanteres Mitglied der Gruppe diese Führung. Dies kann zu einem Mangel an Richtung, Kämpfen oder zur Konzentration auf die falschen Prioritäten führen.
- Übertriebene Hingabe an eine Autorität: Das passiert, wenn Menschen zeigen wollen, dass sie mit einem Führer einverstanden sind und sich deshalb zurückhalten, ihre eigenen Meinungen auszudrücken.
- Blockieren: Wenn sich Teammitglieder in einer Weise verhalten, die den Informationsfluss in der Gruppe stört, treten Blockaden auf.
  - Der Angreifer: Diese Person ist oft nicht mit anderen einverstanden und kritisiert schnell andere.
  - Der ablehnende Teilnehmer: Diese Person nimmt nicht an der Diskussion teil.
  - Der Anerkennungssucher: Dieses Gruppenmitglied ist prahlerisch oder dominiert die Sitzung.
  - Der Clown: Diese Person übertreibt mit ihrem Humor zu unpassender Zeit.
  - Die Bummler (oder social loafer): Diese Gruppenmitglieder machen es sich leicht und überlassen ihren Kollegen die ganze Arbeit.
- Angst vor Beurteilungen: Bei der Angst vor Beurteilung fühlen sich die Menschen übermäßig hart von anderen Gruppenmitgliedern beurteilt. Als Ergebnis sind sie oft still und teilen ihre Meinung nicht mit.

Die Lösung: Lernen Sie Ihr Team kennen

Als Design-Thinking-Moderator ist es Ihre Aufgabe, das Team durch den Prozess zu führen. Deswegen ist es wichtig, dass Sie wissen, welche Phasen Sie wann durchlaufen und was das Ergebnis dabei sein soll. Wenn Sie das wissen, sind Sie in der Lage, Probleme zu vermeiden, die auftreten können – einschließlich der Probleme mit schlechter Gruppendynamik.

Aktives Team-Building

■ Achten Sie bereits im Vorfeld auf eine gute Gruppenzusammensetzung. Überlegen Sie gut, wen Sie brauchen und wer zum Prozess was beitragen kann. Das wird Ihnen auch helfen, mit potenziellen Problemen umzugehen.

■ Probleme schnell anpacken: Wenn Sie feststellen, dass ein Mitglied das Team negativ beeinflusst, sollten Sie schnell handeln. Sprechen Sie das Problem zunächst offen unter vier Augen an und machen Sie die Auswirkungen bewusst.

■ Teams, denen der Fokus oder die Richtung fehlt, entwickeln auch schnell eine schlechte Dynamik, da die Teammitglieder kämpfen, um ihre Rolle in der Gruppe zu verstehen. Definieren Sie deswegen offen bereits im Vorfeld die Mission und die Ziele. Erklären Sie, warum wer eingeladen ist und was Sie sich davon erhoffen.

■ Verwenden Sie Team-Building-Maßnahmen, die helfen, einander kennenzulernen, vor allem, wenn die Gruppe noch nie zusammengearbeitet hat. Diese Übungen erleichtern neuen Kollegen auch den Eintritt in die Gruppe und helfen, den „Schwarzen-Schaf-Effekt" zu bekämpfen. Dies geschieht, wenn Gruppenmitglieder sich gegen andere Personen wenden, die sie für anders als sich selbst halten. Erklären Sie auch die Idee des Johari-Fensters, um Menschen zu helfen, sich zu öffnen. Das Johari-Fenster zeigt, dass Selbstwahrnehmung und Fremdwahrnehmung sich in aller Regel nicht entsprechen. Der Betroffene nimmt sich selbst anders wahr, als das andere Personen tun. Gehen Sie selbst mit gutem Beispiel voran, indem Sie offen über das sprechen, was Sie bewegt: Ihre Hoffnungen für die Gruppe bzw. für die Gruppenergebnisse, persönliche Informationen über sich selbst, wertvolle Lektionen, die Sie im Rahmen des Prozesses gelernt haben etc.

- Offene Kommunikation ist zentral für eine gute Team-Dynamik – stellen Sie sicher, dass jeder offen kommuniziert. Schließen Sie alle Kommunikationsformen ein, die Ihre Gruppe verwendet – beispielsweise E-Mails, Chats und freigegebene Dokumente –, um Unklarheiten zu vermeiden. Wenn sich der Status eines Projekts ändert oder wenn Sie eine Ankündigung zu machen haben, lassen Sie das die Menschen so schnell wie möglich wissen. Auf diese Weise können Sie sicherstellen, dass jeder die gleiche Information hat.

  Vielfältige Kommunikationsformen nutzen

- Achten Sie auf die Warnzeichen einer schlechten Gruppendynamik: Dies sind beispielsweise häufige einstimmige Entscheidungen, da diese ein Zeichen von Gruppendenken sein können. Sie sollten dann neue Wege finden, um Mitglieder dazu zu ermutigen, ihre Ansichten zu diskutieren oder sie anonym zu teilen.

Denken Sie daran, dass Sie vor allem Ihre Gruppe genau beobachten müssen, um zu erkennen, wie deren Mitglieder interagieren. Viele der Verhaltensweisen, die zu einer schlechten Dynamik führen, können bereits im Vorfeld abgefangen werden.

Exkurs 2: Eine Rezeptur für ein interdisziplinäres Team

Man nehme ...

■ **eine überzeugende Vision**

Teams sind innovativer, wenn sie ein gemeinsames Ziel haben und sich alle Mitglieder diesem Ziel auch verpflichten. Transparente Vorgaben schaffen einen gemeinsamen Sinn und sorgen für die notwendige Motivation bei den einzelnen Teammitgliedern.

■ **Ziel-Interdependenz**

Eine Ziel-Interdependenz ist der gemeinsame Weg, den es braucht, damit die Teammitglieder ihre Ziele erreichen. So wird das Ziel nur durch das gesamte Team, nicht durch die Kraft des Einzelnen erreicht. Im interdisziplinären Team sind Einzelspieler fehl am Platz. Die Mitglieder agieren so miteinander, dass ein Nutzen für alle entsteht. Je komplexer ein Problem, desto sinnvoller ist es, wenn das Team seine Fähigkeiten und Fertigkeiten miteinander teilt. Im Fokus steht das gemeinsame Lösen der Herausforderung.

■ **Unterstützung innovativer Handlungen**

Teams sind innovativer, wenn die Führungskräfte Innovationen nicht nur fördern, sondern die Mitarbeiter dabei aktiv unterstützen und anfeuern – selbst wenn erste Innovationsversuche nicht erfolgreich sind. Aus Angst vor Versagen und niederschmetternden Urteilen neigen Menschen dazu, schnell der erstbesten Idee zu folgen und diese umsetzen zu wollen. Umso größer ist die Enttäuschung, wenn die Idee sich dann als Sackgasse entpuppt. Setzen Sie daher lieber auf eine Reihe an Ideen. Darunter kann auch mal ein schlechter Einfall sein – das müssen Sie in Kauf nehmen. Das bedeutet auch, bewusst Risiken einzugehen und Fehler als Teil des Lernprozesses zu erwarten und vor allem zu akzeptieren. Doch es lohnt sich!

- **eine gemeinsame Aufgabenorientierung**

  Aus einer gemeinsamen, übergeordneten Vision entsteht eine geschlossene Orientierung, die vom Kooperationsgedanken geprägt ist. Eine kollektive Ausrichtung auf eine Vision wiederum fördert und fordert von den einzelnen Mitgliedern hohe Leistungsstandards und regt sie dazu an, sich gegenseitig anzuspornen, zu überwachen und konstruktives Feedback zu geben.

Und erhalte …

- Menschen, die zusammenhalten und einander Sinn geben. Zusammenhalt in dieser Konstellation bedeutet, dass die einzelnen Mitglieder sich engagiert für das Wohl aller einsetzen und ein jeder Teil des Ganzen ist.

Ein gut funktionierendes Team zusammenzustellen und die Regeln für effektive Team-Arbeit zu beachten, bedeutet sicherlich einen nicht unerheblichen Aufwand. Die Ergebnisse machen den Mehraufwand aber verschmerzbar. Eine Gruppe bietet viel mehr als nur ein gemeinsames Ziel vor Augen: Die einzelnen Personen finden in einer Gruppe Sicherheit und Zugehörigkeit. Jedes Teammitglied hat seine eigene Rolle, die er oder sie lebt und die ihn besonders macht. Dadurch ist es einfacher, sich innerhalb des Teams gegenseitig herauszufordern und offener und mutiger den Status quo infrage zu stellen – und das wiederum ist die unabdingbare Voraussetzung für erfolgreiche Innovation.

Effektive Teamarbeit in einem gut funktionierenden Team

Exkurs 3: Warm-ups – Unsicherheit überwinden, in Bewegung und Kontakt kommen, Spaß haben

Wenn alle gegenwärtigen (Wirtschafts-)Krisen vorbei sind und wieder die Geschäftsmodelle in den Vordergrund treten, die den Menschen in den Fokus stellen, werden sich erfolgreiche Unternehmen in einem wesentlichen Punkt von allen anderen unterscheiden: in ihrer Fähigkeit, kreativ zu denken. Davon bin ich fest überzeugt.

Unternehmen haben gelernt, dass „Innoviere oder stirb" keine leere Floskel mehr ist. Vielmehr spiegelt diese Aufforderung die brutale Realität unserer modernen, schnell voranschreitenden Wirtschaft wider. Tatsächlich ist kollektive Ideengenerierung unglaublich wichtig – denn ein Mitarbeiter, der versucht, Probleme alleine an seinem Schreibtisch zu lösen, verschwendet im Grunde nur Zeit und Geld des Kunden. Und trotzdem glauben viele Menschen in den Unternehmen nach wie vor, dass sie einfach zurück an den Start gehen und härter arbeiten müssen, wenn sie gedanklich in einer Sackgasse stecken, weil das die Fähigkeiten sind, für die wir letztlich eingestellt und bezahlt werden.

Dabei ist genau das meiner Meinung nach der Denkfehler. Es geht nicht darum, dass jeder für sich arbeitet. Wir alle haben vielmehr die soziale Verantwortung, einander zu helfen und gemeinsam an Ideen zu spinnen.

Damit will ich aber nicht zu einer schlecht geplanten Brainstorming-Sitzung aufrufen! Diese könnte im Grunde sogar mehr schaden als nützen. Kennen Sie dieses komische Gefühl in der Magengegend, wenn jemand sagt „Los, gehen wir brainstormen!"? Dann sind Sie nicht alleine. Es gibt bereits unzählige Forschungen, die belegen, dass Brainstorming nicht die gewünschten Ergebnisse bringt. Allerdings funktioniert diese Methode

4 Faktoren erfolgreicher Innovation

nur dann nicht, wenn mit Brainstorming nicht die Technik, sondern eine Gruppenarbeit im Allgemeinen gemeint ist. Es ist erstaunlich, wie oft eine Gruppe von Menschen weniger Ideen erzeugt, wenn die Gruppenmitglieder zusammenarbeiten, und wie viel mehr Ideen herauskommen, sobald jeder für sich alleine Ideen entwickelt.

Diese Studien führen Schreckensbeispiele auf, wie
- den Angst-vor-Bewertungen-Effekt,
- den Sozialen-Faulenzer-Effekt (einer profitiert davon, dass alle anderen arbeiten),
- den Gruppendenker-Effekt.

Sie kennen wahrscheinlich alle diese Effekte in Aktion: Die Manager stehen in der Mitte eines Raumes und zeigen theatralisch auf ein Whiteboard. Der Moderator beruhigt jeden, dass es gar keine schlechten Ideen geben kann. Und dann, wenn der Startschuss gefallen ist, reißt die lauteste Person das Meeting an sich. Es gibt keine schlechten Ideen, nicht wahr? Unterdessen werden alle anderen ruhiger und ruhiger, und eine ungute Atmosphäre breitet sich aus. Wenn dann endlich das Meeting vorbei ist, stehen alle auf und gehen mit hängenden Köpfen wieder zurück an ihre Arbeit.

Die Lösung: Starten Sie die Meetings mit Warm-ups

Warm-ups, Icebreaker- und Energizer-Spiele sind eine gute Möglichkeit, einen fruchtbaren Boden für neue Ansätze und Lösungen zu erzeugen. Ich weiß, dass jeder kreativ ist, denn ich habe es bei Menschen mit ganz unterschiedlichen Hintergründen und Karrieren erlebt. Jeder – vom Wissenschaftler in seinem Labor bis hin zu Führungskräften in Konzernen – kann sein kreatives Potenzial ausleben. Sie müssen dazu nicht ins Silicon Valley auswandern oder karrieremäßig umsatteln. Sie müssen nicht zu einem Design-Berater werden oder Ihren momentanen

Spielerisch Motivation und Kreativität fördern

Job kündigen. Die Welt braucht vielmehr kreative Politiker, Manager und Finanzberater. Was auch immer Ihr Beruf ist – wenn Sie diesen mit Kreativität füllen, werden Sie neue und bessere Lösungen finden und mehr Erfolge haben.

Warm-up-Spiele können genau das: Sie inspirieren uns bei dem, was wir bereits tun. Sie bringen uns bei, dass wir unser bisheriges Denken aufgeben und Neues ausprobieren sollten.

Menschen, die die Welt auf spielerische Weise sehen, haben größeren Einfluss auf das, was sie umgibt. Denn nichts beeinflusst unsere Handlungen, Ziele und Wahrnehmung so sehr wie unser internes Glaubenssystem. Menschen, die glauben, dass sie Veränderungen bewirken können, erreichen das auch viel eher, weil sie mehr ausprobieren, länger aushalten und freundlicher im Umgang mit Fehlern sind. Wenn Menschen dagegen von Ängsten überwältigt werden, blockiert das ihre Energie und alle neuen Möglichkeiten sind von Anfang an zunichtegemacht. Statt eines möglichen Versagens können Sie jede Erfahrung auch als Gelegenheit sehen, von der Sie lernen können! Die Notwendigkeit der Kontrolle hält uns oft in der Planungsphase eines Projekts gefangen. Mit ein wenig mehr Vertrauen in die eigene Kreativität können Sie viel lockerer mit Ihrer Angst umgehen. Entziehen Sie sich dem Status quo, und hören Sie nicht auf das, was andere zu Ihnen sagen: Seien Sie stattdessen mutig und beharrlich, wenn es darum geht, Hindernisse zu bewältigen.

Probieren Sie einfach neue Wege aus! Das können Sie, indem Sie ganz einfach mal mit einem einfachen Spiel das Meeting starten und so gleich von Anfang an für neuen Schwung sorgen.

In diesem Buch finden Sie an einigen Stellen einige Inspirationen, wie solche Spiele ablaufen können. Geben Sie sich einen Ruck, springen Sie über Ihren Schatten, und wecken Sie Ihr eigenes schlafendes Kreativpotenzial – und das Ihrer Mitarbeiter! Ich verspreche Ihnen: Es ist wirklich ganz einfach, hat aber enorme Auswirkungen!

Case Study SIX:
Ein Raum für Innovationen
für die Finanzbranche

„Vertrauen ist der Anfang von allem" lautete in den 1990er-Jahren der Slogan, mit dem die Deutsche Bank ihre Finanzprodukte bewarb. Und dieser Tenor betrifft nach wie vor die gesamte Branche. Gerade Innovationen im Finanzmarktbereich sind schwierig. Einer Umfrage zufolge sind die deutschen Bankkunden konservativ eingestellt und gehen ungern Risiken jeder Art ein. Start-ups im Finanztechnologiebereich haben es so doppelt schwer: Schließlich wisse man ja nicht, wer hinter Start-ups stecke und ob es sie in sechs Monaten noch gebe. So landen die Sparer doch wieder bei ihren Hausbanken – in der Hoffnung, dass diese „für sie ähnlich innovative Anwendungen entwickeln und anbieten". (https://www.prophet.com/images/press/151109-pr%C3%A4sentation-prophet-umfrage_banking.pdf)

Das hat auch das Schweizer Unternehmen SIX erkannt. Um dem Ziel gerecht zu werden, innovative Lösungen für den Finanzbereich zu schaffen und von der Flexibilität der Start-ups zu profitieren, hat SIX eigens das „F10" als Fintech-Incubator Innovationszentrum gegründet. Gemeinsam mit Start-ups werden in Innovationssprints Produktideen erarbeitet und Proofs of Concept (Machbarkeitsstudien) durchgeführt. IT-Spezialisten, Programmierer, aber auch Betriebswirtschaftler sollen die nächsten Technologietrends aufspüren. Dabei tüfteln sie an diversen Projekten und Geschäftsideen, entwickeln Prototypen und testen deren Potenzial für die Finanzindustrie. Das Schweizer Unternehmen hat aber bereits vorher schon mit der von ihr entwickelten Payment-App sowie mit „Paymit" erste Marken mittels Innovations-Sprints etabliert.

Ein Hackathon als Auswahlverfahren
SIX agiert bei alldem als „First mover", bringt sein Know-how mit ein und adaptiert neue Technologien. Ausgewählt werden die Teilnehmerinnen und Teilnehmer in einem „Hackathon": Innerhalb

von 48 Stunden treten mehr als 150 Programmierer, Designer und Innovatoren in einem Wettkampf um neue Ideen gegeneinander an. Einige der Siegerteams können dann in Folge an einem 6-monatigen Produktentwicklungsprogramm teilnehmen, in dem sie ein minimales lebensfähiges Produkt entwickeln und für ihren Start-up die ersten zahlenden Kunden finden. (www.f10.ch)

Alle drei bis vier Wochen wird ein neues Team zusammengestellt, das an einem neuen Thema arbeitet. Was die jeweiligen Teams erarbeitet haben, wird evaluiert und je nach Beurteilung weiterverfolgt und weiterentwickelt. Dazu werden noch weitere Start-ups ins Unternehmen eingeladen, um daran mitzuwirken. Dies dient vor allem der Förderung der Innovationsatmosphäre und des Ideenaustauschs.

Die Bedeutung der Räumlichkeiten

SIX wollte einen Arbeitsplatz, der sich ganz bewusst von einer normalen Büroumgebung unterscheidet – und das mit möglichst einfachen Mitteln. Auf rund 600 Quadratmetern findet sich nun im Westen Zürichs ein Workspace wieder. Dieser fördert einerseits die Zusammenarbeit und Kreativität, lässt aber andererseits die Möglichkeit zu, sich jederzeit akustisch und visuell zurückziehen zu können. Mit „Highbacks" – Sitzmöbel mit überhohen Rücken- und Seitenlehnen – wurden kleine Inseln des Rückzugs für Meetings und Telefonate gebildet. Lange Tische wirken wie schwebende Baumstämme, die sich durch den Raum ziehen. Dadurch werden spontane Sitzgruppen kreativer Köpfe nicht von Stuhlbeinen gestört. Die Werkstatt-Atmosphäre, die zum Arbeiten anregen soll, wurde durch eine schwarze Decke mit sichtbaren Betonunterzügen erzeugt. Durch die gewollt sichtbare Abnutzung hat keiner Scheu, Haftnotizen an Wände zu pinnen, Pflanzen aufzustellen oder beim Arbeiten ein Sandwich zu essen. Erlaubt ist alles, was beim Denken hilft.

Einfühlen

Übersicht

„Es gibt in einem anderen Menschen nichts, was es nicht auch in mir gibt. Dies ist die einzige Grundlage für das Verstehen der Menschen untereinander."

ERICH FROMM

Es gibt keinen besseren Weg, die Menschen zu verstehen, als tief in ihr Leben einzutauchen. Oft werden Design Thinker von Personengruppen beauftragt, die sich von der eigentlichen Zielgruppe dahingehend unterscheiden, dass sie dieser nicht angehören. Unternehmen sind selten ihre eigenen Kunden und hinterfragen daher in den seltensten Fällen die treibenden Beweggründe oder die tatsächlichen Bedürfnisse ihrer Kunden. Deshalb ist es auch so wichtig, dass sie sich voll auf den Prozess einlassen und wirklich eintauchen, sodass sie Empathie für die Personen empfinden können, für die sie eine Lösung entwickeln sollen. Dabei überprüfen sie auch ihre eigenen Vorurteile, Vorstellungen und Erfahrungen. Das ist kein einfacher Prozess, und nicht selten kommt es dabei vor, dass Design Thinker tiefe Überzeugungen überdenken und loslassen müssen. Das verlangt vom Team, Urteile auf einem Niveau zu treffen, das sie nie zuvor so erreicht haben.

Zur Freude der einzelnen Teammitglieder und zum Nutzen des Projekts führt dieser Ansatz letztlich zu offenen Türen bei den beteiligten Personen. Durch das Eintauchen in Umwelt und Umfeld anderer Menschen können Sie als Design Thinker auch ein gutes Vertrauensverhältnis zu ihnen aufbauen. Sie werden mit Einzelpersonen sprechen, aber dann auch mit deren Nachbarn und Freunden, sodass Sie schließlich eine notwendige kritische Masse haben, um ein Verständnis für die Zielgruppe zu entwickeln und ein Sprachrohr für sie zu sein.

Warm-ups

Stellen Sie sich vor, Sie starten ein Projekt. In den meisten Design Thinking Jam Sessions ist es so, dass das Team sich kaum bzw. gar nicht kennt. Wenn wir einander nicht gut kennen, dann haben wir oft Berührungsängste und Hemmungen. Wir wissen nicht, wie andere auf uns und unsere Ideen reagieren, wir haben Angst davor, dass wir etwas sagen, das lächerlich oder dumm wirken könnte. Deswegen sind wir am Anfang einer neuen Zusammenarbeit oft eingeschüchtert und nicht in unserem vollen Element. Mit den folgenden Übungen sollen genau diese Hindernisse aus der Welt geschafft und neue Möglichkeiten zur Zusammenarbeit eröffnet werden. Sie werden überrascht sein, wie schnell hierarchische Barrieren fallen und wie einfach dann die weitere Zusammenarbeit wird!

Zu Beginn jedes Praxisteils finden Sie zwei Übungen, die sich in der jeweiligen Phase besonders gut für den Einstieg eignen.

Pinguin und Hai

 Unsicherheiten abbauen

 6 – 10 Personen

 keine

 5 – 10 Minuten

- Barrieren und Berührungsängste fallen
- Schnelle Übung mit viel Spaß

- Sie brauchen viel Platz

Vorgehen

■ Schritt 1: Der Moderator erklärt die Bewegungsmuster wie folgt: Die Pinguine haben die Arme seitlich am Körper nach unten gestreckt, die Hände stehen rechtwinklig ab, und sie bewegen sich im „Watschelgang", d. h. sie setzen einen Fuß vor den anderen, machen ganz kleine Schritte und erzeugen Geräusche: „mimimimi". Der Hai dagegen kann große Schritte machen. Die Arme sind nach vorne ausgestreckt und klappen auf und zu.

■ Schritt 2: Am Anfang sind alle Pinguine und nur ein Teilnehmer ist der Hai. Die Aufgabe des Haies ist, Pinguine zu fangen.

■ Schritt 3: Sobald ein Pinguin gefangen ist, wird er auch zum Hai.

■ Schritt 4: Sobald alle Haie sind, ist das Spiel zu Ende.

Der Namensschreck

	Icebreaker
	Neue Teammitglieder kennenlernen
	6 – 10 Personen
	Decke
	3 Minuten
	■ Sehr schnelles Spiel ■ Sie lernen das Team kennen.
	■ Menschen mit schlechtem Namensgedächtnis haben es schwerer. ■ Der Moderator muss sich im Vorfeld alle Namen merken.

Vorgehen

▨ Schritt 1: Es wird eine Decke (oder Leintuch, großer Karton etc.) benötigt. Sie können auch zwei Räume nutzen, die durch eine Tür getrennt sind.

▨ Schritt 2: Es werden zwei Gruppen gebildet. Diese beiden Gruppen stellen sich einander gegenüber auf und werden durch den Sichtschutz (Decke) getrennt (wie bei „Herzblatt").

▨ Schritt 3: Der Moderator lässt die Decke fallen, sodass sich die beiden ersten Spieler sehen können.

▨ Schritt 4: Diese müssen dann so schnell wie möglich den Namen des anderen Spielers sagen.

▨ Schritt 5: Der Spieler, der dies schneller schafft, erhält einen Punkt für seine Gruppe.

Die Techniken

 **1** Be your Customer

 Einfühlen

 Der Hersteller bzw. Unternehmensvertreter versetzt sich aktiv in die Lage seiner eigenen Kunden, um deren tatsächliche Bedürfnisse aus seiner Sicht zu beschreiben, aufzudecken und zu schärfen.

 Beobachter, Nutzer

 Kamera, Haftzettel

 Mindestens ein halber Tag, besser noch ein bis zwei Tage

Mit „Be your Customer" gelingt es, sich intensiv und aktiv in die Lage seiner Kunden zu versetzen, um herauszufinden, was diese tatsächlich bewegt.

Perspektiven wechseln **Vorgehen**
Sie bitten den Unternehmensvertreter oder Hersteller zunächst, in die Rolle des Kunden zu schlüpfen – indem er beispielsweise selbst ein Produkt benutzt – und auf dieser Basis seinen Kunden zu beschreiben. Die Beschreibung soll typische Erfahrungen (Notwendigkeiten, Wünsche) gegenüber den eigenen Kunden beinhalten. Im zweiten Schritt ermitteln Sie dann, wie der Kunde das Produkt oder den Service des Herstellers tatsächlich wahrnimmt. Auf Basis beider Informationen, denen des Herstellers und denen seiner Kunden, ist es möglich, falsche Annahmen oder Fehleinschätzungen des Herstellers gegenüber seinen Kunden aufzudecken.

BEISPIEL *Ein Sonnenschutz-Hersteller hat Innovationspotenzial in den Textilien seiner Lamellenvorhänge gesehen. Nachdem seine Kunden, z. B. Raumausstatter, befragt wurden, stellte sich heraus, dass es deutlich mehr Optimierungspotenzial in den Montageabläufen gibt als in den Textilien.*

Vorteile

- Möglichkeit, das Wissen eines Unternehmens über seine Kunden zugänglich zu machen.
- Gewonnene Informationen decken Entwicklungspotenzial auf.
- Möglichkeit der Konkurrenzanalyse, indem herausgefunden wird, was Wettbewerber gegebenenfalls besser machen.

Nachteile

- Gefahr, dass man Bestätigung sucht.
- Zeitaufwendig
- Um wirklich eine Aussage treffen zu können, muss man mehrere Personen fragen.

Case Study Sonnentor: „Wenn man bei euch reingeht, fühlt man sich wohl!"

Der Tee- und Gewürzspezialist Sonnentor ist einer der beliebtesten Arbeitgeber Österreichs. Das Unternehmen, das weit über die Grenzen seines Sitzes im niederösterreichischen Sprögnitz hinaus bekannt ist, bekommt mitunter über 40 Initiativbewerbungen pro Woche. Aber nicht nur die Mitarbeiter sind die größten Fans des Unternehmens: Auch die Kunden reißen sich um die Produkte. Sie spüren genau wie die Mitarbeiter, dass der Mensch hier wirklich an erster Stelle steht.

Gründer von Sonnentor ist Johannes Gutmann. Als ich ihn im Sommer 2016 besuchte, führte er mich stolz durch sein Unternehmen. Von allen Seiten wurde er freudestrahlend begrüßt, auch als wir später gemeinsam einen seiner Läden betraten. Kunden und Mitarbeiter scheinen ihn gleichermaßen zu lieben. Warum? Wie schafft es ein Unternehmen, dass so viele Menschen mit ihm zu tun haben wollen, sei es nun als Mitarbeiter oder als Kunde? Ich glaube, eine Antwort auf diese Frage gefunden zu haben: In diesem Unternehmen darf jeder Mitarbeiter sein eigenes Talent einbringen und muss sich keinem Extradruck aussetzen. Auf Rollenspiele wird verzichtet, es geht um Authentizität. Die Arbeit soll schließlich Sinn geben und Freude machen – und das spüren auch die Kunden und fühlen sich davon angezogen.

Jeder Mitarbeiter muss wissen, wie das Unternehmen funktioniert

Bei Sonnentor werden die Werte nicht nur für Marketingzwecke eingesetzt, sondern auch gelebt. Dabei spielt vor allem das Miteinander mit dem Kunden eine bedeutende Rolle. So erhalten neue Mitarbeiter eine intensive Einschulung. Diese sogenannte Integrationsphase dauert in der Regel zwei bis drei Wochen. Dabei muss jeder Mitarbeiter, vollkommen egal, in welchem Bereich er oder sie letztlich tätig ist, jede Tätigkeit vor Ort und „in Action" kennenlernen – im Rahmen eines Training-on-the-job. Der Grund dafür ist einfach: Alle Mitarbeiter müssen wissen, wie das Unternehmen funktioniert, wie der Kunde denkt und welche Bedürfnisse er hat. Dies gelingt am besten, wenn neue Mitarbeiter alle Bereiche des Unternehmens durchlaufen.

Das kostet zwar Zeit und auch Geld, aber lohnt sich in vielerlei Hinsicht: Einerseits lernt der neue Mitarbeiter die Philosophie des Unternehmens wirklich im Detail kennen. Bei Sonnentor geht es nicht um Profit und Gewinnmaximierung, sondern um das Miteinander. Leben und leben lassen, gegenseitige Anerkennung und Wertschätzung, fruchtbare Kooperationen. Und andererseits lernt so der Mitarbeiter die Kunden kennen, weiß, warum sie die Produkte einkaufen und was sie persönlich damit verbinden.

Fokus auf den Kundennutzen

Dieser menschenzentrierte Ansatz entspricht genau der Geisteshaltung des Design Thinking: Auch dort spielt neben der Technologie und der Wirtschaftlichkeit der Mensch eine zentrale Rolle – vor allem der Kunde. Der Fokus des Design Thinking ist permanent auf den Nutzen des Kunden ausgerichtet. Der Ausgangsgedanke dabei ist, dass Unternehmen, Projekte oder Teams, die sich nicht am Menschen orientieren, letztlich scheitern werden. Denn nur wer die Bedürfnisse der Menschen wahrnimmt und sie in die Lösung einarbeitet, schafft auch Produkte, die in einem so überschwemmten Markt wahr- und angenommen werden.

Oder wie Johannes Gutmann, der Chef mit der markanten roten Brille und den alten Lederhosen, selbst sagt: „Generell nicht zu viel fragen, Learning by doing, hat mir am meisten geholfen. Probieren geht über Studieren, es geht ja ums Umsetzen! Am meisten habe ich von meinen Kunden gelernt, die sagen, was sie gerne hätten."

---

2 Belbins Rollenmodell

 Teamzusammensetzung

 Effektives Team bilden, das gut zusammenarbeitet

 Design-Thinking-Team

 Papier oder Haftzettel

 Ca. 30 Minuten

Der britische Psychologie-Professor Meredith Belbin fand in den 1970er-Jahren heraus, dass für den Gruppenerfolg nicht der Scharfsinn des Einzelnen ausschlaggebend ist, sondern vielmehr das Zusammenspiel der einzelnen Persönlichkeitsprofile bzw. die Stärken und Schwächen der Gruppenmitglieder. Belbin identifizierte neun unterschiedliche Rollen. Ein Team arbeitet demnach am effektivsten, wenn es aus diesen heterogenen Rollentypen besteht:

Rollenverteilung

Handlungsorientierte Rollen

1. Macher: drängt die anderen zum Handeln, ist mutig, überwindet Hindernisse. Wirkt dynamisch, pragmatisch, stressresistent; ist aber oft auch ungeduldig und neigt zur Provokation.

2. Umsetzer: setzt Pläne in die Tat um. Er oder sie verfügt über Organisationstalent und praktischen Verstand. Diese Person gilt als diszipliniert, pflichtbewusst, effektiv, aber auch als unflexibel und stur.

3. Perfektionist: Qualitätskontrolleur, der Details liebt und Fehler hasst. Er ist sorgfältig, gewissenhaft, pünktlich, aber auch zaghaft, kontrollsüchtig und kann Dinge schwer aus der Hand geben.

Kommunikationsorientierte Rollen

4. Koordinator: das Traumbild von einem Teamleader, fördert Entscheidungen und gute Ideen. Er gilt als ruhig, selbstsicher und kontrolliert; scheint aber nur durchschnittliche Fähigkeiten zu besitzen.

5. Teamarbeiter: unermüdlicher Helfer im Hintergrund sorgt für gute Kommunikation und baut Reibungsverluste ab. Er ist sensibel, kooperativ, diplomatisch, aber selten entscheidungsstark.

6. Weichensteller: Netzwerker, der nicht nur für neue Ideen sorgt, sondern auch die Gruppe nach Bedürfnissen externer Schnittstellen ausrichtet. Er ist enthusiastisch und neugierig, verliert aber schnell das Interesse und ist weniger realistisch als optimistisch.

7. Erfinder: Träumer oder auch Spinner der Gruppe, der frischen Wind und neue Ideen einbringt. Er denkt gerne unkonventionell und provokant. Die Ideen sind aber oft abgehoben. Er ignoriert formale Vorgaben.

8. Beobachter: Skeptiker, der die Vorschläge vor allem auf ihre Machbarkeit hin untersucht und nie die Bodenhaftung verliert. Er ist zäh, agiert nüchtern, klug und strategisch. Dabei bleibt aber schon mal die Inspiration auf der Strecke, was wiederum wenig motivierend ist und andere ausbremst.

9. Spezialist: Tüftler der Mannschaft, der das notwendige und stets aktuelle Wissen beisteuert. Er ist selbstbezogen, engagiert, verliert sich aber oft auch in technischen Details.

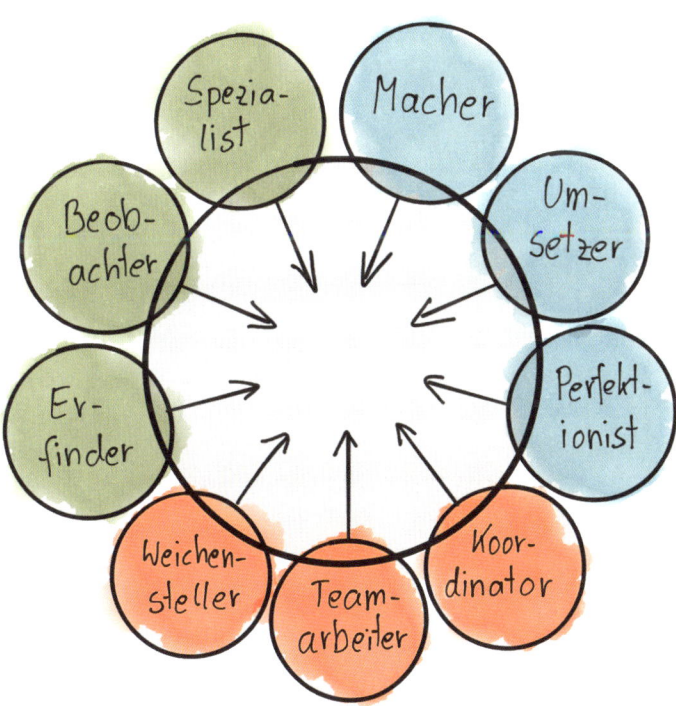

Schwächen von Belbins Rollenmodell

Im Alltag kommt es kaum vor, dass ein Team aus genau diesen neun Personen gebildet werden kann. Ebenso vernachlässigt Belbin, dass es so etwas wie eine Chemie, Konkurrenzstreben und Aversionen zwischen Teammitgliedern geben kann, was deren gemeinsame Arbeit erheblich stört.

Kreativität und Erfolg entsteht dennoch nur da, wo Stärken und Schwächen möglichst unterschiedlich verteilt sind. Weisen alle Teammitglieder dieselbe Schwäche auf, wird die Gruppe genau an diesem Punkt scheitern; verfügen alle über dieselbe Stärke, wird ein zermürbender Konkurrenzkampf die Folge sein.

Vorteile

Dennoch hilft das Teamrollen-Konzept vor allem dabei, die Selbstwahrnehmung zu schärfen, insbesondere in Bezug auf folgende Fragen:

- Welche Rollen sind im Team schon besetzt?
- Welche Rolle passt mir am besten?
- Welche Teamrolle fehlt uns noch?

Wer seine optimale Funktion für die Gruppe erkennt, kann seine Stärken besser ausspielen und seine Defizite gezielter ausgleichen.

Nachteile

- Das Modell lässt sich im Alltag kaum umsetzen.
- Die Chemie zwischen den Gruppenmitgliedern wird als Faktor vernachlässigt.

TIPP Belbins Modell lässt sich auch individuell anwenden: Wer ein eigenes Projekt bearbeitet, kann dabei nacheinander gedanklich die einzelnen Rollen einnehmen, um die Aufgabe aus eben diesen verschiedenen Blickwinkeln zu betrachten und so neue Lösungswege zu entwickeln.

3 Beobachtungen

	Recherche
	Erkenntnisse über ein Produkt, dessen Kontext und den Einfluss des Umfelds auf das Produkt gewinnen, verborgene Nutzerbedürfnisse aufdecken und Schlüsselfragen für die Entwicklung eines Produkts herausfinden
	Beobachter, Kunden, Nutzer
	Notizblock, Stift, eventuell Kamera, Diktiergerät
	Mehrere Stunden bis ganze Tage

Unter einer Beobachtung versteht man die systematische Erfassung von objektiv wahrnehmbaren Sachverhalten zum Zeitpunkt ihres Geschehens. So lassen sich beispielsweise Usability-Probleme erkennen. Es handelt sich um eine explorative Methode. Die reine Beobachtung und Problemidentifikation im natürlichen Nutzungsumfeld steht im Vordergrund.

Vorbereitung
- Zu erledigende Aufgaben festlegen und darauf achten, dass diese genau auf die Endnutzer und das Produkt zugeschnitten sind
- Testpersonen akquirieren; auch hier genau darauf achten, dass die Personen einen repräsentativen Querschnitt der zukünftigen Nutzer des Produkts darstellen
- Definieren, wie die Beobachtung aufgezeichnet werden soll (Video, Foto, Notizen)
- Bevor es losgeht, einen Testlauf durchführen

Vorgehen

Während eine Person eine Aufgabe ausführt, beobachten Sie Verhalten, Ereignisse und Aktivitäten genau und zeichnen diese auf. Verhalten Sie sich bei der Beobachtung so unauffällig wie möglich! Die Testpersonen sollten sich im Optimalfall unbeobachtet oder zumindest wohlfühlen. Dokumentieren Sie während der Beobachtung jede einzelne Handlung. Heben Sie Probleme und Ungewöhnliches hervor.

Besonderheit

Diese Methode beschreibt die direkte Observation. Es gibt unterschiedliche Arten von Observation bzw. Beobachtung (z. B. Fremd-, Selbst-, Feld-, Labor-, Unpersönliche, Offene, Verdeckte, Teilnehmende oder Nichtteilnehmende Beobachtung). Sehr sinnvoll ist die Beobachtung in Kombination mit Befragung (siehe Tool 5: Contextual Inquiry).

Vorteile

- Verhalten direkt beobachtbar
- Personen können in ihrer üblichen Umgebung „studiert" werden.
- Einflussfaktoren (Menschen, Situation, Umgebung) lassen sich erkennen.
- Spezielle Anforderungen, die sich durch den Kontext ergeben, können identifiziert werden.
- Auf Video aufgenommene Beobachtungssequenzen können beliebig oft betrachtet, ausgewertet, analysiert werden.
- Objektive Tatbestände lassen sich unter Verwendung von Apparaten (z. B. Blickbewegungsregistrierung) sehr genau erfassen.
- Nutzer können besser verstanden werden.
- Produkte lassen sich unter Beachtung von Kontexteffekten optimieren.
- Die Methode liefert zahlreiche Anregungen und Ideen für eine Weiterentwicklung.

Nachteile

- Meinungen, Absichten und Emotionen sind nicht bzw. sehr schlecht und nur subjektiv beobachtbar.
- In der Regel tauchen während des Beobachtens beim Beobachter Fragen auf (z. B. warum tut die Person dieses oder jenes), die dann noch zusätzlich (schriftlich oder mündlich) geklärt werden müssen.
- Anwendbarkeit von Beobachtungen ist beschränkt.
- Objektivität und Reliabilität ist abhängig von der Anzahl der Testpersonen und außerdem gering.
- Die Anwesenheit von Beobachtern oder Kameras kann das Verhalten der Testpersonen beeinflussen.

4 Business Model Canvas

 Geschäftsmodellentwicklung

 Entwicklung und Visualisierung von Bausteinen eines Geschäftsmodells

 Max. 12 Teilnehmer aus möglichst unterschiedlichen Bereichen eines Unternehmens

 Business-Model-Canvas-Vorlage(n), selbsthaftende Notizblätter

 Unterschiedlich, richtet sich u. a. nach der Anzahl der zu entwickelnden Geschäftsmodelle

Mit der Methode des Business Model Canvas entwickeln Sie mit speziellen Visualisierungs- und Kreativitätstechniken sowie Vorlagen in mehreren Workshops neun wesentliche Bausteine von potenziellen Geschäftsmodellen (Kundensegmente, Wertangebote, Kanäle, Kundenbeziehungen, Einnahmequellen, Schlüsselressourcen, Schlüsselaktivitäten, Schlüsselpartnerschaften und Kostenstruktur).

Potenzielle
Beschäftsmodelle Die Methode kann in der Initiierungs- und Umsetzungsphase eines Projekts angewandt werden. Weil es bei einzelnen Bausteinen sehr intensiv darum geht, die Perspektive des Kunden bzw. Nutzers einzunehmen und dessen Bedürfnisse zu ermitteln, habe ich sie in die Phase 1 des Design-Thinking-Prozesses (Einfühlen) aufgenommen.

Material

- Eine oder mehrere Business-Model-Canvas-Vorlagen, in Plakatgröße ausgedruckt; Bezugsquelle: https://strategyzer. com/canvas/business-model-canvas
- Haftnotizen (mehrere Packungen, unterschiedliche Farben, gleiche Größe)

Ziele

Jede Idee braucht ein funktionierendes Geschäftsmodell, wenn sie sich langfristig halten und möglichst viele Menschen erreichen soll. Es ist leichter, eine schlechte Idee mit einem guten Geschäftsmodell zu verwirklichen als die beste Idee ohne. Das Business Model Canvas hilft dabei, alle wesentlichen Elemente eines erfolgreichen Geschäftsmodells in ein skalierbares System zu bringen. Als Start-up, in dem das Geschäftsmodell in der Regel noch nicht vollkommen klar ist, kann man schnell verschiedene Varianten miteinander vergleichen. Auch bestehende Geschäftsmodelle in innovativen Unternehmen lassen sich so schnell weiterentwickeln, um Ideen zu bekommen, wie das Unternehmen in zwei, fünf oder zehn Jahren operieren könnte.

Vorgehen

Das Modell baut im Wesentlichen auf den vier Kernkomponenten auf, welche die wesentlichen Themen von Geschäftsmodellen in Unternehmen widerspiegeln. Zu den vier Bereichen gehören das Angebot (Was?), der Kunde (Wer?), die Infrastruktur

(Wie?) sowie die Finanzen (Wie viel?). Im Unterschied zu anderen Techniken werden diese vier Bereiche in insgesamt neun Bausteine unterteilt, die miteinander in Verbindung stehen.

Die neun Bausteine des Business Model Canvas

Im Folgenden erläutere ich die neun Bausteine der Methode, deren Kernmerkmale und die jeweiligen Leitfragen nach Osterwalder und Pigneur (2011, S. 20 – 48) aus Sicht eines Unternehmens bzw. eines Projektkonsortiums. Manche Bausteine werden mit spezifischen Hilfstechniken durchgeführt, worauf ich gesondert verweise. Die Aktivitäten sollten Sie in der Reihenfolge 1–9 abarbeiten.

Baustein 1: Kundensegmente (Customer Segments)

Kunden sind das Herzstück eines jeden Unternehmens, und ohne diese könnte es auch nicht überleben. Um Kunden besser bedienen zu können, werden diese normalerweise nach gemeinsamen Bedürfnissen, Verhaltensweisen oder anderen Attributen segmentiert. Somit bedient ein Unternehmen immer ein oder mehrere kleine oder große Kundensegmente. In diesem ersten Baustein sollen die verschiedenen Gruppen von Kunden oder Organisationen benannt und ausgewählt werden, die ein Unternehmen erreichen oder bearbeiten will bzw. welche sie ignorieren möchte. Es existieren verschiedene Arten von Kundensegmenten, die in diesem Zusammenhang genannt werden können.

- **Massenmarkt:** Keine Unterscheidung von Kundensegmenten ist nötig, wodurch sich Wertangebote, Kanäle und Kundenbeziehungen auf die gleiche Kundengruppe beziehen.
- **Nischenmarkt:** Hier wird das Kundensegment spezifiziert, damit die Angebote über die richtigen Kanäle mit den richtigen Kundenbeziehungen auf potenzielle Käufer treffen.
- **Segmentbezogener Markt:** Segmente können sich ähneln, aber dennoch durch unterschiedliche Bedürfnisse und Probleme gekennzeichnet sein.

- **Diversifizierter Markt**: Im Unternehmen können voneinander unabhängige und stark unterschiedliche Kundensegmente existieren.
- **Mehrdimensionaler Markt**: Es werden zwei oder mehrere voneinander abhängige Kundensegmente bedient.

Wurde eine Entscheidung für einen bestimmten Markt getroffen, dann kann ein Geschäftsmodell entwickelt werden, das sich auf die spezifischen Kundenbedürfnisse bezieht. Eine Kundengruppe vertritt verschiedene Segmente, wenn

- ihre Bedürfnisse unterschiedliche (individuelle) Angebote erfordern,
- sie über unterschiedliche Kanäle erreicht werden,
- sie unterschiedliche Arten an Kundenbeziehungen benötigen,
- sie sich wesentlich in ihrer Wirtschaftlichkeit (z. B. aufwendig zu bedienen, unterschiedlich profitabel) unterscheiden und
- sie für unterschiedliche Aspekte bzw. Teile eines Angebots bereit sind zu bezahlen.

Folgende Fragen sollten zur Identifikation der Kundensegmente beantwortet werden:

- Für wen wollen wir Werte oder Nutzen schaffen?
- Wer sind unsere wichtigsten Kunden?

Baustein 2: Wertangebote (Value Propositions)

Der zweite Baustein beschreibt den Nutzen oder Wert, den ein Paket aus ausgewählten Produkten und/oder Dienstleistungen für exakt ein bestimmtes Kundensegment darstellt (z. B. Lösen eines Problems, Erfüllen eines bzw. mehrerer Bedürfnisse). Dieser spezifische Nutzen bzw. Mehrwert ist häufig auch das Merkmal, weshalb sich Kunden für oder gegen ein Produkt- oder Dienstleistungsangebot entscheiden. Die Werte können sowohl quantitativ (wie Preis, Kostenminimierung, Verfügbarkeit oder eine messbare Leistungsfähigkeit) als auch qualitativ (Kundenanpassung, Aussehen/Design, Bequemlichkeit) sein.

Unternehmen sollten folgende Fragen beantworten, um das Wertangebot zu beschreiben:

- Welchen Wert liefern wir unseren Kunden?
- Welche der Kundenprobleme helfen wir zu lösen?
- Welche Kundenbedürfnisse befriedigen wir?
- Welche Bündel von Produkten und Dienstleistungen bieten wir in den einzelnen Kundensegmenten an?

Technik zur Erstellung dieser „Werteversprechen" ist die Durchführung von spezifischen Kunden-Interviews, bei denen man gezielt nach den Bedürfnissen fragt und Design-Überlegungen, die anhand der Vorlage und Kreativitätstechniken aus Phase 3 (wie die 6-3-5-Methode) erstellt und auf Haftnotizen geschrieben werden.

Baustein 3: Kanäle (Channels)

Das dritte Feld Kanäle umfasst alle Kommunikations-, Distributions- und Verkaufskanäle, mit denen die identifizierten Kundensegmente erreicht und angesprochen werden sollen, um das Wertangebot zu vermitteln. Die Kanäle sind sogenannte Berührungspunkte mit den Kunden und spielen eine wichtige Rolle bei der Kundenzufriedenheit und in der Kundenerfahrung.

Es gibt fünf Kanaltypen und fünf Kanalphasen, die aufeinander abgestimmt bzw. richtig ausgewählt werden müssen, um eine gute Kundenerfahrung hervorzurufen und den Umsatz zu maximieren. Das Unternehmen steht vor der Auswahl, die Kunden durch eigene Kanäle (z. B. Verkaufsabteilung, Internetverkauf, eigene Filiale), durch Partnerkanäle (z. B. Partnerfilialen, Großhändler) oder durch eine Mischung aus beiden Typen zu erreichen. Auch eine Unterscheidung in direkte (z. B. interne Verkaufsabteilung, Website) und indirekte Kanäle (z. B. Einzelhandelsfiliale, die das Unternehmen besitzt oder betreibt) kann hier vorgenommen werden.

Unternehmen sollten sich dazu folgende Fragen stellen:

- ■ Über welche Kanäle sollen unsere Kundensegmente erreicht werden?
- ■ Wie erreichen wir unsere Kunden jetzt?
- ■ Wie sind unsere Kanäle integriert?
- ■ Welche Kanäle funktionieren am besten?
- ■ Welche Kanäle sind besonders kosteneffizient?
- ■ Wie integrieren wir die Kanäle in die Kundenabläufe?

Baustein 4: Kundenbeziehung (Customer Relationship)

Dieser Baustein beschreibt die Beziehung, die ein Unternehmen zu einem bestimmten Kundensegment entwickelt und eingeht. Das Unternehmen kann seine Kundenbeziehungen auf sehr unterschiedliche Weise (z. B. automatisiert-personalisierte Kundenbeziehung, persönliche und individuelle Unterstützung; Selbstbedienung, automatisierte Dienstleistungen, Communitys, Mitbeteiligung) pflegen. Sie reichen vom persönlichen Kontakt bis hin zum automatisierten Service.

Das Unternehmen sollte sich in diesem Analysefeld folgende Fragen stellen:

- ■ Welche Art von Beziehung erwartet jedes unserer Kundensegmente von uns?
- ■ Wie können wir diese Beziehung aufbauen und pflegen?
- ■ Welche Beziehung haben wir heute zu unseren Kunden?
- ■ Wie sind die Kundenbeziehungen in unser Geschäftsmodell integriert?
- ■ Wie kostenintensiv sind sie?

Baustein 5: Einnahmequelle (Revenue Streams)

Der fünfte Baustein steht für die Einkünfte, die ein Unternehmen aus jedem Kundensegment bezieht. Ein Unternehmen muss sich die Frage stellen: Für welche Leistungen sind Kunden wirklich bereit, zu zahlen? Kann ein Unternehmen diese Frage beantworten, so können pro Kundensegment ein oder mehrere Einnahmequellen erschlossen werden. Jede Einnahmequelle kann dabei unterschiedliche Preismechanismen haben: Listenpreise,

Verhandlungsbasis, Auktionen, Marktabhängigkeit, Volumen-abhängigkeit oder Ertragsmanagement.

Leitfragen zum fünften Baustein:
- Wie sieht die Finanzierung aus, auch bevor Umsätze aus Kundeneinnahmen generiert werden?
- Gibt es eine Planung?
- Was darf das Produkt und/oder die Dienstleistung maximal kosten? Welchen Betrag sind die Kunden bereit zu zahlen? Welche Preisstrategie verfolgt das Unternehmen?
- Wie viel trägt jede Einnahmequelle zum Gesamtumsatz bei?

Baustein 6: Schlüsselressourcen (Key Resources)

Dieser Baustein beschreibt die wichtigsten Ressourcen, die für das Funktionieren eines Geschäftsmodells notwendig sind. Dabei wird zwischen physischen, finanziellen, intellektuellen und menschlichen Ressourcen unterschieden, die im Besitz des Unternehmens oder geleast sind oder von den Schlüsselpartnern erworben werden können.

- **Physische Ressourcen:** Maschinen, Gebäude, Fahrzeuge, Systeme, Netzwerke
- **Intellektuelle Ressourcen:** Marken, Wissen, Patente, Urheberrechte, Kooperationen, Kundendatenbanken
- **Menschliche Ressourcen:** Wissenschaftler, Kreative, Verkäufer
- **Finanzielle Ressourcen:** Garantien, Bargeld, Kreditrahmen, Aktien, Beteiligungen

Leitfragen, die sich ein Unternehmen stellen sollte, sind hier:
- Welche Schlüsselressourcen erfordert das Unternehmen in den verschiedenen Bereichen?
- Welche Standortfaktoren sind für das Unternehmen wichtig?
- Welche Rechtsform hat das (zukünftige) Unternehmen?
- Wer übernimmt welche Aufgaben im Unternehmen, und sind die Kompetenzen der Personen adäquat beschrieben und belegt (Lebensläufe beifügen)?

Baustein 7: Schlüsselaktivitäten (Key Activities)

Die Schlüsselaktivitäten sind der siebte Baustein im Business Model Canvas und beschreiben die wichtigsten Dinge, die ein Unternehmen tun muss, damit sein Geschäftsmodell funktioniert. Sie umfassen beispielsweise das Schaffen und das Unterbreiten eines Wertangebots, das Erreichen von Märkten sowie den Aufbau und die Aufrechterhaltung von Kundenbeziehungen zur Generierung von Einnahmen.

Leitfragen, die sich Unternehmen in diesem Abschnitt stellen sollten, sind:

- Welche Schlüsselaktivitäten erfordert das Unternehmen in den verschiedenen Bereichen?
- Welche Aktivitäten führt das Unternehmen selbst aus, bei welchen will es mit Partnern zusammenarbeiten?
- Wie sieht der Realisierungsfahrplan vor und nach der Gründung aus?

Baustein 8: Schlüsselpartnerschaften (Key Partnership)

Der achte Baustein beschreibt das Netzwerk von Lieferanten und Partnern, die zum Gelingen des Geschäftsmodells beitragen. Folgende Fragen sind in diesem Zusammenhang von Bedeutung:

- Wer sind die Schlüsselpartner?
- Welche Schlüsselressourcen bezieht das Unternehmen von seinen Partnern?
- Welche Schlüsselaktivitäten üben die Partner des Unternehmens aus?

Baustein 9: Kostenstruktur (Cost Structure)

Im neunten und letzten Baustein werden die Kosten beschrieben, die bei einem Geschäftsmodell anfallen. Leitfragen zur Kostenstruktur sind folgende:

- Welches sind die wichtigsten mit Ihrem Geschäftsmodell verbundenen Kosten?
- Welche Schlüsselressourcen und -aktivitäten sind am teuersten?

Teilnehmer

Für die Workshop-Settings sollte eine Gruppe aus maximal 12 Teilnehmenden zusammengestellt werden, die heterogenes Wissen und Erfahrungen in unterschiedlichen Bereichen haben (z. B. aus F&E, Innovationsabteilung, Marketing, Vertrieb, Geschäftsführung etc.).

Dauer

Die Dauer richtet sich je nach Anzahl der zu erarbeitenden Geschäftsmodell-Ideen bzw. Art der Geschäftsmodell-Komponenten.

Vorgehen

Die oben beschriebenen Bausteine bzw. Aktivitäten sollten in der Reihenfolge 1–9 abgearbeitet werden. Zur gemeinschaftlichen Bearbeitung und Visualisierung benötigt man die Vorlage des Business Model Canvas in einem großen Ausdruck (1 Stück pro Geschäftsmodell-Idee). Auf den Plakaten werden die Inhalte mit Haftnotizen festgehalten.

Weitere Techniken

Je nach Geschäftsmodell-Komponenten sind beispielsweise Brainstorming, Kreativitätstechniken, Visualisierung mittels Business-Model-Canvas-Vorlage, Empathiekarten oder Personas empfehlenswert.

Vorteile

- Einfach
- Intuitiv verständlich
- Visualisierung
- Geeignet für Teams, fördert Kommunikation
- Zusammenhänge ersichtlich
- Gute Grundlage für Businessplan
- Orientierung am Kunden und Value Proposition

Nachteile
- Vereinfachtes Modell
- Abgrenzung zwischen einzelnen Bausteinen manchmal schwierig
- Es wird nicht auf den Kunden des Kunden eingegangen bzw. der eigentliche User wird ausgeklammert.
- Konkurrenz fehlt.
- Trends und Umfeld fehlen.

Case Study TomTom: Mit den Augen des Kunden zu neuen Einsichten

TomTom ist der weltweit führende Anbieter von Produkten und Dienstleistungen im Bereich In-Car-Location und Navigation. Jeden Tag verlassen sich Millionen von Menschen auf der ganzen Welt auf die Navigationsgeräte von TomTom, um schneller an ihr Ziel zu kommen. Und genau das ist auch das Ziel von TomTom – innovative Produkte und Dienstleistungen zu entwickeln, die den Menschen helfen, leichter und sicherer anzukommen. Bereits 1991 gegründet, erstreckt sich der Vertrieb heute auf über 40 Länder. Mehr als 4.200 Mitarbeiter arbeiten weltweit für das Unternehmen.

Das Geschäft musste neu definiert werden

Durch die Digitalisierung stand TomTom vor einer seiner bisher größten Herausforderungen: Die traditionelle Produktpalette wurde von Lösungen aus dem Web abgelöst. Auch eine neue Generation von Smartphones bedrohte das Geschäft, da viele Apps bereits Karten und Navigationsdienste integrieren.

TomTom musste also sein Geschäft neu definieren und sah seine Chance im schnell wachsenden Sport- und Fitness-Markt, da er in der Nähe der ursprünglichen Kernkompetenz angesiedelt ist – im Bereich der Unterhaltungselektronik- und GPS-Geräte. Neben den ersten GPS-Uhren gab es noch eine andere Nische, nämlich die der sogenannten Action-Kameras. Diese Kameras wurden entworfen, um an Helmen, Surfbrettern, Autos und anderen Objekten angebracht zu werden und die Fortbewegung des Nutzers zu filmen. Dazu müssen sie entsprechend klein, handlich und einfach zu bedienen sein und trotzdem ein Objektiv haben, das die Welt in einer High-Definition-Qualität und in der Weitwinkel-Perspektive erfasst. Dank ihrer geringen Größe sind diese Action-Kameras vor allem bei Extremsportlern beliebt, die ihre Abenteuer durch Befestigung der Kameras an sich selbst oder ihrer Ausrüstung erfassen. Sie werden auch in Fernsehproduktionen verwendet, nämlich dann, wenn eine normale Videokamera-Einstellung unmöglich wäre.

Wichtige Schlüssel für die Lösung des Problems

Der Markt dieser Action-Kameras hatte sich einerseits seit Jahren nicht verändert (außer einer immer größer werdenden Auflösung und Frame-Rate), andererseits gab es in diesem Segment kaum Wettbewerb, außer das Unternehmen GoPro. Die Herausforderung bestand nun darin, diesen Markt im Detail zu erforschen und die Bedürfnisse der Kunden zu eruieren. Dazu stellte TomTom ein Team zusammen, das sich nur darauf konzentrierte, zu verstehen, was die Nutzer an ihren Action-Kameras so sehr liebten, welche Probleme im Regelfall bei der Erstellung von Videofilmen auftraten und auf welche Weise diese Filme am liebsten mit anderen geteilt wurden.

Im Laufe des Design-Thinking-Projekts zeigte sich der Hauptgrund für die Erstellung solcher Filme: Die Sportler wollten ihre Aktivitäten und unvergesslichen Momente mit anderen Menschen teilen und feiern. Da es aber schwierig bis unmöglich war, Stunden von Videomaterial zu scannen, um schließlich die Highlights zu finden und herauszuarbeiten, machte sich kaum einer die Mühe, das Material zu sortieren, um Kurzfilme zu erstellen, die dann noch von schlechter Qualität waren und die eigentlichen Highlights nicht zeigten. Dieses wichtige Insight war der Schlüssel, der zur Lösung des Problems führte.

Sich einzig und allein auf den Nutzer fokussieren

Nach etlichen Beobachtungen, Kunden-Interviews und anderen Einfühl-Techniken aus der ersten Phase des Design-Thinking-Projekts konnte die Geburtsstunde einer neuen Generation von Action-Kamera und der zugehörigen Software eingeläutet werden: Das Ergebnis war die TomTom Bandit Action Cam mit GPS (um Ort und Geschwindigkeit zu erfassen), G-Kraftsensoren (um Beschleunigung/Abbremsung und plötzliche Änderungen in Richtung und Rotation zu entdecken) und einer drahtlosen Verbindung zu einem Herzfrequenz-Sensor (um den Aktions- und Adrenalinspiegel zu erfassen).

Die TomTom Bandit Aktion Cam zeichnet alle mit dem Video synchronisierten Sensordaten auf. Eine völlig neue Art von App-basierter Video-Editing-Software hilft den Nutzern, ihre Filme schnell und einfach per App zu erstellen. Die Software generiert fast automatisch die Highlights aus Stunden von Videomaterial auf Basis der gesammelten Sensordaten. Dadurch können die Nutzer innerhalb von Minuten ihre Abenteuer bearbeiten und mittels Einbindung in Social Media binnen Sekunden mit ihren Fans und Followern teilen.

Erno M. Obogeanu-Hempel, THIS IS AWESOME, Projektleiter: „Unser Learning aus dem gesamten Prozess war, dass wir uns einzig und alleine auf den Nutzer fokussieren müssen. Nur, wenn Sie hinausgehen und verstehen, was Ihre Kunden wirklich brauchen, können Sie ihnen helfen. Sie müssen deren Schuhe tragen und damit deren Wege gehen. Nur so waren wir in der Lage, die Action-Kamera neu zu erfinden, basierend auf den Einsichten, was unsere Nutzer wirklich wollten. Sie wollten keine schnellere Action-Kamera mit einer höheren Auflösung, sondern einen Ansatz, wie man unvergessliche und spannende Videos erstellen kann. Denn eigentlich wollen sie nur eines sein: Helden in den Augen ihres Publikums. Jetzt haben sie die Bühne dazu.“

- -

	Recherche
	Tätigkeiten und Bedürfnisse von Benutzern in deren täglichem Umfeld ermitteln und so Erkenntnisse über den Nutzungskontext und Einflüsse aus der natürlichen Umgebung der Anwender gewinnen
	Beobachter, Nutzer
	Notizblock, eventuell Kamera, Diktiergerät
	Bis zu mehreren Monaten

Contextual Inquiry ist eine Vor-Ort-Erhebung, um durch Beobachtung und Befragung die Tätigkeiten und Bedürfnisse der Benutzer im täglichen Umfeld zu untersuchen. So gelingt es, Erkenntnisse über den Nutzungskontext und Einflüsse aus der natürlichen Umgebung der Anwender zu gewinnen.

Vorbereitung
Bereiten Sie einen strukturierten Interviewleitfaden vor, damit Sie die Zielsetzung nicht aus den Augen verlieren.

Vorgehen
- Schritt 1: Stellen Sie sich selbst vor und erklären Sie, warum die Befragung und Beobachtung durchgeführt wird.
- Schritt 2: Beobachten und befragen Sie die Nutzer während der Arbeit im natürlichen Anwendungskontext. Die Anwender werden bei der Lösung von typischen Aufgaben beobachtet, zu einer Bewertung der Anwendung befragt und ihre Vorgehensweise bei der Aufgabenbearbeitung diskutiert.

- Schritt 3: Schreiben Sie Stichpunkte, Aussagen, Zitate und wichtige Beobachtungen auf Kärtchen, die Sie dann im Team teilen. Konzentrieren Sie sich dabei vor allem auf die Aussagen, die für die Lösung relevant sein könnten. Aber Vorsicht! Achten Sie darauf, dass Sie nicht die Lösung vorwegnehmen, sondern sich nur auf das tatsächlich Beobachtbare fokussieren und keine Wertung vornehmen!

TIPP **Fragen stellen**

- Stellen Sie keine geschlossenen Fragen, die zu gezielten Antworten führen (also Fragen, die mit Ja/Nein beantwortet werden können), sondern steuern Sie lieber Iterationen anhand von offenen Fragen (Warum? Wer? Wie?).
- Beobachten Sie während der Befragung den Benutzer genau.
- Identifizieren Sie Optimierungspotenzial und protokollieren Sie mögliche Lösungsideen.
- Die Datenerhebung und -analyse umfasst Aspekte, die im Testlabor verborgen bleiben: Einflüsse der natürlichen Umgebung des Anwenders auf die Nutzung, Studium der Artefakte (z. B. EDV-Ausstattung, Arbeitsgeräte) und Interaktionen mit Kollegen, Familie, Freunden usw. Zur Auswertung der Daten bietet sich ein Affinitätsdiagramm (Tool 43, 6-3-5 Methode) an.
- Behalten Sie während der Analyse die ausgewählte Fragestellung im Auge, und halten Sie fest, worauf Erkenntnisse zurückzuführen sind (Beleg- und Begründbarkeit von bestimmten Features).

Besonderheit
Motivationen und Erfahrungen spielen hier eine größere Rolle als statistische Auswertungen.

Vorteile
- Liefert fundiertes Wissen von Benutzer und Kontext
- Nutzerzentriert
- Optimierungspotenzial wird abschätzbar
- Grundlage zur Beurteilung der Nützlichkeit
- Anforderungen direkt aus dem Nutzungskontext

- Der Versuchsleiter ist Teil des Alltags und wird damit nicht mehr als Fremdkörper wahrgenommen.
- Informationen über Aspekte, die im Testlabor verborgen bleiben
- Nützlich, wenn Benutzer in relativ komplexem und ungewöhnlichem Umfeld arbeiten
- Zum besseren Verständnis der Nutzer

Nachteil
- Langzeitstudie, bei der mit mehrmonatigen Laufzeiten gerechnet werden muss

6 Customer Journey Map

	Recherche
	Neue Erkenntnisse über den Kunden gewinnen und Verbesserungen identifizieren
	Design-Thinking-Team
	Vorlage für Customer Journey Map
	Für eine erste Skizze 15 Minuten, für eine detailliertere Version 30 – 60 Minuten

Mit dieser Methode gelingt es Unternehmen und Herstellern, mehr Empathie zu Kunden, Mitarbeitern und anderen Nutzern aufzubauen. Statt das Angebot einzuengen, bietet sie die Möglichkeit, neue Erkenntnisse über den Kunden zu gewinnen – indem die gesamte Erfahrung des Kunden betrachtet und berücksichtigt wird. Je weiter also die gesamte Kundenerfahrung definiert wird, desto größer ist die Wahrscheinlichkeit, dass Sie mögliche Verbesserungen identifizieren.

Empathie aufbauen Nehmen wir zum Beispiel an, dass Sie Websites erstellen. Sie könnten sich nun einzig auf die Eigenschaften des Produkts selbst konzentrieren: auf das Design der Website oder die technischen Details. Sie könnten aber auch viele weitere Chancen für Innovation entdecken, wenn Sie den Bogen der Kundenerfahrung ausweiten. Wenn es zum Beispiel um den Aufbau einer Website geht, gibt es wahrscheinlich ein Dutzend weiterer Schritte (jeder davon ist eine Chance, zu innovieren): Sie können Ihren Kunden aktiv ansprechen, wenn Sie das Gefühl haben, dass die Seite zu unübersichtlich geworden ist. Oder Sie helfen beim Texten. Oder Sie bieten das Layout an, die Auswahl des Providers, das Erstellen eines eigenen Corporate Designs, die dazugehörigen Visitenkarten etc.

Die Customer Journey Map als Reisekarte hilft Ihnen, systematisch die Schritte zu durchdenken, die Ihre Kunden – intern oder extern – gehen, wenn sie mit Ihrem Produkt oder Ihrer Dienstleistung in Berührung kommen. Ich verwende solche Karten, um das zu kategorisieren, was ich aus Interviews und Beobachtungen lerne.

Vorgehen
- Schritt 1: Wählen Sie einen Prozess oder eine Reise, die Sie abbilden möchten.
- Schritt 2: Notieren Sie die Schritte. Stellen Sie sicher, dass Sie auch kleine Schritte mitbedenken, die trivial erscheinen können. Es geht darum, alle Schritte einzufangen, um die Nuancen der Erfahrung zu betrachten, die Sie normalerweise übersehen.
- Schritt 3: Visualisieren Sie diese Schritte in einer Karte. Normalerweise zeigen wir die Schritte nacheinander auf einer Zeitleiste. Diese Karte kann aber auch Zweige enthalten, um alternative Wege in der Kundenreise aufzuzeigen. Sie können auch eine Reihe von Bildern wählen.

- Schritt 4: Suchen Sie nach Aha-Erlebnissen. Welche Muster sehen Sie? Gibt es irgendetwas Überraschendes oder Unerwartetes? Fragen Sie sich, warum bestimmte Schritte in einer bestimmten Reihenfolge auftreten, und so weiter.
- Schritt 5: Überlegen Sie sich, wie Sie die einzelnen Schritte innovieren können.
- Schritt 6: Wenn möglich, zeigen Sie diese Karte Personen, die mit der Kundenreise bereits vertraut sind, und fragen Sie, ob Sie etwas übersehen haben oder ob vielleicht eine andere Reihenfolge sinnvoller wäre.

BEISPIEL

Ein Beispiel aus meinem Beratungsalltag: Für ein Hotel habe ich einmal eine Customer Journey Map erstellt. Dafür konzentrierten wir uns auf die Phase vom Empfang des Gastes der Rezeption bis zu dem Moment, in dem er sein Zimmer bezieht. Ziel war es, seinen Aufenthalt von der ersten Sekunde an angenehm zu gestalten.

- Schritt 1: Wir stellten uns vor, dass der Reisende, den wir anhand einer Persona zunächst visualisiert haben, am Abend nach einem anstrengenden Flug im Hotel ankommt. Was passiert dabei?
- Schritt 2: Wir zeichneten den klassischen Ablauf eines Check-ins nach. Herr Meier kommt im Hotel nach einem langen Flug an. Er ist müde und will schnell auf sein Zimmer. Als Erstes kommt er in eine große Empfangshalle mit einer großen Rezeption. Die Hotelangestellte begrüßt Herrn Meier freundlich und fragt ihn nach seiner Reise. Sie bittet um den Namen und die Reservierungsnummer. Während sie die Daten sucht und den Zimmerschlüssel vorbereitet, soll Herr Meier das Datenblatt ausfüllen. Er legt sein Gepäck ab und beginnt die Daten einzutragen, während die Rezeptionistin im Computer tippt und gleichzeitig telefoniert. Danach gibt sie Herrn Meier die Schlüssel, erklärt ihm, wo sein Zimmer liegt und wann und wo es am nächsten Morgen Frühstück gibt. Danach wünscht sie ihm noch einen angenehmen Abend.
- Schritt 3: Wir trugen jedes Detail in eine Tabelle ein.
- Schritt 4: Wir versetzten uns in die Lage des Reisenden. Herr Meier ist genervt, weil er eigentlich nur schnell auf sein Zimmer will und dachte, er hätte diese ganzen Daten bereits bei der Reservierung angegeben. Hat er das? Können die Daten irgendwie anders gefiltert werden? Kann der Prozess abgekürzt werden?

- Schritt 5: Wir stellten uns ein alternatives Szenario vor. Je nach Tageszeit könnte der Reisende in einer angenehmen Atmosphäre begrüßt werden. Das Empfangspersonal könnte ihm einen Platz und ein Getränk anbieten, die Koffer könnten in der Zwischenzeit auf das Zimmer gebracht werden. Es könnte zudem bereits bei der Reservierung abgefragt worden sein, ob er Essenswünsche oder spezielle Bedürfnisse oder Wünsche hat (z. B. ein Taxi am nächsten Morgen oder ein Abholservice vom Flughafen etc.).
- Schritt 6: Wir baten Reisende direkt an der Rezeption um ihr Feedback und bauten dieses wiederum ein.
- Ergebnis: Die Buchungsanfragen erhöhten sich im Laufe des ersten Jahres um 30 Prozent, das Hotel wurde für Top-Service ausgezeichnet.

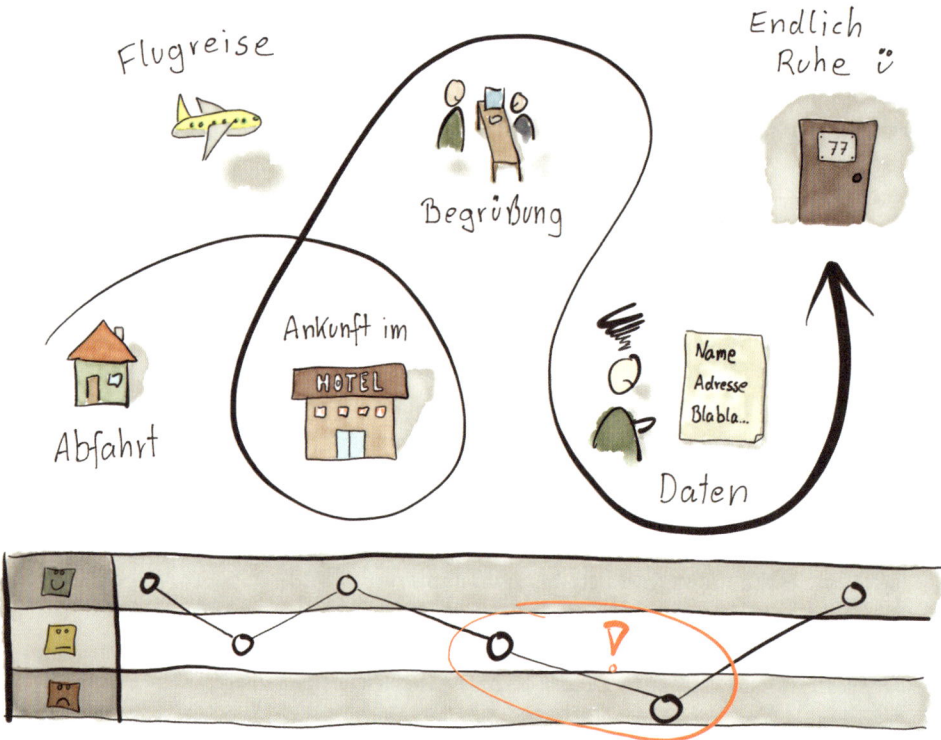

Vorteile

- Klare, visuelle Take-aways
- Team baut schnell Empathie auf
- Verdeutlichung aller Berührungspunkte des Kunden
- Aufschlüsselung von Emotionen
- Aufzeigen verschiedener Nutzersegmente

Nachteile

- Verkompliziert den Sachverhalt schnell
- Nicht alle Kunden sind gleich, zeigt nur kleinen Ausschnitt

7 Desk Research

	Recherche
	Erhebung von vielen unabhängigen Informationen zu den Projektthemen
	Design-Thinking-Team
	Internet, Zeitschriften, Magazine
	15 Minuten bis 1 Tag, je nach Umfang des Themas

Bei Desk Research geht es um die Erhebung von Informationen über das Projektthema aus unterschiedlichen Quellen (Webseiten, Bücher, Zeitschriften), und zwar unabhängig von den Projektbeteiligten (Verbraucher, Stakeholder etc.). Dabei sollen vor allem Trends bezüglich des Projektthemas und der verschiedenen Kontexte erkannt werden. Die Desk-Research-Methode kann im Grunde während des gesamten Projekts eingesetzt wer-

Tiefgreifende Recherche

den – wann immer es Aspekte gibt, die vertieft werden könnten. Besonders hilfreich ist sie jedoch zu Beginn eines Projekts, um ein besseres Verständnis für die Gesamtsituation zu bekommen.

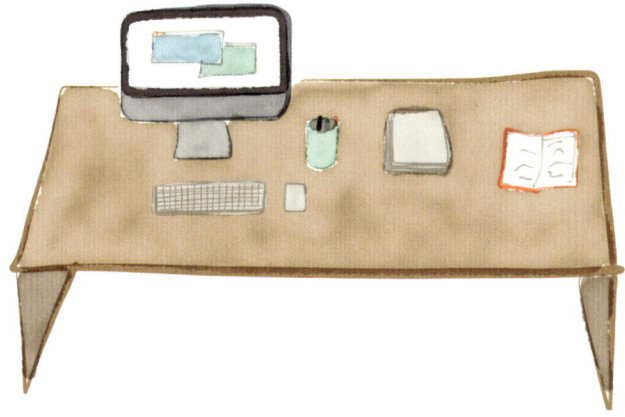

BEISPIEL Ein Beispiel aus meiner Beratungspraxis: Eine große Bank wollte sich auf die zukünftigen Kundenbedürfnisse fokussieren. Ich begann das Projekt mit einer Desk Research, weil ich allgemeine Informationen über Banken und die Bedürfnisse der Zielkunden sammeln wollte. Die Bank hatte eine Abteilung, die spezielle Anlageprodukte vermittelte. In der Vergangenheit hatte sich die Bank dazu Vermittlern bedient, wollte das Geschäft aber nun selbst übernehmen.

Im Zuge der Desk Research konnte ich mehrere Elemente als relevant identifizieren: Die Abteilung war nahezu unbekannt, auch in der eigenen Bank. Der Begriff Bank wurde generell als Raum, als Schnittstelle und als Objekt der Kunden wahrgenommen. Mit dieser Definition konnte ich Analogien bilden, um neue Trends und Neuerungen zu finden.

Viel wichtiger als das eigentliche Vorgehen ist die Entschlossenheit, sich tiefer in die neuen und interessanten Elemente zu graben. Darüber hinaus ist es wichtig, sich mögliche Verbindungen bewusst zu machen. So habe ich im Laufe dieses Projekts zum Beispiel über Foren und Kommentare auf diversen Webseiten

Phase 1 – Einfühlen

herausgefunden, dass die Kunden nicht gerne direkt bei Banken ihr Geld anlegen, weil sie sich nicht individuell betreut fühlen. Ein Grund dafür: Selbst wenn ein Termin vereinbart wurde, war der ganze Ablauf sehr bürokratisch und steif. Ich dachte über mögliche Analogien nach und kam auf die Idee, die Wartezeit mit der Perspektive von Besuchern eines Restaurants zu verknüpfen. Aus dieser Perspektive konnte ich Erfolgsgeschichten ableiten, die diese Frage bereits beantworten hatten, und setzte diese Lösungen dann im Bankenbereich um. So bekam der Bankbesucher beim Betreten der Bank einen Platz und ein Getränk angeboten und fühlte sich dadurch gleich wahrgenommen und viel wohler. War sein Kundenbetreuer noch in einem anderen Termin, bekam der Kunde die Information, wie lange er noch warten müsse.

Vorgehen
- ▨ Schritt 1: Bilden Sie ausgehend vom Projektinhalt einen Themenbaum mit den verschiedenen Themen. Die Informationen dafür entnehmen Sie den verschiedenen Ersterhebungen.
- ▨ Schritt 2: Erweitern Sie diese nun durch Erschließung neuer Quellen und Zitate, die Informationen zu projektrelevanten Gebieten liefern.
- ▨ Schritt 3: Die gesammelten Infos werden auf Insight-Karten festgehalten, auf denen Folgendes notiert wird: eine aussagekräftige Überschrift, eine kurze Erläuterung sowie eine Quellenangabe und ein Datum der Recherche. Durch den begrenzten Raum kann nur das Wichtigste notiert werden.
- ▨ Schritt 4: Die Karten werden dann in der Regel in Phase 2, der Definieren-Phase des Design-Thinking-Prozesses, sortiert. Überschneidungen zwischen diesen und weiteren Informationen ermöglichen es, Muster und Möglichkeiten zu erkennen, die in den folgenden Phasen weiter untersucht werden können.

Primärrecherche: Dabei handelt es sich um eine Recherche, bei der Daten direkt an der Informationsquelle gesammelt werden (bspw. Interviews).

Sekundärrecherche: Recherche, die auf Infos von Dritten zurückgreift (bsp. Zeitung, Zeitschrift)

Vorteile
- Schneller Überblick
- Geringer Aufwand, wenig Kosten

Nachteile
- Wenig aussagekräftig
- Informationen können veraltet sein

 8 Empathie-Karten

 Recherche

Analyse der Bedürfnisse potenzieller Kunden bzw. Zielgruppen

Design-Thinking-Team

Vorlage, viele Haftzettel

Mehrere Stunden

Die Empathie-Karte eignet sich zur systematischen Analyse von Kundenbedürfnissen und unterstützt die Gestaltung kundenzentrierter Geschäftsmodelle. Der besondere Fokus liegt darauf, die Aufgaben, Ansprüche und Werte der Kunden aus deren Perspektive zu betrachten. Die Empathie-Karte kann auch in einem Workshop mit direkten und indirekten Stakeholdern erstellt werden.

Die Erstellung einer Empathie-Karte eignet sich sehr gut, um Bedürfnisse potenzieller Zielgruppen bzw. Kunden zu analysieren und darauf aufbauend weitere Bausteine eines Geschäftsmodells konkret zu gestalten (z. B. das Wertangebot, Vertriebskanäle, Kundenbeziehungen und Einnahmequelle). Diese Technik geht über demografische Merkmale potenzieller Zielgruppen hinaus. Sie versucht spezifische „Kundenprofile" zu erstellen, die Hinweise für die Ausgestaltung der Geschäftsmodell-Komponenten geben. Die Technik kann als Teil der Business-Model-Canvas-Methode eingesetzt werden. Eine verwandte Technik ist die „Personas"-Methode (Tool 19).

Vorgehen
- Schritt 1: Erstellen Sie aufgrund der demografischen Merkmale verschiedene Kundensegmente (z. B. Alter, Einkommen, Familienstand, Region etc.). Dies kann schon vor einem Workshop als Vorarbeit passiert sein (evtl. in Zusammenarbeit mit der Marktforschung) oder es werden diese mittels Brainstorming(-methoden) (siehe Tool 55 Kollektives Notizbuch) zu Beginn der Erstellung einer Empathie-Karte erhoben.
- Schritt 2: Wählen Sie mindestens drei repräsentative Kunden aus und versetzen Sie sich in deren jeweilige Lage.
- Schritt 3: Für jede Person erarbeiten die Teilnehmer die Themenfelder der Empathie-Karte und befüllen die einzelnen Segmente mittels Haftnotizen (siehe Anhang: Vorlage Empathie-Karte).
- Schritt 4: Stellen Sie sich dazu folgende Fragen:
  - Was sieht der Kunde in seinem Umfeld?
  - Wie sieht es dort aus? Wer umgibt den Kunden? Wer sind seine Freunde? Welchen Angeboten ist er täglich ausgesetzt? Welchen Problemen steht er gegenüber?
  - Was beeinflusst den Kunden in diesem Umfeld? (Was hört er?)
  - Was sagen seine Freunde bzw. der Partner? Wer beeinflusst sie wirklich und wie? Welche Medienkanäle sind einflussreich?

- Was geht im Kopf des Kunden vor? (Was denkt und fühlt er wirklich?)
- Was ist ihm wirklich wichtig (auch wenn nicht offen zugegeben)? Welche Gefühle könnten ihn bewegen? Was hält ihn nachts wach? Welche Träume und Wünsche hat er?
- Wie verhält sich der Kunde in der Öffentlichkeit? (Was sagt und tut er?)
- Wie ist seine Einstellung? Was könnte er anderen sagen? Gibt es eine Differenz zwischen dem, was der Kunde sagt, und dem, was er fühlt?
- Welches sind die negativen Aspekte im Leben des Kunden?
- Welches sind seine größten Frustrationen? Welche Hindernisse stehen zwischen ihm und dem, was er erreichen will oder muss? Welche Risiken könnte er scheuen?
- Welches sind die positiven Aspekte im Leben des Kunden?
- Was will oder muss der Kunde wirklich erreichen? Wonach bemisst er den Erfolg? Mit welchen Strategien gelangt er zum Erfolg?

- Schritt 5: Diskutieren Sie in der Gruppe Ihre Erkenntnisse und notieren Sie das Wichtigste auf Haftnotizen.

Vorteile

- Geringe Einstiegsbarrieren und Risiken
- Einfache Handhabung
- Schnelles Einfühlen in Zielpersonen
- Das kontinuierliche Ausrichten des Geschäftsmodells an diesen Kundenprofilen hilft, tragfähigere Geschäftsmodelle zu entwickeln.

Nachteil

- Es werden nur offensichtliche Kundenbedürfnisse beschrieben und visualisiert – implizite Antreiber für eine Nutzungs- und Kaufentscheidung werden dadurch aber nicht sichtbar.

9 Empathy Map

	Recherche
	Tiefes kontextbezogenes Verständnis für Kunden, Mitarbeiter, Nutzer entwickeln
	Design-Thinking-Team
	Vorlage
	Ca. 20 Minuten

Die Gestaltung eines Produkts oder die Verbesserung einer bestehenden Idee beginnt niemals mit dem Produkt oder der Idee selbst – sondern immer mit dem Nutzer. Mit der Empathy Map können Sie sichtbar machen, was der Nutzer sagt, denkt und fühlt. Durch die Aufbereitung der gesammelten Informationen bekommen Sie ein Verständnis des Nutzers oder Kunden in seinem jeweiligen Ökosystem.

Ziel

Das Ziel dieser Technik ist, ein tieferes Verständnis für den Kunden, Mitarbeiter, Nutzer, Partner etc. in Ihrem Ökosystem bezogen auf den jeweiligen Kontext zu gewinnen (beispielsweise eine Kaufentscheidung oder ein Erlebnis, während er oder sie ein Produkt oder eine Dienstleistung benutzt). Die Übung kann so einfach oder komplex werden, wie Sie es wollen. Sie sollten in der Lage sein, einen groben Entwurf einer Empathy Map in etwa 20 Minuten zu erstellen, vorausgesetzt, Sie haben genügend Wissen über die jeweiligen Personen und den Kontext, den Sie untersuchen wollen. Vor allem, wenn Sie sich schwer dabei tun,

Ihren Stakeholder zu verstehen, hilft die Empathy Map dabei, Lücken in Ihrem Verständnis zu identifizieren und ein tieferes Verständnis der Dinge zu gewinnen, die Sie noch nicht kennen.

Der Nutzer im Fokus Vorgehen

■ Schritt 1: Zeichnen Sie einen Kreis, der den Nutzer repräsentiert, und schreiben Sie die wichtigsten Informationen, wie Namen, Berufsbezeichnung etc., hinein. Am besten ist es, wenn Sie bei der Erstellung der Empathy Map auch den konkreten Nutzer vor Augen haben, um den es Ihnen in dem Moment geht. Dadurch können Sie sich einfacher fokussieren. Zeichnen Sie also statt des Kreises einen Kopf und fügen Sie einige Details dazu. Vielleicht möchten Sie Augen, Mund, Nase, Ohren und ggf. Brille oder eine Frisur skizzieren. Diese einfachen Details sind keine anmaßende Ergänzung – sie helfen Ihnen vielmehr, dass Sie sich besser in den Nutzer hineinversetzen können.

■ Schritt 2: Überlegen Sie sich eine Frage, die Sie an diese Person haben. Was könnten Sie fragen, um die Situation bzw. deren Leben besser zu verstehen? Vielleicht möchten Sie eine bestimmte Art von Kaufentscheidung nachvollziehen können, dann könnten Sie fragen: „Warum sollte ich X kaufen?"

- Schritt 3: Teilen Sie den Kreis in verschiedene Abschnitte, die Aspekte der sensorischen Erfahrung dieser Person darstellen. Was denkt, fühlt, sagt, tut oder hört sie? Beschriften Sie die entsprechenden Abschnitte auf dem Bild.
- Schritt 4: Jetzt ist es Zeit für den empathischen Teil dieser Übung. Versuchen Sie, so gut es geht, sich in die Erfahrung dieser Person hineinzuversetzen, und verstehen Sie den Kontext, den Sie erforschen möchten. Beginnen Sie dann, das Bild mit wirklichen, fühlbaren, sinnlichen Erfahrungen auszufüllen. Wenn Sie beispielsweise den Abschnitt „Hören" angehen, versuchen Sie darüber nachzudenken, was die Person hören könnte und wie sie es hören würde. In dem „Gedanken"-Abschnitt versuchen Sie, die Gedanken so zu beschreiben, wie sie sie ausdrücken würde. Legen Sie niemandem Ihre Worte in den Mund – der Punkt ist, wirklich zu verstehen und Empathie zu empfinden, damit Sie ein besseres Produkt, Service oder was auch immer entwickeln können. Überlegen Sie sich auch, was mögliche Herausforderungen und Wünsche sind, die Ihr Nutzer haben könnte.
- Schritt 5: Bitten Sie andere, Ihre Empathy Map zu vervollständigen und mögliche Details hinzuzufügen. Je mehr die Person sich mit dem tatsächlichen Nutzer identifizieren kann, desto besser. Im Laufe der Zeit werden Sie Ihre Fähigkeit, andere zu verstehen und sich in sie hineinzuversetzen, aufbauen. Das wiederum wird Ihnen helfen, sowohl Beziehungen zu anderen Menschen als auch Ergebnisse zu verbessern.

Vorteile
- Perspektivwechsel
- Erkennen der tatsächlichen Bedürfnisse

Nachteile
- Die Ergebnisse sind ungeprüfte Hypothesen
- Ersetzt kein Gespräch

10   Epochen-Karte

	Recherche
	Veränderungen und Veränderungsmuster im Rückblick erkennen; Weiterentwicklungsmöglichkeiten identifizieren
	Design-Thinking-Team
	Zettel und Stift
	20 Minuten bis ca. 2 Stunden

Die Epochen-Karte bietet eine historische Perspektive auf den Kontext, der untersucht wird. Es geht darum, zu verstehen, wie sich die Dinge im Laufe der Zeit geändert haben, und die zugrundeliegenden Veränderungsmuster zu erkennen. Die Karte bietet ein vollständigeres Bild des Kontexts und hilft Teams, darüber nachzudenken, wie die Dinge in der Zukunft sein werden und wo es Möglichkeiten zur Weiterentwicklung geben könnte. Die Epochen-Karte hebt die Schlüsselmerkmale jeder relevanten Periode hervor und macht deutlich, wodurch sich jede Ära von anderen unterscheidet.

Fortschritt durch Rückblick

Vorgehen

- Schritt 1: Definieren Sie die zu verfolgenden Attribute und Zeiträume. Verhaltensänderungen im Laufe der Zeit, Entwicklungen in der Technologie und wichtige einflussreiche Menschen, die zu verschiedenen Zeiten wichtige Rollen gespielt haben, sind einige Beispiele für Attribute, die sinnvoll beobachtet werden können. Bestimmen Sie den Zeitraum, der in der Karte erfasst werden soll. Entscheiden Sie, wie viele Jahre Sie zurückgehen möchten, um die Epochen deutlich zu unterscheiden.

- Schritt 2: Erforschen Sie den historischen Kontext. Untersuchen Sie, welche Ereignisse im ausgewählten Zeitraum aufgetreten sind, und stellen Sie wichtige Vorkommnisse heraus. Skizzieren Sie, wie sich die ausgewählten Attribute im Laufe der Zeit geändert haben. Suchen Sie nach Industrieexperten, Historikern, Professoren und anderen, die dazu beitragen könnten, Informationen über den historischen Kontext zu sammeln. Denken Sie jedoch daran, dass eine Epochen-Karte eine Übersichtskarte ist, die für den Vergleich zwischen verschiedenen Epochen verwendet wird – bleiben Sie daher bei Ihrer Suche auf dem richtigen Informationsniveau: nicht zu detailliert, aber auch nicht allzu allgemein.

- Schritt 3: Visualisieren Sie die Karte. Nehmen Sie dazu einen Bogen Papier und zeichnen Sie darauf eine Zeitachse. Ordnen Sie die gesammelten Informationen auf der horizontalen Zeitachse an. Überlegen Sie, was eine sinnvolle Zeiteinteilung sein könnte (zum Beispiel kann die Teilung in Jahre gerade bei Bereichen, die einen raschen Wandel erleben – wie soziale Vernetzung –, sinnvoller sein, als diesen Bereich in Jahrzehnte einzuteilen). Legen Sie die in Schritt 1 identifizierten verschiedenen Attribute als horizontale Marker dar, um die Änderungen über die Zeit zu skizzieren. Suchen Sie nach Mustern, um die Zeitachse zu segmentieren.

- Schritt 4: Definieren Sie die verschiedenen Epochen, und beschriften Sie diese auf der Zeitachse. Zeichnen Sie sie sichtbar auf der vertikalen Achse ein. Beschreiben und beschriften Sie jedes Segment mit definierenden Eigenschaften dieser bestimmten Ära. Zum Beispiel könnte ein Projekt zur Kommunikation als „Zeitalter der Telegrafie", „Zeitalter der Telefonie" und „Internetzeitalter" zusammengefasst werden.

- Schritt 5: Suchen Sie nach Erkenntnissen, indem Sie einen Schritt zurücktreten und im Team die Übersichtskarte studieren. Diskutieren und extrahieren Sie interessante Erkenntnisse über die identifizierten Epochen. Was können Sie erkennen? Was sind bestimmte Merkmale einer jeden Epoche, was sind zukünftige Möglichkeiten? Fassen Sie alle Erkenntnisse als zusätzliche Information auf der Epochen-Karte zusammen. Schreiben Sie direkt auf die Karten Notizen und Anmerkungen. Beschränken Sie sich auf wenige Stichwörter, um übersichtlich zu bleiben.

1970-1980
Erste Mobil-
telefone

1990er
Das gute
alte Nokia

ab 2000
Erste PDAs/
Smartphones

2007
Die iPhone
Revolution

Vorteile
- Epochen haben unterschiedliche Merkmale, die sich im Laufe der Zeit ändern.
- So bekommen Sie eine gute Übersicht über die Entwicklungen.
- Informationen werden gut geordnet, so können Sie schnell und einfach darauf zugreifen.

Nachteil
- Hypothesen

 **Extreme User**

	Ideenfindung
	Finden von Lösungen und lösungsrelevanten Kern-problemen
	Nutzer, Beobachter, Design-Thinking-Team
	Notizblock, eventuell Kamera
	Zwischen 20 Minuten und mehreren Stunden

Dank der Methode Extreme User erhalten Sie kreativen Input durch Interviews mit Personen, die mit dem Kernproblem entweder sehr detailliert oder aber überhaupt nicht vertraut sind. So lassen sich neue Lösungsansätze entwickeln. Die Personengruppen können im Rahmen dieser Methode aber auch neue Produkte oder Dienstleistungen testen.

Vorgehen

▪ Schritt 1: Suchen Sie nach Personen, die entweder Experten in dem untersuchten Bereich sind oder überhaupt nichts mit den Begrifflichkeiten anfangen können. Überlegen Sie gemeinsam im Team, wo Sie diese Personen finden können. **Aus Nutzer-erfahrungen lernen**

▪ Schritt 2: Stellen Sie diesen Personen dann offene Fragen. Sie brauchen keinen Leitfaden im Vorfeld zu erstellen, lassen Sie sich lieber durch die Antworten führen.

▪ Schritt 3: Achten Sie auf das Gesagte, aber auch auf die Körpersprache. Was fällt Ihnen auf? Was haben diese Personen gesagt? Wenn Sie Nicht-Experten fragen, was verbinden diese dann mit den Fachbegriffen? Was ist neu?

- Schritt 4: Schreiben Sie die Kernaussagen auf, und diskutieren Sie diese in der Gruppe.

Vorteile
- Sehr hohe Erfolgsquote
- Weitere Sichtweisen werden in den Kreativprozess eingebunden.

Nachteile
- Sehr zeitaufwendig, vor allem in der Vorbereitung
- Kann zu vergleichsweise hohe Kosten bei persönlichen Interviews führen

12 Jobs to be done (JTBD)

	Einfühlen
	Menschen verstehen und begeistern
	Design-Thinking-Team
	Informationen aus Feldbeobachtung
	1 – 4 Stunden

Ein Job-to-be-done, also ein Job, der getan werden muss (JTBD), ist ein Konzept, das Ihnen dabei hilft, über die Norm hinauszugehen und aktuelle Lösungen zu verbessern. Ein JTBD ist kein Produkt, Service oder eine spezielle Lösung – sondern es geht darum, Menschen dafür zu begeistern, ein bestimmtes Produkt, eine Dienstleistung oder Lösungen zu kaufen.

Ein Beispiel dafür: Die meisten Menschen kaufen einen Rasenmäher, um Gras zu schneiden. Aber wenn ein Unternehmen bewusst dahinter schaut und überlegt, was der eigentliche Kaufgrund für einen Rasenmäher sein könnte, dann geht es sicherlich darum, das Gras kurz und niedrig zu halten, damit der Rasen einen gepflegten Eindruck macht. Das ist der Job-to-be-done. Was wäre also, wenn es gar keines Rasenmähers bedürfte, sondern ein Saatgut entwickelt werden würde, das nie geschnitten werden muss?

Kunden entscheiden sich immer dann für ein Produkt, einen Service oder eine Dienstleistung, wenn sie eine bestimmte Aufgabe lösen wollen. Neben den offensichtlichen funktionalen Aufgaben sind es v. a. die tiefer liegenden sozialen, emotionalen oder persönlichen Aufgabenstellungen der Kunden, die es zu verstehen gilt. Henry Fords berühmtes Zitat „Wenn ich die Menschen gefragt hätte, was sie sich wünschen, hätten sie sich schnellere Pferde gewünscht" bringt es auf den Punkt: Es reicht eben nicht aus, Kunden nach ihren Wünschen zu befragen. Die wenigsten Menschen können sich Lösungen vorstellen, die über das hinausgehen, was sie bereits kennen. Aber die meisten sprechen über Probleme, Herausforderungen und Schwierigkeiten, die ihnen im Alltag begegnen.

Die eigentliche Macht des JTBD-Konzepts liegt also darin, zu verstehen, dass Kunden in Wahrheit keine Produkte und Dienstleistungen kaufen, sondern vielmehr Lösungen wollen, die ihre Bedürfnisse stillen. Die meisten Unternehmen segmentieren ihre Märkte nach Kundendemografien oder Produktmerkmalen und differenzieren ihr Angebot durch Zusatzfunktionen und Funktionen. JTBD verfolgt hier einen anderen Ansatz: Es geht darum, sich für den Job, den der Kunde bietet, zu „bewerben" und nach einer Lösung zu suchen, die noch besser oder effizienter das Problem löst.

Problemlösung als Kaufmotivation

Wenn Sie also verstehen, welche Jobs der Kunde erledigt haben will, gewinnen Sie neue Marktkenntnisse und schaffen tragfähige Wachstumsstrategien. Manchmal ist eine gute Lösung für einen Job noch gar nicht vorhanden. Wenn das der Fall ist, haben Sie eine großartige Chance, zu innovieren.

Case Study XING Campus: Berufsvorschläge für Studierende

Ich möchte Ihnen dies anhand eines Beispiels der XING AG illustrieren: XING wollte für Studierende attraktiver werden und lancierte daher das Angebot „Campus" – Inhalte und Informationen rund um die Themen Studium und Berufswahl. Die Nutzer können auf der Basis von zehn Millionen Nutzerprofilen in der DACH-Region nachschauen, welche Berufe Absolventen eines Studienfachs ergriffen haben. Dazu hat XING rund 700 Berufsbilder ausgewertet und deren typische Aufgaben und die Voraussetzungen dafür erläutert.

Mitglieder können sich zudem zu rund 2.300 Berufen anzeigen lassen, auf welchen Wegen andere Nutzer ihre Position erreicht haben. Außerdem können sie sehen, in welchen Städten der jeweilige Job überproportional vertreten ist. Auch ein Lohnspiegel ist integriert. Nicht zuletzt finden Studierende im XING-Stellenmarkt Angebote für Praktika oder Abschlussarbeiten.

XING hat nun die Technik JTBD eingesetzt, um die funktionalen und emotionalen Aspekte der Studierenden zu verstehen: Diese wollten gleich nach dem Studium einen gut bezahlten Job haben. Das sind einige funktionale Aspekte des JTBD. Es soll aber auch ein Job sein, der Zukunft hat (persönliche Dimension), sinnvoll ist und zu den verschiedenen Vorlieben passt. Je besser eine Lösung all diese Ebenen erfüllt, desto besser sind die Chancen für das „Campus"-Angebot von XING am Markt.

Mit dem JTBD-Konzept gelang genau dies – XING konnte über die aktuellen Lösungen hinausschauen und Lösungen der Konkurrenten alt aussehen lassen.

Warum diese Technik so gut klappt: Das dreiteilige Gehirn
Metaphorisch gesprochen sind unsere Gehirne in drei Teile eingeteilt: in das Reptilienhirn, den emotionalen und den intellektuellen Bereich. Der Reptilienanteil steht im Zusammenhang mit unserem Überleben und unseren biologischen Bedürfnissen: So essen wir, wenn wir hungrig sind, und kämpfen oder fliehen, wenn wir uns bedroht fühlen. Der emotionale Teil unseres Gehirns, der vom limbischen System gesteuert wird, ist für viele Entscheidungen verantwortlich, die wir im Leben treffen. Der intellektuelle Teil, der im Neokortex liegt, ist der logische, methodische und analytische Teil des Gehirns.

Psychologen haben entdeckt, dass der Reptilien-Teil den anderen beiden vorgezogen wird, wenn diese drei Teile im Konflikt sind. Gibt es einen Konflikt zwischen dem emotionalen und dem intellektuellen Teil, gewinnt in der Regel der emotionale Teil. Deshalb treffen die Menschen oft schlechte, emotionale Entscheidungen und suchen dann nach einem intellektuellen Alibi, um sich zu rechtfertigen.

Was ist die Implikation für Unternehmen, die innovativ sein wollen? Lösungen zu entwickeln, die alle drei Teile des Gehirns ansprechen – vor allem den emotionalen und den intellektuellen Bereich, aber auch den Reptilien-Teil in uns. Denn kein Leben verläuft geradlinig, und Unternehmen müssen Lösungen finden, die auch Antworten auf Krisen und Stolpersteine bieten.

Das hat auch XING mit Campus geschafft: Während einige Unternehmen bessere User-Interfaces haben oder die Stellenanzeigen ansprechender präsentiert werden, hat XING nach den tatsächlichen Bedürfnissen gesucht, die Studenten haben.

Vorgehen

■ Schritt 1: Identifizieren Sie den Fokus-Markt. Märkte können unter Berücksichtigung einer der folgenden organischen Wachstumsstrategien identifiziert werden:
  - Kernwachstum
  - Beschäftigungswachstum
  - Disruptives Wachstum
  - Neues Wachstum

Kernwachstum ist die Begegnung unerfüllter Ergebnisse im Zusammenhang mit einem Job, den Kunden erledigt haben wollen. Zum Beispiel wollen Kunden Saft in eine Tasse schütten (erwünschtes Ergebnis), ohne das Risiko des Verschüttens (unerwünschte Ergebnis) einzugehen. So kann die Saftflasche neu gestaltet werden. Das wäre der einfachste Weg, um zu innovieren, weil es die aktuelle Lösung perfektioniert. Das damit verbundene **Beschäftigungswachstum** ist der nächste einfachste Schritt zur Innovation und beinhaltet Bündelungslösungen, die die erwarteten Ergebnisse von mehr als einem Haupt- oder verwandten JTBD einschließen. Starbucks ist ein solches Beispiel für eine Lösung, die viele Jobs erledigt – wie beispielsweise das Trinken koffeinhaltiger Getränke, aber auch gesunder Alternativen, während man gratis im Internet surfen, studieren oder Bücher lesen kann. Der Schlüssel ist, dass Sie sich auf die Nähe konzentrieren: Ich möchte Kaffee, aber ich möchte auch ein Buch lesen und im Internet surfen oder mit Freunden quatschen.
Disruptives Wachstum eines Produkts ist schwieriger zu erreichen als die vorherigen Aspekte. Der Lösungsraum muss erweitert werden, um verschiedene JTBDs zu ermitteln. Polaroid-Hersteller mussten z. B. nach der Entwicklung der digitalen Kamera nach neuen Anwendungen suchen. Der JTBD lag nicht mehr darin, nur Fotos zu machen, sondern Momente einzufangen und Geschichten zu erzählen. Disruptives Wachstum dient meistens bestimmten Gruppen von Menschen, aber solche Lösungen sind eben nicht für alle gleich geeignet.

Kern- und disruptive Wachstumsstrategien konzentrieren sich auf bestehende JTBDs, während verwandte und neue Strategien auf das Wachstum von neuen JTBDs fokussiert sind. Auch Kern- und damit verbundene Wachstumsstrategien betreffen bereits bestehende Kunden, während disruptive und **neue Wachstumsstrategien** dazu dienen, neue Kunden zu finden und zu bedienen.

- Schritt 2: Stellen Sie fest, was Kunden lösen wollen. Sie müssen nun Ihre Kunden studieren und herausfinden, was sie zu erreichen versuchen. Fragen Sie sich dazu, welche Jobs Ad-hoc-Lösungen oder keine guten Lösungen bieten. Wenn Sie sehen, wie Kunden die Lösungen selbst zusammensetzen, ist das bereits ein großartiger Hinweis auf Innovation. Es gibt mehrere Methoden, um Kunden zu studieren. Viele davon haben Sie bereits kennengelernt.
- Schritt 3: Kategorisieren Sie die Jobs, die getan werden sollen. Jobs können Hauptaufgaben oder ähnliche Jobs beinhalten. Einige Jobs sind mit anderen Jobs verknüpft. Es gibt keine Patentlösung – Sie müssen darauf achten, was für Sie passt und in Ihrer Branche sinnvoll ist.
- Schritt 4: Entwickeln Sie konkrete Job-Aussagen. Diese werden verwendet, um einen JTBD zu beschreiben. Hauptkomponenten einer solchen Aussage ist ein Verb, das eine Aktion erklärt, also, was der Job ausführen soll. „Einen neuen Job suchen" ist eine solche Aussage. „Ich überlege mir, welche Qualifikationen man dazu braucht" eine andere.
- Schritt 5: Priorisieren Sie die JTBD-Chancen. Es gibt Hunderte von Jobs, die Kunden erledigt haben wollen. Aber welche von diesen bieten für Sie die beste Möglichkeit, zu innovieren? In den meisten Situationen sind es Jobs, für die es noch keine guten Lösungen gibt. Indem Sie JTBDs priorisieren, überlegen Sie, wie zufrieden die Kunden mit bestehenden Lösungen sind und welches Potenzial die Entwicklung einer neuen Lösung hätte. Sie können verschiedene Bewertungs- und Rating-Systeme verwenden, um diese zu priorisieren.

Vorteile

- Hilfe, den tatsächlichen Wert für den Kunden zu verstehen
- Identifikation der Fortschritte, die die Nutzer machen
- Konzentration auf die Menschen, deren Ergebnisse und Bedürfnisse anstatt auf Lösungen
- Berücksichtigung des Umfelds des Nutzers
- Priorisierung der diversen Aufträge

Nachteile

- Keine exakte Beschreibung, sondern nur Ausschnitte
- Vorurteile und einseitige Sicht möglich

 ## 13 Kamera Journal

	Analyse
	Stärken und Schwächen eines Produkts aufdecken
	Kunden, Design-Thinking-Team
	Mehrere Kameras (es reichen aber auch Smartphone-Kameras), Notizblock
	Mehrere Tage bis Wochen

Die visuelle Dokumentation persönlicher Eindrücke der Nutzer hilft Ihnen, bei der Verwendung eines Produkts mögliche Stärken und Schwächen aufzudecken. Die Eindrücke und Verhaltensmuster der Nutzer werden bei dieser Methode im Produktkontext eingefangen und analysiert.

Vorgehen

- Schritt 1: Identifizieren Sie Endanwender und Nutzer.
- Schritt 2: Bitten Sie diese Personen, visuell und verbal ihre Eindrücke, Umstände und Aktivitäten bei der Verwendung und im Kontext eines Produkts festzuhalten – mithilfe einer Kamera und eines Notizblocks oder Tagebuchs.
- Schritt 3: Bitten Sie darum, dass die ausgewählten Personen auch sonstige angrenzende Aktivitäten, Objekte und das Umfeld mitdokumentieren.
- Schritt 4: Auf Basis der gesammelten Eindrücke wird das Verhaltensmuster in der Gruppe diskutiert und analysiert. Daraus lassen sich Stärken und mögliche Schwachstellen bei der Verwendung des Produkts aufdecken sowie relevante Informationen für das eigene Projekt ableiten.

Vorteile

- Liefert hilfreiche visuelle und persönliche Eindrücke aus Nutzersicht
- Der Nutzer fühlt sich nicht beobachtet.
- Der Nutzer kann das Produkt in seinem persönlichen Umfeld benutzen.
- Liefert zusätzlich einen guten Einblick in die Anwendungsumgebung und das Umfeld des Nutzers

Nachteile

- Aufwendig in der Vorbereitung
- Benötigt eine detaillierte Einweisung der Nutzer

Visualisierung als Analyse-Tool

14 Karten sortieren

 Recherche

 Herausfinden, was für den Nutzer am wichtigsten ist

 Design-Thinking-Team, Nutzer

 Moderationskarten

 Ca. 20 Minuten

Diese einfache Übung hilft Ihnen dabei, schnell und leicht zu identifizieren und zu diskutieren, was am wichtigsten für die Menschen ist, für die Sie eine Lösung erarbeiten wollen. Sie gewinnen tiefe Einblicke in das, was wirklich zählt. Sie können diese Technik aber auch so einsetzen, dass Sie ein Gespräch über Werte vertiefen.

Vorgehen

- Schritt 1: Abhängig von Ihrem Themenfeld wählen Sie aus, welche Begriffe für Sie relevant sind und welche Sie näher bearbeiten möchten.
- Schritt 2: Erstellen Sie aus diesen Begriffen ein Kartenspiel für Ihre Fragestellung. Dazu wählen Sie entweder ein Wort oder suchen ein symbolisches Bild für den Begriff aus und schreiben bzw. zeichnen diesen auf jeweils eine Karte. Nutzen Sie dazu Moderationskarten oder größere Haftzettel. Stellen Sie sicher, dass das, was Sie auswählen, leicht zu verstehen ist. Bilder sind auch oft die bessere Wahl, wenn die Person, mit

der Sie sprechen, eine andere Muttersprache hat oder nicht lesen kann.

- Schritt 3: Stellen Sie sicher, dass Sie konkrete Worte, Bilder oder Ideen mit abstrakteren mischen. Sie können so eine Menge darüber lernen, wie Ihr Interviewpartner die Welt sieht, wenn Sie mehr als nur ein einfaches Ranking vornehmen.
- Schritt 4: Geben Sie nun die Karten an die Person, für die Sie die Lösung gestalten, und bitten Sie sie, die Karten der Wichtigkeit nach zu sortieren.
  - Variationen: Statt nach einer Reihenfolge der Präferenz zu fragen, bitten Sie Ihr Gegenüber, nach Richtigkeit zu sortieren. Die Ergebnisse könnten Sie überraschen.
  - Ein weiterer Tipp ist, verschiedene Szenarien zu erstellen: Fragen Sie die Person, wie sie die Karten sortieren würde, wenn sie z. B. mehr Geld hätte, alt wäre oder in einer großen Stadt wohnen würde.
- Schritt 5: Sammeln Sie die Ergebnisse, dokumentieren Sie wichtige Erkenntnisse schon während der Befragung und tauschen Sie sich in der Gruppe dazu aus.

Vorteile

- Offenbart die Perspektive des Nutzers
- Schafft eine gute Kommunikationsbasis
- Hilft, eine Beziehung zum Gesprächspartner aufzubauen

Nachteile

- Zeitaufwendig in der Vorbereitung
- Wenn die Begriffe nicht eindeutig sind, kann es schnell zu Verwirrungen kommen.

15 Killer-Fragen

 Analyse

 Herausfinden, worin die tatsächlichen Bedürfnisse und Herausforderungen des Nutzers bestehen – jenseits des Moments

 Design Thinker, Nutzer

 Notizblock

 Ca. 30 Minuten

Design Thinker sind gnadenlose Fragensteller – weil sie wissen, dass sie nur an die tatsächlichen Bedürfnisse und Herausforderungen der Nutzer herankommen, wenn sie auch die richtigen Fragen stellen. Aber oft sind Fragen viel zu isoliert und inspirationslos. Sie zeigen eine Momentaufnahme der Vergangenheit, nicht der Zukunft. Sie lassen den Befragten darüber nachdenken, was er oder sie just in diesem Moment will und nicht, worin die eigentliche Not besteht. Fragen dürfen auch nicht zu oberflächlich oder vage sein, denn schließlich wollen Sie die Fantasie Ihres Gegenübers anregen, das Offensichtliche ansprechen und sogar provozieren.

Effektive Antworten erfordern effektive Fragen Deswegen sollten sogenannte Killer-Fragen offen, provokativ und haarsträubend sein, damit sie wirken. Ein paar solcher Fragen, mit denen Sie bekannte Sachverhalte auf ganz neue Weise analysieren können, sind zum Beispiel:

Fragen zu Produkten und Dienstleistungen

- Was müssten wir mit unserem Produkt anstellen, um unsere wichtigsten Konkurrenten gnadenlos zu überholen?
- Welche beiden Dinge könnten unsere Mitbewerber tun, um unsere Produkte/Dienstleistungen überflüssig werden zu lassen?
- Wenn Sie zwei Produkte/Dienstleistungen zum nervigsten Projekt des Jahres wählen müssten, welche wären das und warum?

Fragen zu Kunden

- Wie können wir dem Kunden helfen, durch die Verwendung unserer Produkte/Dienstleistungen mehr Geld zu verdienen?
- Uns stehen 140 Zeichen zur Verfügung, um augenblicklich 100 neue Kunden über Twitter zu gewinnen. Mit welcher Botschaft gelingt uns das?

Fragen an den Kunden

- Was könnte Sie als Kunden dazu bewegen, all unsere Mitbewerber zu ignorieren und zu 100 Prozent auf uns zu bauen?
- Welche drei Dinge könnte ein Mitbewerber für Sie tun, für die Sie uns ignorieren und zu 100 Prozent auf ihn bauen würden?

Vorgehensweise

- Schritt 1: Wählen Sie eine Umgebung, in der sich der Interviewte wohl und sicher fühlt.
- Schritt 2: Bauen Sie zunächst ein Vertrauensverhältnis auf, indem Sie erzählen, wofür Sie diese Antworten brauchen und was mit ihnen passiert. Garantieren Sie dabei auch absolute Anonymität (und halten Sie sich dran!).
- Schritt 3: Stellen Sie die vorbereiteten Fragen und notieren Sie die Antworten. Achten Sie dabei auch auf die Körpersprache und Ihre eigene Wahrnehmung.
- Schritt 4: Hinterfragen Sie mehrdeutige Antworten.

Vorteile

- Schafft eine gute Diskussionsbasis
- Ermöglicht neue Perspektiven
- Erleichtert Zugang zu wahren Gedanken und Gefühlen

Nachteile

- Kann schnell ausufern
- Fragen müssen gut gestellt sein, um gute Antworten zu bekommen
- Erfordert viel Erfahrung

16 Kognitiver Walkthrough

	Analyse
	Probleme eines Nutzers mit einem Produkt frühzeitig erkennen und ergründen
	Design-Thinking-Team
	Viele Haftzettel
	Ca. 1–2 Stunden

Der Kognitive Walkthrough (oder auch das Durchdenken eines Problems) wird ohne Testpersonen durchgeführt. Dieses Verfahren konzentriert sich weniger auf die Evaluation eines konkreten Produkts, sondern der Schwerpunkt liegt vielmehr auf den mentalen Prozessen eines Nutzers im Rahmen einer hypothetischen (simulierten) Nutzungssituation. Dieses Verfahren wurde bereits in den 1990er-Jahren in der Kognitionswissenschaft entwickelt. Als Grundlage für den Kognitiven Walkthrough dient das Verständnis, dass der Mensch durch Entdecken lernt. Je leichter ein Produkt somit „explorativ" verständlich ist, desto einfacher ist es für den Nutzer, das Produkt anzuwenden.

Anhand von hypothetischen Nutzern wie Gutachtern und Experten wird versucht, die Benutzerfreundlichkeit von Produkten jeglicher Art (z. B. Systeme, Webseiten, Produkte) zu beurteilen und die Bereiche, bei denen für die Nutzer Probleme auftreten können, zu identifizieren. Das Ziel dieser Methode ist es, Probleme frühzeitig zu erkennen und Gründe für die erkannten Probleme anzuführen.

Vorgehen

Beim Kognitiven Walkthrough wird empfohlen, dass zwischen ein und fünf Experten als hypothetische Nutzer die jeweiligen vordefinierten Aufgaben zu einem Produkt bearbeiten. Dabei werden die Aufgaben aus der Sicht des potenziellen Nutzers durchlaufen und überprüft, ob die Handlungen mit dem „idealen" Lösungsweg übereinstimmen.

Produkt-
anforderungen
identifizieren

- Schritt 1: Definition des Inputs: In diesem ersten Schritt werden gewisse vorgelagerte Arbeiten und Überlegungen zu den späteren Nutzern angestellt, aber auch zu den Aufgaben, die das eigentliche Produkt unterstützen soll. Fragen, die in diesem Zusammenhang auftreten, sind:
  - Wer wird das zu entwickelnde Produkt verwenden?
  - Welches Wissen und welche Erfahrungen bringen die Nutzer mit?
  - Welche wichtigen und realistischen Aufgaben können identifiziert werden, die die fiktiven Benutzer bewältigen sollen?

  Für jede identifizierte Aufgabe wird der Weg festgelegt, den der Nutzer idealerweise gehen wird, um die Aufgabe zu bewältigen. Bei mehreren Lösungswegen wird meist der gängigste oder der problematischste Ansatz ausgewählt. Um die verschiedenen Aufgaben prüfen zu können, sind daher meist mehrere Durchgänge nötig. Diese Phase endet mit einer Beschreibung beispielsweise der einzelnen Bedienschritte und dessen, was der Benutzer sehen wird.

■ Schritt 2: Der Experte arbeitet sich durch die einzelnen Arbeitsschritte des korrekten Lösungsweges. Für jede Aktion müssen die Voraussetzungen und die Folgen bedacht werden:

– Wird der Nutzer versuchen, den richtigen Effekt zu erzielen? Der Nutzer könnte wissen, welche Effekte erzielt werden sollen,
  • weil er Erfahrung in der Bedienung des Produkts/Systems hat oder
  • weil das Produkt/System dazu auffordert oder
  • weil das Teil der ursprünglichen Aufgabe ist.

– Wird der Nutzer merken, dass die korrekte Aktion verfügbar ist? Der Benutzer könnte wissen, dass eine Aktion zur Verfügung steht,
  • aufgrund der Erfahrung oder
  • weil er eine Ausführungsmöglichkeit (z. B. Menüpunkt, Schalter) sieht.

– Wird er diese korrekte Aktion mit dem erwünschten Effekt in Verbindung bringen? Der Benutzer könnte eine Verbindung zwischen Aktion und Effekt herstellen,
  • aufgrund der Erfahrung oder
  • weil das Interface auf eine derartige Verbindung hinweist oder
  • weil alle anderen Aktionen weniger vielversprechend erscheinen.

– Wenn die korrekte Aktion ausgeführt wurde, wird der Nutzer den Fortschritt erkennen? Der Benutzer könnte überzeugt sein, dass alles nach Plan verläuft,
  • aufgrund der Erfahrung oder
  • weil er eine Verbindung zwischen seiner Aktion und der Reaktion erkennt.

■ Schritt 3: Die vorher festgelegte Abfolge der Aktionen darf auf keinen Fall abgeändert werden, da sonst die Schritte und Probleme nicht mehr nachvollzogen werden können. Treten während der Analyse gravierende Fehler auf, dann sollte von einer bereits erfolgten Produktänderung ausgegangen werden und der eingeschlagene Weg fortgesetzt werden. Die aufgetretenen Probleme (z. B. Fehlbedienung), Erfahrungen und Erkenntnisse, die der Benutzer für das erfolgreiche Erledigen der Handlungsschritte benötigt, müssen protokolliert werden.

- Schritt 4: In diesem Schritt werden Verbesserungsvorschläge abgeleitet, um das Problem möglicher Bedienschwierigkeiten zu lösen. Auch hier können wieder die vier Fragen bzw. Überlegungen des zweiten Schritts herangezogen werden.
  - Der Benutzer versucht nicht, den richtigen Effekt zu erzielen. Mögliche Lösungsansätze sind:
    - Die Aktion könnte obsolet werden, indem sie vom System übernommen oder mit einer anderen Aktion kombiniert wird.
    - Der Benutzer könnte darauf hingewiesen werden, welche Aktion auszuführen ist.
    - Ein anderer Teil der Schnittstelle könnte geändert werden, sodass klarer wird, warum die Aktion auszuführen ist.
  - Der Nutzer erkennt nicht, dass die richtige Aktion zur Verfügung steht. Mögliche Lösungsansätze sind:
    - Deutlichere Präsentation der erforderlichen Aktion (Button hervorheben, Link mittig platzieren)
    - Button, Menüpunkt umbenennen
    - Überflüssige Informationen entfernen, damit die benötigte sofort sichtbar ist
  - Der Benutzer stellt keine Verbindung zwischen der korrekten Aktion und dem gewünschten Effekt her.
    - Eindeutigere Beschriftung der Bedienelemente, die realistische Aufgabenelemente repräsentieren müssen
  - Der Benutzer erhält keine Rückmeldung über seine (erfolgreiche) Aktion.
    - Feedback gestalten, damit der Nutzer weiß, dass etwas und was passiert, oder
    - direkt den nächsten logischen Arbeitsschritt der Aufgabe anbieten.

Vorteile

- Geringe Kosten
- Schnell und einfach durchführbar
- Schon in frühem Entwicklungsstadium einsetzbar

Nachteile

- Getestet wird mit Experten, nicht mit echten Nutzern
- Für jede einzelne Aufgabe wird ein eigener kognitiver Walk-through erarbeitet

17 Mentale Modelle

	Analyse
	Einblick in Alltag, Verhalten und Handlungsprozesse der Nutzer gewinnen und somit deren Bedürfnisse analysieren und darstellen
	Design-Thinking-Team, Interviewer, Interview-Teilnehmer
	Aufnahmegerät, Notizblock
	Zwischen 1 und mehreren Stunden

Durch Interviews lernen Sie die Verhaltensweisen und Bedürfnisse der Kunden und Nutzer kennen. Diese können Sie dann in einem Diagramm als Schritte darstellen, mit denen Menschen Ziele erreichen oder eine Aufgabe erledigen. Dadurch erhalten Sie Einblick in deren Alltag, Verhalten und Handlungsprozesse. Sie gewinnen damit wertvolle Erkenntnisse, wie Personen ein Ziel erreichen oder eine Aufgabe erledigen. Letztlich lernen Sie so verschiedene Bedürfnisse besser kennen und können sie übersichtlich darstellen. Das Ergebnis ist ein mentales Modell, das den Kontext in seiner Komplexität aufschlüsselt. Grundsätzlich ist ein mentales Modell eine interne Repräsentation, die wir verwenden, um eine äußere Realität zu verstehen; es hilft besonders dabei, die Komplexität zu verstehen. Die Aufbewahrung einer Sammlung von mentalen Modellen hilft uns, die am besten geeigneten zu finden, um spezifische Kontexte nach Bedarf zu erstellen.

Vorgehen

- Schritt 1: Definieren Sie, welche Fragestellung Sie untersuchen wollen. Erarbeiten Sie eine Fragestellung, die nicht zu konkret ist – sonst lenken Sie die Antwort des Teilnehmers unbewusst auf einen bestimmten Fokus.

  Wertvolle Erkenntnisse aus Interviews

- Schritt 2: Wählen Sie geeignete Teilnehmer aus.
- Schritt 3: Verwenden Sie für die Interviews ein Aufnahmegerät. Vergessen Sie aber nicht, dass es bei dieser Methode nicht auf demografische Daten oder gar marketingrelevante Informationen ankommt, sondern dass die Verhaltensweisen im Vordergrund stehen.
- Schritt 4: Achten Sie beim Interview auf die richtige Fragetechnik. Stellen Sie offene Fragen (es geht nicht um Produkte und Details, sondern um Verhaltensweisen) und vermeiden Sie Suggestivfragen. Das Interview ist eine Unterhaltung und kein Verhör! Machen Sie sich während des Gesprächs Notizen, um auftretende Fragen im Anschluss stellen zu können. So müssen Sie den Interviewten nicht unterbrechen.
- Schritt 5: Werten Sie die Audio-Mitschnitte und Ihre Notizen aus. Suchen Sie bewusst nach wichtigen Erkenntnissen, besonderen Verhaltensweisen und auffallenden Aussagen.
- Schritt 6: Erstellen Sie ein Mental-Model-Diagramm: Zeichnen Sie auf einem großen Bogen Papier eine Matrix auf. Teilen Sie diese in verschiedene Tätigkeitsbereiche, sogenannte Mental Spaces, ein, die in einzelnen Abschnitten voneinander getrennt sind. Innerhalb dieser Quadranten suchen Sie wiederum Gemeinsamkeiten bzw. gruppieren Sie diese in mehrere kleine Tätigkeiten. Am Ende disku-

tieren Sie das Diagramm in der Gruppe und ziehen Schlüsse daraus.

Vorteile

- Bietet sowohl Überblicks- als auch Detailwissen
- Vor allem hilfreich für Projekte mit Bezug zu Prozessen und Dienstleistungen
- Sie erlangen ein grundsätzliches Verständnis von Abläufen
- Es ist eine leichtere Einbindung von Stakeholdern über Abteilungsgrenzen hinweg möglich.
- Gerade bei Skeptikern haben Sie mit dieser Technik ein solides Fundament für Entscheidung bei größeren Budgets.
- Teammitglieder und Stakeholder gewinnen Empathie für ihre Nutzer.
- Erleichtert ein Einnehmen neuer Perspektiven
- Regt zu Diskussionen an
- Dient als Grundlage für Personas (Tool 19)
- Ergebnisse haben sehr lange Bestand, unter Umständen sogar Jahrzehnte

Nachteile

- Teuer
- Durchführung und Auswertung sind aufwendig

18 Personal Inventory

 Recherche

 Sich in einen Nutzer hineinversetzen und dessen Tätigkeiten, Vorstellungen und Werte aufdecken

 Nutzer

 Persönliche Gegenstände der Zielgruppe

 Zwischen 30 Minuten und 2 Stunden

Diese Methode ist nicht nur sehr einfach durchzuführen, sondern sie öffnet Ihnen auch Tür und Tor zu erstaunlichen Erkenntnissen, die selbst den beteiligten Personen nicht immer bewusst sind. Dazu müssen Sie die Position und auch die Art der persönlichen Gegenstände in dem gewohnten Umfeld einer Person(engruppe) dokumentieren, um sich besser in sie hineinversetzen zu können. Dadurch können Sie Tätigkeiten, Vorstellungen, Werte und Muster eines Nutzers schnell und einfach aufdecken.

Vorgehen
- ▪ Schritt 1: Identifizieren und definieren Sie die Personen, in die Sie sich hineinversetzen möchten.
- ▪ Schritt 2: Bitten Sie diese Personen darum, dass Sie Ihnen ihre Bedürfnisse, Prioritäten und Tätigkeiten aufzeigen, und notieren Sie diese in einer „Warenbestandsliste".
- ▪ Schritt 3: Fragen Sie die Nutzer nach persönlichen Gegenständen, die ihnen besonders wichtig sind und die sie häufig in ihrem täglichen Leben verwenden.

- Schritt 4: Dokumentieren Sie Position und Art der persönlichen Gegenstände in ihrem Umfeld.
- Schritt 5: Entsprechend der Auflistung lassen sich unterschiedliche Lebensstile definieren. Diskutieren Sie diese im Team.

Vorteile
- Hineinversetzen in den Nutzer
- Nähe zum Nutzer

Nachteil
- Es kann schnell zu Fehlinterpretationen kommen.

19 Personas

	Analyse
	Aussagekräftige, umfassende Beschreibung typischer Anwender/Nutzer
	Design-Thinking-Team
	Eine Holzpuppe, Zeitschriften, Haftzettel, Persona-Vorlage
	Zwischen 30 Minuten und 2 Stunden

Betrachten Sie bitte einmal diese typische Beschreibung:
- männlich
- älter als 60 Jahre
- verheiratet
- zwei erwachsene Kinder
- lebt in einer Großstadt

Sicherlich werden Ihnen auf Anhieb ein paar Menschen aus Ihrem Umfeld einfallen, auf die diese Beschreibung zutrifft. Ich behaupte einmal: Diese Daten treffen auf Milliarden Männer weltweit zu! So könnten Sie Prinz Charles genauso wie Ozzy Osborne in diese Zielgruppenbeschreibung einfügen. Und doch haben diese Männer außer denselben soziodemografischen Zuschreibungen vermutlich keinerlei andere Gemeinsamkeiten. Je besser man jedoch die Anforderungen, Bedürfnisse und Wünsche von Nutzern kennt, desto geringer ist das Risiko, am Nutzer vorbei zu entwickeln.

Und genau dabei hilft die Persona-Technik: Sie bekommen damit eine ganz neue Perspektive auf Ihre Ziel- bzw. Nutzergruppe. Sie werden die potenziellen Nutzer besser verstehen. Sie können damit verschiedene Entwürfe von verschiedenen Persönlichkeitstypen als Ergebnisse Ihrer Erfahrungen und Forschungen modellieren und kommunizieren. Personas werden sehr häufig mit Anwendungsszenarien (Scenarios) kombiniert.

Merkmale von Personengruppen erschließen

Vorgehen

Pro Projekt werden am besten zwischen drei und fünf Personas erstellt. Dazu ist es hilfreich, wenn Sie im Vorfeld bereits eine umfangreiche Datenerhebung und Analyse über die Ziel- bzw. Nutzergruppe(n) angestellt haben. Die Größe der Stichprobe und der Aufwand sind abhängig vom gewählten Datenerhebungsverfahren.

- Schritt 1: Beginnen Sie alles zu sammeln, was Sie über Ihren Kunden wissen, und gruppieren Sie Ihre Entdeckungen nach sinnvollen Mustern.
- Schritt 2: Finden Sie Überschriften für Ihre einzelnen Gruppen und schreiben Sie die Ergebnisse auf Haftzettel. Das hilft Ihnen, Muster zu entdecken, etwa verschiedene Branchen, in denen Ihr Kunde arbeitet, welche Technologien er oder sie verwendet, zu welcher Tageszeit sich jemand wo befindet etc. Von hier aus können Sie Fragen zu Ihren Kunden stellen und die Antworten im Team erarbeiten.

- Schritt 3: Eine Persona sollte zum Beispiel folgende Informationen enthalten: Name, demografische Daten (Alter, Geschlecht, Familienstand, Familiengröße, Bildung, Beruf, berufliche Position, Branche, Einkommen), Aussehen bzw. Foto der Person, Interessen, Vorlieben und Hobbys, Fähigkeiten, Erfahrungen (privat und Berufserfahrung), tägliche Aufgaben (auch außerhalb der Arbeit), Abneigungen, allgemeine Einstellung (z. B. engagiert, ungeduldig, ruhig etc.), Internet- und PC-Affinität, Ziele der Person, Erwartung (an das Produkt), Rolle gegenüber dem Anbieter oder Kunden usw.
- Schritt 4: Dann suchen Sie nach „lebenden" Personen, die in diese Kategorien fallen und die gemeinsame Cluster bilden – entweder in Ihrer bestehenden Kundendatenbank oder durch Befragungen –, und sprechen Sie direkt mit ihnen. Dadurch lernen Sie direkt von Ihrem Kunden und erhalten einen ganz persönlichen Zugang zu Ihrer Zielgruppe. Dazu eignet sich vor allem ein persönlicher Besuch. Wenn das nicht geht, bitten Sie um einen Video-Chat. Je mehr Sie beobachten und erfassen können, desto realistischer wird die ganze Persona.
- Schritt 5: Analysieren Sie Ihre Ergebnisse und suchen Sie nach weiteren Mustern und gemeinsamen Attributen.
- Schritt 6: Wenn Sie feststellen, dass mehrere Personen viele Eigenschaften teilen, fassen Sie diese zusammen. Wenn es aber viele Unterschiede gibt, teilen Sie die Personen lieber in zwei Gruppen ein.
- Schritt 7: Das Erstellen von Personas ist ein iterativer Prozess. Was auf den ersten Blick richtig aussieht, mag auf den zweiten Blick vielleicht nicht genau genug sein.

Vorteile
- Sie erhöhen das Einfühlungsvermögen Ihres Teams, weil Sie ihm helfen, die Benutzerperspektive einzunehmen.
- Nutzer werden für das Entwicklerteam greifbar.
- Der Nutzer steht automatisch im Fokus (nutzerzentriert).

- Entscheidungen über den Einsatz von finanziellen und personellen Mitteln basieren nicht mehr nur auf (rein) subjektiven Einschätzungen, sondern auf gewonnenen Daten.
- Die Kosten sind relativ gering, sofern die Daten schon vorliegen bzw. mittels User-Tracking oder ähnlichen Methoden erfasst werden.
- Es werden tatsächliche Anforderungen erfüllt, nicht einzelne (Stakeholder)-Wünsche.
- Bessere Priorisierung: Entwicklungsarbeiten könnten auf die Personas bezogen und besser priorisiert werden.
- Personas können dabei helfen, den Bedarf für ständige User-Tests zu reduzieren.
- Als Endergebnis erhält man eine relativ aussagekräftige und umfassende Beschreibung typischer Anwender.
- Universell anwendbar (Personas versteht jeder Beteiligte)
- Das Projektteam kann aus Sicht der Nutzer diskutieren.

Nachteile
- Es wird nur ein Ausschnitt gezeigt.
- Keine exakte Beschreibung
- Vorsicht vor einseitiger Sicht und Stereotypen

 Analyse

 Strategische Planung, Unterstützung der Geschäfts-modell-Visions-Entwicklung

 Design-Thinking-Team

 Haftzettel

 1 – 2 Stunden

Die Umwelt beeinflusst die Entwicklung eines Unternehmens maßgeblich, kann aber äußerst selten vom Unternehmen selbst beeinflusst werden. Umso wichtiger ist es, mögliche zukünftige Bedingungen wie Chancen und Risiken vorab zu analysieren, um zeitnah darauf reagieren zu können. Zur Strukturierung und Darstellung der relevanten Umweltfaktoren eignet sich u. a. die PESTLE-Methode. Ihre Anfangsbuchstaben stehen für:

- **Political factors** (politische Faktoren): Subventionen, Handelspolitik, Steuerrichtlinien, Gesetzgebung, politische Stabilität etc.
- **Economical factors** (wirtschaftliche Faktoren): Wirtschaftswachstum, Schlüsselindustrien, Zinssätze, Inflation, Wechselkurse, Arbeitslosigkeit, Besteuerung etc.
- **Socio-economic factors** (sozio-ökonomische Faktoren): Bevölkerungsstruktur, Bildungswesen, Demografie, Mobilität, Werte, Einstellungen, Verhaltensweisen etc.
- **Technological factors** (technologische Faktoren): Forschung, neue Produkte und Prozesse, Produktlebenszyklus, neue

118 Phase 1 – Einfühlen

Informations- und Kommunikationstechnologien, Innovationen, Energieversorgung etc.

- **Legal factors** (rechtliche Faktoren): existierende und zukünftige Gesetzgebung, Patentschutz, Wettbewerbsrecht, Zertifizierung etc.
- **Environmental factors** (umweltbezogene Faktoren): Herstellungsverfahren, Umweltschutzauflagen, Vorhandensein von Rohstoffen, Emissionshandel etc.

Kontextanalyse

Die Faktoren stehen in enger Beziehung zueinander. Ändern sich einzelne Einflussfaktoren aktuell oder in der Zukunft, dann betrifft dies meist auch die Wechselwirkung der Faktoren untereinander und hat Auswirkungen auf die Organisation selbst. Dadurch können die Rahmenbedingungen und wesentliche Einflussfaktoren, die das Design-Thinking-Projekt direkt betreffen, übersichtlich aufgeschlüsselt werden.

Vorgehen

- Schritt 1: Das Modell baut im Wesentlichen auf den sechs oben genannten Einflussfaktoren bzw. Gruppen auf. Um alle wichtigen Größen zu identifizieren, kann beispielsweise mittels Brainstorming- bzw. Brainwriting-Techniken (siehe z. B. Tool 55 Kollektives Notizbuch) eine Checkliste zusammengestellt werden. Für die Analyse können folgende Fragestellungen von Bedeutung sein:
  - Welche Umweltfaktoren umgeben das Geschäftsfeld?
  - Welche zukünftigen Trends könnten das Nachfrageverhalten verändern, das Marktverhalten der Lieferanten und das Verhalten der Wettbewerber beeinflussen?
  - Wann wird der Zeitpunkt dafür sein?
- Schritt 2: Da je nach Branche die einzelnen Faktoren unterschiedliche Stellenwerte in ihrer Wichtigkeit für ein Unternehmen einnehmen, ist es sinnvoll, die Faktoren mit dem für das Unternehmen größten Einfluss und höchster Priorität zu identifizieren.
- Schritt 3: Analysieren Sie auch die Eintrittswahrscheinlichkeit der verschiedenen Faktoren. Schließlich sind das die wich-

tigsten Antriebskräfte des Wandels, und sie bestimmen den Erfolg oder Misserfolg einer Strategie wesentlich mit.

■ Schritt 4: Auch die historische Entwicklung ist wesentlich für die Betrachtung zukünftiger Einflüsse. Bewerten Sie daher die wichtigsten Faktoren, am besten auf einer Skala von 1 – 10. Am ehesten eignen sich dazu Fragen wie:
  – Wie sicher ist es, dass das Ereignis eintritt?
  – Wie stark wirkt sich das Ereignis auf die Branche und das Unternehmen aus?
  – In welchem Umfang wird es eintreten?

■ Schritt 5: Visualisieren Sie die Einflussfaktoren. Am besten eignet sich dazu eine grafische Darstellung.

Vorteile

■ Die PESTLE-Technik eignet sich vor allem für aussagekräftige Erkenntnisse und als Ausgangspunkt für weiterführende Analysen der externen Umgebung.

■ Sie bekommen dadurch einen breit gefächerten Überblick über die Einflussfaktoren eines Unternehmens.

■ Liefert Informationen über die Chancen und Risiken der verschiedenen Märkte

Nachteil

■ Aufgrund der Anzahl der zu untersuchenden Faktoren ist die Dauer einer umfangreichen Analyse sehr langwierig und kompliziert.

 **POEMS**

	Analyse
	Konzepte werden als Systeme von miteinander verbundenen Elementen betrachtet
	Design-Thinking-Team
	Haftzettel; Hilfsmittel für Feldbeobachtung, wie Kamera, Diktiergerät, Notizblock
	30 Minuten bis zu 2 Stunden

POEMS ist ein Framework für Beobachtungen, das die vorhandenen Elemente in einem bestimmten Kontext sichtbar macht. Diese fünf Elemente sind: **P**ersonen, **O**bjekte, Umgebungen (**E**nvironment), Nachrichten (**M**essages) und **S**ervices. Die Anwendung des POEMS-Rahmens hilft Ihnen, diese Elemente unabhängig voneinander in einem verbundenen System zu untersuchen. Beispielsweise würde ein Team, das ein bestimmtes Produkt unter Verwendung des POEMS-Frameworks untersucht, auch Dienste, Nachrichten, Umgebungen und Personen untersuchen, die in einem breiteren Kontext mit einem bestimmten Produkt stehen. In einer erweiterten Perspektive hilft das Framework den Teams, Konzepte als Systeme von miteinander verbundenen Elementen zu betrachten.

Vorgehen

■ Schritt 1: Bereiten Sie sich für Ihren Feldbesuch vor. Erstellen Sie eine Vorlage, in der Sie Ihre Beobachtungen nach dem POEMS-Framework aufzeichnen und kategorisieren können. Tragen Sie dort auch die Werkzeuge (Notebooks, Kameras,

Ganzheitliche Sichtweise

Stifte, Rekorder etc.) ein, die Sie bei der Benutzerbeobachtung oder Befragung verwenden werden.

- Schritt 2: Beobachten oder interagieren Sie mit den Teilnehmern in einem Gespräch. Beobachten oder fragen Sie nach den Aktivitäten der Gruppen, nach den verwendeten Objekten, nach ihren Umgebungen, nach den Informationen, mit denen sie interagieren, und nach ähnlichen Aspekten. Notieren Sie die Informationen aus Ihren Beobachtungen bzw. die Antworten der Teilnehmer.
- Schritt 3: Verstehen Sie den Kontext durch POEMS.
  - **People** (Personen): Welche verschiedenen Personen agieren in diesem Kontext? Fachpersonal? Kunden? Eltern? Was scheinen deren Gründe dafür zu sein? Versuchen Sie, die gesamte Bandbreite der verschiedenen Menschen zu erfassen. Notieren Sie diese auf Ihrer Vorlage.
  - **Objects** (Objekte): Was sind die verschiedenen Objekte, die in dem Kontext verwendet werden? Handys? Zeitungen? Welche verschiedenen Kategorien an Objekten werden verwendet? In welchem Verhältnis stehen sie zueinander?
  - **Environment** (Umgebungen): Wo finden all diese Aktivitäten statt? In der Küche? In einem Geschäft? Konferenzraum? Bestimmen Sie die verschiedenen Umgebungen und notieren Sie diese.
  - **Messages** (Nachrichten): Welche Nachrichten werden im Kontext kommuniziert und wie werden sie übertragen? Gespräche? SMS? Haftzettel?
  - **Services:** Was sind die verschiedenen Dienstleistungen im Kontext? Reinigung? Lieferanten? Medien? Achten Sie auf die verfügbaren Dienste und nehmen Sie diese in Ihre Liste auf.
- Schritt 4: Beschreiben Sie den Gesamtkontext, den Sie durch POEMS aus Ihren Beobachtungen oder Reaktionen aus Interviews entwickelt haben. Sammeln Sie alle Notizen, und teilen Sie diese Beobachtungen mit Ihrem Team. Diskutieren Sie sie.

Vorteile

- Sie bekommen eine verbesserte Sichtweise auf das gesamte Projekt.
- Der Fokus liegt sowohl auf dem gesamten Prozess als auch auf den Details.
- Sie bekommen ein besseres Verständnis für den Kontext.

Nachteil

- Zeitaufwendig

22 Rapid Ethnography

 Analyse, Recherche

 Ganzheitlicher Überblick über verschiedene individuelle Nutzerbedürfnisse

 Design-Thinking-Team, Nutzer

 Notizblock, Kamera

 Zwischen mehreren Stunden und Tagen

Der Name Rapid Ethnography sagt es schon: Bei dieser Methode geht es um die schnelle Erfassung von ethnografischen Daten zur Analyse von Nutzerbedürfnissen. Das Ziel ist ein möglichst ganzheitlicher Überblick über die verschiedenen individuellen Nutzerbedürfnisse.

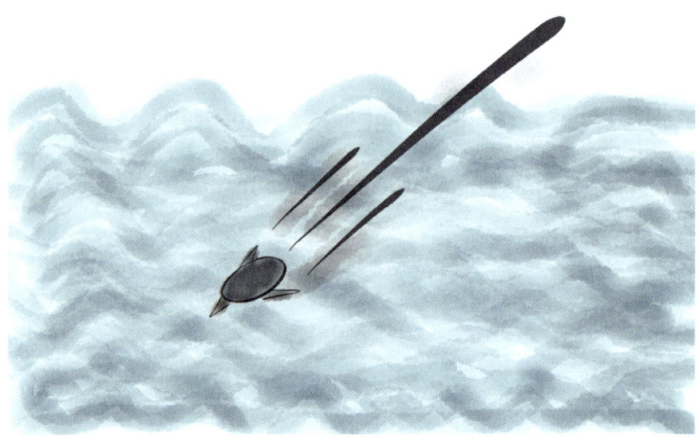

Schnelles
Eintauchen

Vorgehen

- Schritt 1: Verbringen Sie so viel Zeit wie möglich mit den Personen, die für das Produkt, den Service oder den Prozess relevant sind.
- Schritt 2: Bewegen Sie sich dabei in deren natürlichen Umgebung und deren Alltag.
- Schritt 3: Die relevanten Daten und Informationen dokumentieren Sie entsprechend.
- Schritt 4: Teilen Sie diese Daten und Informationen in Ihrer Gruppe und diskutieren Sie die verschiedenen Einsichten, die Sie dabei erlangt haben. Was ist Ihnen aufgefallen? Was war ungewöhnlich? Wo zeigten sich Muster?

Vorteile

- Individuell
- Sie sind sehr nah an der Nutzergruppe.
- Sie können leicht und schnell Vertrauen und eine Beziehung zu der Zielgruppe aufbauen.
- Sie bekommen die Informationen aus erster Hand.

Nachteile

- Kann sehr aufwendig werden
- Zeigt nur einen gewissen Ausschnitt

23 Semantic Differential

	Analyse
	Informationen über tatsächliche und potenzielle Nutzerakzeptanz sammeln
	Design-Thinking-Team, Nutzer
	Liste mit Adjektiven, Notizblock
	Ca. 30 Minuten

Bei dieser Methode handelt es sich um ein Befragungsinstrument, das zur Erhebung der emotionalen Akzeptanz des Nutzers in Bezug auf bestimmte Produkte, Sachverhalte oder Planungen eingesetzt wird. Mit dieser Technik können Sie vor allem viele Informationen über tatsächliche und potenzielle Nutzerakzeptanz aufdecken und sammeln.

Vorgehen

- Schritt 1: Erstellen Sie eine Liste mit ca. 20 bis 30 gegensätzlichen Adjektivpaaren, die Ihnen zu dem Produkt oder der Dienstleistung in den Sinn kommen.
- Schritt 2: Schicken Sie jedem Interviewpartner vor dem Interview diese Adjektivliste.
- Schritt 3: Für jedes Adjektivpaar gibt der Befragte seine individuelle Beurteilung ab. Dies erfolgt anhand der 5-stufigen Bewertungsskala (von sehr zutreffend bis gar nicht zutreffend).
- Schritt 4: Verwenden Sie keine direkten Fragen, sondern bitten Sie um eine Einschätzung jedes Adjektivpaars.

Vorteile

■ Sie erhalten Ergebnisse, die besser miteinander vergleichbar sind als bei einer direkten Befragung.

■ Die Ergebnisse werden weniger davon beeinflusst, was die Befragten als erwartete Antwort einschätzen.

Nachteile

■ Diese Methode ist nicht geeignet, um explizite Nutzerbedürfnisse anhand von Assoziationen herauszufinden.

■ Je unerfahrener ein Teilnehmer ist, desto schwieriger ist es gerade zu Beginn, bestimmte Assoziationen (Adjektivpaare) auf der Skala einzuschätzen und zu bewerten.

24 Sinus-Milieus

	Analyse
	Soziokulturelle Einordnung von Ziel- und Nutzergruppen
	Design-Thinking-Team
	Einteilung der Sinus-Milieus
	Ca. 20 Minuten

Sinus-Milieus sind Zielgruppen, die es wirklich gibt. Es ist eine Zielgruppen-Typologie, die Menschen nach ihren Lebensauffassungen und Lebensweisen gruppiert, und die zur Identifikation und Schärfung der Ziel- und Nutzergruppen dient. Sinus-Milieus sind aufgrund kontinuierlicher Begleitforschung und Beobachtung soziokultureller Trends stets aktuell. Sie werden für jedes Land einzeln entwickelt und validiert. Sie liegen heute für 18 Nationen vor.

Vorgehen

Definieren Sie Eigenschaften – wie beispielsweise soziale Lage und Grundorientierung – für Ihre Nutzergruppen und gleichen Sie sie mit den Sinus-Milieu-Einteilungen aus der Grafik, die Sie vorab recherchiert haben (http://www.sinus-institut.de/), ab. Auf dieser Basis kann die eigene Nutzergruppe in der Grafik verortet werden.

Demografische Faktoren

Beispiel

Traditionsverwurzelte 12,8 %: sicherheits- und ordnungsliebend, verwurzelt in kleinbürgerlicher Welt bzw. traditioneller Arbeiterkultur; Hedonisten 9,3 %: spaßorientiert, modern, Verweigerung von Konventionen und Verhaltenserwartungen der Leistungsgesellschaft etc.

BEISPIEL

Vorteil

▨ Dient zur genauen Ausrichtung der Strategien auf bestimmte Zielgruppen mit ähnlichen Vorlieben

Nachteil

▨ Wichtige Einflussfaktoren können schnell übersehen werden.

25 Suchfeldbestimmung

	Analyse
	Denkmuster durchbrechen und Produkte, Dienstleistungen oder Prozesse optimieren
	Design-Thinking-Team, Nutzer
	Haftzettel
	Ca. 1–2 Stunden

Bei dieser Methode geht es darum, ungelöste Probleme oder Fragen aus mehreren Perspektiven zu untersuchen und Produkte, Dienstleistungen oder Prozesse zu optimieren. Dabei sollen Meinungen und Vorurteile abgebaut und Denkmuster durchbrochen werden. Denn erst, wenn diese unterbrochen sind, ist ein innovatives Vorgehen möglich – ein Problem kann nie mit derselben Denkweise gelöst werden, mit der es zustande gekommen ist.

Suchfelder sind nicht in Stein gemeißelt. Die Definition von Suchfeldern soll ein lebendiger Prozess sein, damit man nicht in eine Sackgasse gerät. So ist es wichtig, bestehende Suchfelder regelmäßig auf ihre Relevanz und Priorität hin zu hinterfragen und neue Suchfelder im Zuge der Ideenfindung zu identifizieren.

Neue Denkmuster Ein prominentes und beliebtes Werkzeug zum Management und zur Kommunikation sind Innovation Roadmaps. Die Suchfelder werden so grafisch und anschaulich aufbereitet und entlang einer Zeitachse dargestellt.

Vorgehen

Der Prozess der Suchfeldbestimmung findet in folgenden Zyklen statt: Erhebung, Transformation und Aufbereitung. Diese werden so lange wiederholt, bis es allen Beteiligten möglich ist, das Problem aus verschiedenen Blickwinkeln zu betrachten, ein neues Verständnis des Kontextes aufzubauen und innovative Wege zu erkennen. Das Design-Thinking-Team ist bei diesem Prozess moderierend tätig – denn im Zentrum stehen Treffen, bei denen den Teilnehmern Fragen und kleine Aufgaben gestellt werden, die sie zu neuem Denken anregen sollen.

- Schritt 1: Erhebung: Dabei handelt es sich um eine Sammlung von Daten zur Bedeutung des Produkts/Dienstleistung des Unternehmens sowie von Meinungen und Annahmen zu einem bestimmten Thema. Diese Erhebung findet zumeist während der Treffen statt. Die Nutzer werden dazu zum Thema befragt (Interview) und aufgefordert, Analogien zu einem Thema zu bilden, Rollenspiele zu einem Service z. B. nachzuspielen oder andere Übungen zu machen, die neue Sichtweisen erlauben.
- Schritt 2: Transformation: Die gewonnenen Erkenntnisse werden um neue Perspektiven ergänzt. Dazu können unterschiedliche Techniken, wie Mindmaps, Fantasiereisen, Kombinieren von Tatsachen, eingesetzt werden (je nach Ziel, Zielgruppe und in welcher Phase das stattfindet).
- Schritt 3: Aufbereiten: Die Ergebnisse werden aufbereitet, um das Bewusstsein für das Thema zu schärfen und die Teilnehmer zur Reflexion anzuregen. Es werden Fragestellungen benannt, die nicht ausreichend geklärt werden konnten, und Arbeitstechniken für den nächsten Zyklus entwickelt und ausgewählt.

BEISPIEL

Beispiel: Ein international tätiger Konzern suchte nach einer innovativen Lösung, um die Mitarbeiterzufriedenheit zu erhöhen. Unser Team entschied sich für die Suchfeldanalyse, da das Unternehmen sehr komplex strukturiert war. Das Team umfasste für diese Technik acht Personen, darunter Projektteammitglieder und andere, die nicht wussten, worum es in diesem Projekt ging. Das war wichtig, damit sie neue Perspektiven miteinbringen konnten.

Zunächst erarbeiteten wir uns über Insight Cards das Problem, ohne noch genauere Details zu kennen. Die Insight Cards erlaubten uns eine erste Identifizierung neuer Muster. Die erzeugten Kategorien wurden nach Makro-Themen sortiert. So ergab die Auswertung, dass Mitarbeiter der PR-Abteilung vor allem daran interessiert waren, die Zufriedenheit der Kollegen zu eruieren. Auf der anderen Seite gab es Mitarbeiter der HR-Abteilung, die die kulturellen und sprachlichen Unterschiede und die Interaktion zwischen den Mitarbeitern verschiedener Standorte verstehen wollten. Bei all diesen Erkenntnissen begann das Team zu verstehen, wie das Unternehmen agierte und welche Probleme innerhalb der verschiedenen Standorte existierten. So wirkte sich der Standort auf verschiedene Aspekte wie Information, Kommunikation und soziale Netzwerke aus.

Die Suchfeldbestimmung ergab, dass es notwendig war, Lösungen abhängig von der jeweiligen Umgebung, dem Standort, zu entwickeln und diese wiederum von der jeweiligen Erfahrung, Technologie, dem Komfortbedürfnis und der Kommunikation der dortigen Mitarbeiter abhängig zu machen, damit Lösungen erarbeitet werden konnten, die auch in Zukunft funktionieren würden.

Vorteile
- Übersichtliche, erste Orientierung
- Schnell und unkompliziert
- Eröffnet neue Perspektiven und Einsichten

Nachteile
- Bietet nur einen Ausschnitt
- Lädt zu Stereotypen ein
- Hypothesen, die erst verifiziert werden müssen

	Analyse
	Identifikation, Kategorisierung von internen und externen Faktoren, um daraus strategische Lösungsalternativen und Taktiken für die Erreichung der Ziele abzuleiten
	6 – 10 Teilnehmer
	Bogen Papier, Haftzettel
	Ca. 1 Stunde

Die SWOT-Analyse ist ein Analyseinstrument des strategischen Managements und Grundlage vieler Marketingstrategien. Sie wird dazu verwendet, um signifikante interne sowie externe Faktoren in verschiedenen Bereichen (z. B. Region, Unternehmen, Produkt) zu identifizieren und zu kategorisieren und daraus strategische Lösungsalternativen und Taktiken für die Erreichung der Ziele abzuleiten. Im Design Thinking ist Strategie einer der Schlüsselfaktoren für den Erfolg eines Unternehmens – und um den Erfolg von innovativen Ideen zu bestimmen, eignet sich die SWOT-Analyse. Dadurch können Ideen bereits im Vorfeld evaluiert und in ihrer Komplexität reduziert werden.

Die SWOT-Analyse wurde ursprünglich im militärischen Bereich angewendet und in den 1960er-Jahren an der Harvard Business School für den Einsatz in Unternehmen weiterentwickelt. Sie gilt als Methode zur systemischen Situationsanalyse. Dabei steht S für Strengths (Stärken), W für Weaknesses (Schwächen), O für Opportunities (Chancen) und T für Threats (Risiken).

Signifikante Einflussfaktoren identifizieren

Zur besseren Darstellung wird die SWOT-Analyse in einer Matrix dargestellt, die zwei Dimensionen umfasst. Dies sind erstens die Chancen und Risiken, die sich aus dem externen Umfeld (z. B. Kundenerwartungen, Trends, Wettbewerber, Technologie, Politik) ergeben, und zweitens die Stärken und Schwächen des Anwendungsbereichs hinsichtlich seiner Ressourcen (z. B. Image, Motivation, Know-how, Finanzen, Personal, Technologie). Werden diese Dimensionen in einer Matrix dargestellt, dann werden Maßnahmen sichtbar, die zur Erfüllung von Zielen (z. B. Erarbeitung von Wettbewerbsvorteile) beitragen.

Vorgehen

Bei der SWOT-Analyse ist ein systematisches Vorgehen unbedingt notwendig, damit sie die Funktion als strategische Entscheidungshilfe erfüllen kann. Der Moderator hat eine besondere Stellung: Er oder sie muss darauf achten, den freien Gedanken- und Meinungsaustausch zu unterstützen und die Ziele nicht aus den Augen zu verlieren.

- Schritt 1: Ziele festlegen und Teilnehmende auswählen. Ist erstmal der Zweck der Durchführung einer SWOT-Analyse und dessen Untersuchungsgegenstand klar, dann steht die Auswahl der geeigneten Teilnehmer an, welche die Stärken, Schwächen, Chancen und Risiken erarbeiten sollen. Idealerweise soll die Gruppe der Beteiligten aus sechs bis zehn Personen bestehen, damit alle Aspekte entsprechend erfasst werden können. Allerdings können SWOT-Analysen auch mit weniger Personen oder einer viel größeren Anzahl an Beteiligten in Form eines Workshops durchgeführt werden. Empfehlenswert dabei ist nur, dass eine heterogene Gruppe bei der Analyse vertreten ist, sodass ein möglichst umfassendes Bild gezeichnet werden kann.
- Schritt 2: Zuerst werden in der Regel die externen Faktoren untersucht (Umweltanalyse). Hierbei versuchen die an der Analyse beteiligten Personen, die jeweiligen Chancen (Opportunities) und Risiken (Threats) des Marktes und der Branche, die sich aus der Entwicklung des jeweiligen Zielmarktes

ergeben, zu ermitteln, zu sammeln und zu analysieren. Die Umweltfaktoren können vielfältig und beispielsweise technologischer, ökologischer, politischer oder sozialer Art sein. Diese externen Faktoren können nur bedingt bis gar nicht beeinflusst werden, und daher kann darauf auch nur reagiert werden.

- Schritt 3: Bei der internen Analyse werden die Stärken (Strengths) und Schwächen (Weaknesses) des ausgewählten Bereichs betrachtet (Inweltanalyse).
- Schritt 4: Die Ergebnisse und Erkenntnisse der internen und externen Analyse werden kombiniert und visuell in einer SWOT-Matrix dargestellt. Fakten und Ideen werden sortiert und in Beziehung zueinander gesetzt, um daraus sinnvolle Handlungsstrategien und Alternativen ableiten zu können.
- Schritt 5: Nun lassen sich aus der Matrix Strategien und Umsetzungsempfehlungen ableiten. Häufig wird die SWOT-Analyse auch schon nach Erstellung der SWOT-Matrix beendet, wenn sich keine großen Risiken zeigen.

Vorteile

- Diese Technik bietet ein Rahmenkonzept, berücksichtigt die internen und externen Einflussfaktoren und ermöglicht so, dass verschiedene Aspekte des aktuellen Zustands z. B. der Organisation und der Umgebung analysiert werden.
- Die SWOT-Analyse ist mit wenig Aufwand leicht anzuwenden sowie visuell zu erfassen und kann helfen, Komplexität zu reduzieren.
- Es wird ein Gesamtüberblick erstellt, der sowohl positive als auch negative Aspekte berücksichtigt.
- Des Weiteren lässt sich diese Methode auf vielfältige Bereiche (z. B. Unternehmen, Organisationen, Abteilungen, Projekte, einzelne Prozesse, Produkte) anwenden.

Nachteil

- Die SWOT-Analyse ist eher oberflächlich und geht zu wenig in die Tiefe. Eine zusätzliche detaillierte Analyse ist anschließend fast immer notwendig.

- Bei der Analyse werden zwar viele Aspekte und Informationen gesammelt, aber es gibt keine Priorisierung und die Analyse externer Faktoren kann nur selten vollständig erfolgen.
- Die Ergebnisse stellen lediglich Momentaufnahmen dar und hängen stark von den beteiligten Personen ab.

Fazit

Kaum eine Methode wird derartig inflationär verwendet wie die SWOT-Analyse, aber häufig auch leider nur im Schnellverfahren und deshalb mit teilweise fragwürdigen Ergebnissen. Eine gründliche SWOT-Analyse erfordert sowohl ein gutes Verständnis für dieses Instrument als auch einiges an Zeit für die Vorbereitung und Durchführung. Dabei werden die Stärken und Schwächen in Relation zu anderen (z. B. bereits existierenden) Diensten ermittelt sowie Chancen und Risiken für eine erfolgreiche Markteinführung dieses Dienstes. Damit liefert die SWOT-Analyse wertvolle Information, die bei der Entwicklung des Geschäftsmodells berücksichtigt werden sollten.

27 Trendexperten-Interview

 Recherche

 Gewinnung von Informationen und Hintergrundwissen

 Design-Thinking-Team, Experten

 Notizblöcke, Haftzettel, Diktiergeräte

 Pro Interview ca. 3 Stunden inkl. Nachbereitung

Ein Trendexperten-Interview hilft Ihnen, sich schnell über Trends zu einem Thema zu informieren. Im Gespräch mit Experten, wie Futuristen, Ökonomen, Professoren, Autoren und Forscher, aus einem bestimmten Themenbereich können Sie wertvolle Erkenntnisse gewinnen und zusätzliche Informationen recherchieren.

Vorgehen

- Schritt 1: Bestimmen Sie die Themen, über die Sie mehr erfahren möchten: Technologie, Wirtschaft, Menschen, Kultur, Politik oder andere projektspezifische Themen.

    Wissensspektren vereinen

- Schritt 2: Identifizieren Sie die Experten. Durch eine Kombination aus Internet-Recherchen, Empfehlungen von Kollegen sowie Literatursuche erstellen Sie eine Liste von Personen, die anerkannte Experten in den identifizierten Themen sind. Achten Sie darauf, dass Sie zu jedem Thema zumindest ein Experten-Interview führen.

- Schritt 3: Treffen Sie Vorbereitungen für das Gespräch. Lesen Sie Artikel, Bücher oder andere Texte, die der Experte verfasst hat. So fällt es Ihnen leichter, seinen Standpunkt zu verstehen. Bereiten Sie eine Reihe von Fragen vor, die Ihnen während des Interviews helfen. Zum Beispiel könnten Sie eine Pflanze als Metapher verwenden, um Ihrem Interview eine Struktur zu verleihen: Samen – Was sind die frühen, aufkommenden Trends und Innovationen? Boden – Wie beeinflussen die Grundlagen das Wachstum? Umgebung – Wie beeinflussen die Umgebungsbedingungen das Wachstum? Pflanze – Wie werden Innovationen lebens- und wachstumsfähig? Wasser und Sonne – Wie beeinflussen die Katalysatoren das Wachstum? etc.

- Schritt 4: Führen Sie das Interview durch. Sorgfältig durchdachte Interviews machen das Beste aus begrenzter Zeit mit dem Experten. Verwenden Sie vorbereitete Fragen, um das Gespräch zu führen. Achten Sie auch auf Verweise während des Gesprächs, um weitere Quellen zu erschließen und genauere Informationen zu finden.

- Schritt 5: Hören, erfassen und nachverfolgen Sie. Interviewen bedeutet immer aktives Zuhören. Wenn erlaubt, verwenden Sie ein Aufnahmegerät, um die Konversation zu erfassen. Versuchen Sie sich ganz auf das Gespräch einzulassen, und schreiben Sie am besten erst im Nachhinein alle Notizen auf.

■ Schritt 6: Transkribieren und fassen Sie zusammen. Transkribieren Sie die aufgezeichnete Konversation, sodass Schlüsselwörter oder interessante Einsichten extrahiert werden können. Fassen Sie die Ergebnisse zusammen, und teilen Sie sie mit dem Rest des Teams.

Vorteile

■ Ermöglicht schnelle und frühe Entdeckung von neuen Trends
■ Bringt neue Perspektiven
■ Erfasst Wissen

Nachteile

■ Sehr zeitaufwendig
■ Gibt nur Perspektive des Experten wieder

28 Trend-Scan

	Recherche
	Kulturelle Strömungen erkennen, die das Projekt beeinflussen
	Design-Thinking-Team
	Zeitschriften, Internetzugang, TV
	Ein paar Stunden

Medienscans agieren als eine Art kulturelles Barometer, das anzeigt, was alles in der jeweiligen kulturellen Medienlandschaft vor sich geht. Die Idee dahinter ist, dass – so wie Satellitenbilder das kommende Wetter ankündigen – die Medien auch Hinweise darauf geben, welche kulturellen Entwicklungen sich in nächster Zeit vollziehen könnten. Die Methode ist einfach anzuwenden – Sie scannen Medien, wie Print, TV, aber auch das Internet, um alles zu finden, was im jeweiligen kulturellen Kontext irgendwie interessant erscheint. Diese Methode hilft den Innovations-Teams, die kulturellen Strömungen zu erkennen, die möglicherweise das Projekt beeinflussen könnten.

Vorgehen

▨ Schritt 1: Identifizieren Sie breite Themen im Zusammenhang mit Ihrem jeweiligen Projekt. Erstellen Sie dazu eine Mind-Map. Suchen Sie Innovationsthemen heraus, die in Zukunft interessant sein könnten. Suchen Sie ein Leitthema und mögliche Unterthemen.

Trends erkennen und nutzen

▨ Schritt 2: Suchen Sie weitere Informationen zu diesen Themen. Durchforsten Sie Blogs, Zeitschriften, Webseiten. Erstellen Sie eine Art Bibliothek, und scannen Sie auch Anzeigen, Ereignissen und Filminhalte, die sich direkt oder indirekt auf das Thema beziehen könnten.

▨ Schritt 3: Suchen Sie nach Mustern. Durchsuchen Sie die Informationen, um Muster zu erkennen. Diese Muster liefern ein allgemeines Bild der aktuellen und aufkommenden kulturellen Trends.

▨ Schritt 4: Schauen Sie sich auch angrenzenden Themen an. Manchmal zeigen sich Tendenzen in einem anderen Gebiet, die aber auch Ihr Thema beeinflussen (so beeinflussen Kleidertrends immer auch Essensgewohnheiten).

▨ Schritt 5: Fassen Sie die Ergebnisse zusammen, und diskutieren Sie die verschiedenen möglichen Auswirkungen. Schreiben Sie auch dazu, was Ihrer Meinung nach noch passieren könnte. Diskutieren Sie im Team, worauf diese Muster hinweisen und wie sie Ihr Thema beeinflussen. Verwenden Sie diese Diskussionen, um Ihre Aktivitäten auf eine tiefere Ebene zu führen.

Vorteil
- Zeigt den kulturellen Kontext und die Muster bestimmter Entwicklungen

Nachteile
- Zeitaufwendig
- Zeigt immer nur bestimmte Ausschnitte und Perspektiven
- Je nach Medien mehr oder weniger gut aufbereitet und seriös

29 Fokusgruppen

	Ideenfindung
	Generierung von Ideen, tiefgehende Einblicke in Sachverhalte und Problemstellungen
	Design-Thinking-Team, Nutzer
	Raum, Verpflegung, Notizblöcke
	Mindestens 2 Stunden ohne Nachbereitung

Eine Fokusgruppe ist eine moderierte Gruppendiskussion, bei der potenzielle Interessenten bzw. Zielkunden sich zu bestimmten Themen austauschen und ihre Wahrnehmungen, Meinungen und Ideen teilen können. Die Methode kann vor allem zur Vertiefung des Kundennutzens und Wertversprechens bzw. zur

Exploration offener Fragestellungen im Hinblick auf einzelne Bausteine eines Geschäftsmodells eingesetzt werden.

Solche Gruppendiskussionen führen dazu, dass spontane und emotionale Reaktionen der Teilnehmenden sichtbar werden. Sie eignen sich daher besonders zur Generierung von Ideen und ermöglichen es, tiefgehende und umfangreiche Einblicke in einen Sachverhalt zu erhalten, Motivationen kennenzulernen oder Probleme zu entdecken. Diese Technik unterstützt besonders die Visions-Entwicklung und Prototypen-Entwicklung.

Authentischer Einblick in die Wirklichkeit

Ich habe ein Start-up begleitet, das spielerisches Lernen für Kinder via Apps möglich macht. Die Mission hinter den Anwendungen bestand darin, einen kollaborativen Lernprozess zwischen Eltern und Kindern zu schaffen. Kinder sollten teilen, was sie lernen, und die Eltern konnten sich aktiv miteinbringen und mitmachen. Das Zielpublikum waren also Kinder und Eltern. Deren Meinungen, Gedanken und Eindrücke wollte ich erforschen. Dazu lud ich sie zu einer Fokusgruppe ein, in der die Entwickler lernten, wie sie die Qualität für Kinder und Familien fördern konnten. Dazu ließen sie sich erzählen, wie die Kinder und Eltern momentan die App benutzen, was ihnen besonders daran gefällt, was nicht und wo sie noch Verbesserungen sehen. Dieses Feedback konnte genutzt werden, um die Anwendungen noch mehr zu verbessern und an die Bedürfnisse der Kunden anzupassen.

BEISPIEL

Vorgehen

▪ Schritt 1: Wählen Sie die Teilnehmenden aus. Die Zusammensetzung der Fokusgruppen richtet sich in erster Linie nach der ausgewählten Fragestellung. Für die Größe der Fokusgruppe gibt es unterschiedliche Empfehlungen. Meistens wird jedoch eine Obergrenze von zehn Teilnehmenden genannt. Folgende Punkte sollten bei der Auswahl einer ausgewogenen Mischung von Personen berücksichtigt werden:
  – Die Teilnehmenden sollten Interesse und eine gewisse Betroffenheit für die Thematik mitbringen, d. h. eine ausreichende Gemeinsamkeit, um Diskussionen in Gang zu bringen.

- Eine balancierte, jedoch nicht zu heterogene Mischung unterschiedlicher Bildungsgrade, Berufe, soziodemografischer Kriterien (z. B. Geschlecht, Alter, Nationalität) etc., um zu große Unterschiede zu vermeiden, die zu Verständnis- und Verständigungsproblemen führen können.
- Eine balancierte Mischung aus spezifischen Kontexten (Berufstätige, Alleinerziehende, Senioren mit/ohne Betreuungspflicht etc.).
- Es ist nicht empfehlenswert, Ehepaare oder befreundete Personen in dieselbe Fokusgruppe aufzunehmen, da eine Tendenz zur starken Übereinstimmung entstehen kann.
- Es ist nicht erforderlich, dass sich die Teilnehmenden bereits kennen.

- Schritt 2: Idealerweise werden Fokusgruppen an einem unabhängigen Ort (z. B. Seminarhotel) abgehalten. Dabei sollten Sie darauf achten, eine respektvolle und wohlwollende Atmosphäre zu schaffen, in der die Teilnehmenden ihre Expertise im Hinblick auf das Thema frei einbringen können. Die Dauer der Fokusgruppe kann je nach Intensität und Anzahl der Teilnehmenden stark variieren.
- Schritt 3: Die Fokusgruppe wird von ein bis zwei Moderatoren geleitet, die vor allem aktiv zuhören und die Diskussion leiten müssen.
- Schritt 4: Die Gruppendiskussion sollte idealerweise – das Einverständnis der Teilnehmenden vorausgesetzt – mittels Audios oder sogar Videos zum Zweck der Transkription für die Auswertung aufgenommen werden. Die Auswertung und Analyse der Ergebnisse der Fokusgruppe erfolgt auf Basis der qualitativen Inhaltsanalyse.

Vorteile

- Fokusgruppen gelten als ökonomisch, d. h. zeitsparend und preiswert.
- Innerhalb von kürzester Zeit können wichtige Erkenntnisse aus den Fokusgruppen gezogen werden.

- Sie bieten einen authentischen Einblick in die Wirklichkeit. Sie geben einen ersten Überblick über die Variationsbreite von Meinungen, Werten und Konflikten.
- Die Aufmerksamkeit wird auf bisher vernachlässigte Themenaspekte gelenkt.
- Die Methode der Fokusgruppen eignet sich besonders für explorative Zwecke zu Beginn eines Forschungsprozesses sowie zur tieferen Interpretation von Umfrage-Ergebnissen, aber auch, um Bedeutungen von bestimmten Haltungen und Verhaltensweisen herauszufinden.

Nachteile
- Es können gruppendynamische Effekte eintreten, sodass die Teilnehmer sich an der Meinung anderer orientieren oder Meinungen verklären.
- Da Fokusgruppen mit kleinen Stichproben arbeiten, wird ihnen häufig nachgesagt, dass ihre Ergebnisse nicht repräsentativ für die Gesamtheit einer Zielgruppe sind.

30 „Von-zu"-Erforschung

 Analyse

 Ziele des Projekts reflektieren

 Design-Thinking-Team

 Haftzettel

 30 Minuten bis zu 2 Stunden

Die „Von-zu"-Erforschung ist eine Technik, bei der Sie von einer aktuellen Perspektive zu einer neuen Perspektive für die Lösung eines Problems gelangen. Es geht um anspruchsvolles Hinterfragen, warum die Dinge sind, wie sie sind, und ein Erkunden von Möglichkeiten und Vorschlägen. Basierend auf einem guten Verständnis der neuesten Trends untersucht diese Technik, wie der aktuelle Kontext zu einem besseren geändert werden kann. Die Technik hilft den Teilnehmern, über die Ziele des Projekts nachzudenken. Sie schlägt auch Richtungen für weitere Untersuchungen vor.

- Schritt 1: Listen Sie die wichtigsten Aspekte des Projekts auf. Überlegen Sie im Team, welche Aspekte am ehesten innoviert werden sollten. Geht es um ein Projekt zu Bildungsinnovationen, könnten dies unter anderem „Lernumgebungen", „Curricula" und „Forschungsprogramme" sein.
- Schritt 2: Identifizieren Sie Trends im Zusammenhang mit diesen Projektaspekten. Für die Lernumgebungen könnten dies beispielsweise Entwicklungen in den Kommunikationstechnologien sein.
- Schritt 3: Beschreiben Sie aktuelle Perspektiven anhand von Konventionen. Zum Beispiel ist eine Konvention für eine Lernumgebung ein physisches Klassenzimmer. Beschreiben Sie diese aktuelle Perspektive im „Von"-Abschnitt.
- Schritt 4: Zeigen Sie neue Trends auf. Basierend auf Ihrem Verständnis über Trends aus Schritt 2 spekulieren Sie, was neue Trends sein können. Wie könnten Sie z. B. das traditionelle Klassenzimmer als virtuelle Lernumgebung anpassen? Beschreiben Sie die neue Perspektive im „…zu"-Abschnitt.
- Schritt 5: Diskutieren Sie Innovationsmöglichkeiten. Überlegen Sie, wie die Innovationsabsicht auf der Grundlage dieser neuen Perspektiven gestaltet werden könnte. Überlegen Sie, welche dieser neuen Perspektiven das größte Potenzial hat.

Vorteile

- Herausforderungen annehmen
- Chancen identifizieren
- Fokussierung auf den Prozess

Nachteil

- Es werden nur Hypothesen aufgestellt, die getestet und hinterfragt werden müssen.

31 Vuja-de

 Analyse

 Bestehendes neu betrachten, Perspektive wechseln

Design-Thinking-Team

Haftzettel

 20 Minuten bis zu 1 Stunde

Kann eine Verschiebung der Perspektive uns helfen, bessere Fragesteller zu werden? Wir alle haben schon Déjà-vu-Erlebnisse gehabt. Das Gefühl, wenn Sie an fremden Orten sind oder neue Umstände erleben, die Sie vorher noch nicht kannten, aber Sie trotzdem den Eindruck haben, dass Sie schon mal dort gewesen sind. Aber was passiert, wenn wir genau das umdrehen: Angenommen, Sie sind in einer Situation, die Ihnen sehr vertraut ist – vielleicht fahren Sie zur Arbeit oder tun etwas anderes, das Sie bereits hundertmal davor getan haben –, und plötzlich haben Sie das Gefühl, als ob Sie etwas völlig Neues erleben. Das ist Vuja-de – und es könnte ein Schlüssel dafür sein, ein besserer Fragesteller oder ein kreativer, innovativer Denker zu werden.

Mit neuen Augen sehen Beim Konzept des Vuja-de wird davon ausgegangen, dass es wichtig ist, vertraute Situationen aus einer anderen Perspektive als unbekannt wahrnehmen zu können, sodass Sie Möglichkeiten erkennen, wie Sie Verbesserungen herbeiführen können. Möglichkeiten, die sonst niemand bis dato wahrgenommen hat.

Die Methode findet ihren Ursprung bei einem Komiker namens George Carlin – angeblich entstammt sie seinem Stand-up-Programm. Durch die unvermeidlichen Wiederholungen hatte Carlin das Gefühl, dass er raus aus der Routine musste. Vuja-de hat ihm dabei geholfen, regelmäßig die Perspektive zu ändern, indem er den Alltag um sich herum beobachtete. Kabarettisten müssen die Fähigkeit (und Bereitschaft) besitzen, sich auf diejenigen Inhalte zu beziehen, die für uns alle alltäglich sind, und trotzdem alles mit neuen Augen zu sehen. Nur so finden sie die kleinen Macken und Kuriositäten im Alltag, die uns normalerweise entgehen.

Nicht nur Kabarettisten profitieren von der Vuja-de-Perspektive. Bei Menschen in Unternehmen können so beispielsweise Ideen und Erkenntnisse geweckt werden, indem sie aus einer neuen Perspektive heraus das Vertraute sehen und überlegen, was sie tun müssten, wie sie handeln und sich verhalten müssten, wenn sie Neulinge oder Außenseiter wären … als ob sie alles zum ersten Mal sehen würden. Aber das geht auch bei persönlichen oder sozialen Fragen: Wenn Sie an alte, tief verwurzelte Probleme und Herausforderungen denken, überlegen Sie, wie Sie diese sehen würden, wenn Sie zum ersten Mal damit konfrontiert wären. Das hilft Ihnen, grundlegende Fragen zu stellen, die Sie manchmal zum Kern des Problems bringen und tiefe Einsichten ergeben.

Vorgehen

Es geht darum, eine bekannte Situation neu zu betrachten.

- Schritt 1: Identifizieren Sie die Situation, die Sie neu betrachten wollen.
- Schritt 2: Überlegen und diskutieren Sie im Team, inwiefern eine Situation typisch oder untypisch für Ihre Zielgruppe ist. Was sind Gemeinsamkeiten, wo erkennen Sie Muster?
- Schritt 3: Besprechen Sie, wie sich die Dinge ändern würden, wenn Sie die Situation neu aufschlüsseln oder wichtige Elemente z. B. entfernen würden. Was könnte passieren? Warum verhalten sich die Menschen, wie sie sich verhalten?

BEISPIEL

Für einen Wechsel in der Perspektive ist es hilfreich, einen Schritt raus aus alltäglichen Routinen und gewohnheitsmäßigen Verhaltensweisen zu gehen. In einem Projekt ging es einmal darum, neuen Schwung in die Meetings zu bringen und die Arbeitsabläufe bewusst zu hinterfragen. Im Grunde wollte das Management die Mitarbeiter dazu bringen, aus der Büroblase herauszukommen. Um die Routinen zu ändern, brauchte ich Einblicke in den Ablauf. Dabei kam heraus, dass die Mitarbeiter sich immer wieder zu einem Meeting trafen, um eine Ausrede zu haben, raus aus dem Büro zu kommen und gemeinsam Kaffee zu trinken. Das sprach ich bewusst an und schuf neue Situationen, damit die Mitarbeiter Begegnungszonen hatten, die außerhalb von Meetings lagen. Dadurch konnte eine neue Meetingkultur eingeführt werden.

Vorteile
- Kurz und unkompliziert
- Schnell Perspektive wechseln
- Vorurteile abbauen
- Nicht aufwendig
- Stereotypen hinterfragen
- Ergibt wertvolle, neue Einsichten

Nachteil
- Schwer, aus eigenen Denkmustern wirklich auszusteigen

Da konventionelle Recherche-Methoden, wie Videobeobachtungen oder Interviews, oft zu stark verfälschten Ergebnissen führen und sich die Personen oft beobachtet fühlen und sich nicht wie sonst verhalten – auch nicht in der eigentlich natürlichen Umgebung, empfehlen sich als Eränzung zu anderen ethnografischen Techniken, wie Beobachtungen oder empathische Interviews, sogenannte Cultural Probes. Oft zeigen traditionelle Techniken nur auf, was Menschen tun, nicht aber, warum sie es tun bzw. was sie dabei denken. Mit Cultural Probes lässt sich dies vermeiden, weil die Zielgruppe sich quasi selbst beobachtet. So erhalten Sie auch Einblicke in sonst schwer zugängliche Settings.

Vorgehen

Die Zielgruppe sammelt selbst Aufzeichnungen und Eindrücke ihrer Umgebung und ihrer Gedanken und Meinungen. Dazu können sie u. a. Kameras, Smartphones, Fotoapparate, Diktiergeräte etc. verwenden. Wichtig ist, dass Sie die Probanden vorab in die Thematik einführen und ihnen konkrete Instruktion an die Hand geben.

Vorteil

■ Fördert Kreativität und Inspiration

Nachteil

■ Dadurch, dass die Medien der Dokumentation nicht genau definiert sind und von Fall zu Fall vom Design Thinker ausgewählt werden, ist nicht garantiert, dass die gewünschten Ergebnisse auch erreicht werden.

Aufgrund ihres experimentellen Charakters ist diese Technik nicht für sehr aussagekräftige Ergebnisse geeignet, führt aber zu spannenden, neuen Inspirationen und Perspektiven.

Definieren

Übersicht

*„Menschen, die immer daran denken, was andere von ihnen
halten, wären überrascht, wenn sie wüssten, wie wenig die
anderen über sie nachdenken."*

BETRAND RUSSELL

Wenn ein Design-Thinking-Projekt beginnt, ist das Team in der
Regel nicht vertraut mit dem Thema. Daher muss das Problem
untersucht werden. In der ersten Phase oder sogar noch vor dem
Projektbeginn haben Sie sich bereits an das Problem angenähert.

Die Phase 2, das Definieren, beginnt mit einem Reframing-Pro-
zess, bei dem das Projektteam anhand der gesammelten Daten
und mithilfe des Gruppenprozesses das Problem aus anderen
Perspektiven und fernab von möglichen Projektgrenzen betrachtet. Dabei kommt es nicht selten vor, dass das Projektteam eine
weitere Runde auf Erkundungstour geht, um noch mehr über
das Thema zu erfahren. Denn oft braucht es zusätzlich zum anfänglichen Verständnis der Nutzer und Stakeholder Kenntnisse
aus dem neuen Kontext, die dazu beitragen, die Schlüsselprob-
leme zu untersuchen.

In dieser Phase untersuchen Sie die ungelösten Probleme detailliert aus verschiedenen Perspektiven und Blickwinkeln. So können nen Sie Überzeugungen und Annahmen der Beteiligten rekonstruieren und ihre Denkmuster abbauen. Sie werden ihnen dabei helfen, Paradigmen im Unternehmen zu verändern – dies ist immer der Schritt auf dem Weg zu innovativen Lösungen. Das Ziel dieser Phase ist es, alle Beteiligten zu motivieren, das Problem aus unterschiedlichen Blickwinkeln zu betrachten, ein neues Verständnis für den Kontext zu schaffen und innovative Wege zur Problemlösung zu identifizieren. In der Regel fungiert das Projektteam als Moderator in einem Prozess, dessen Dauer von einem einzigen Workshop bis zu mehreren Wochen reichen kann. Wichtig ist, dass dabei Treffen im Kernteam stattfinden, bei denen Fragen innerhalb der Gruppe gestellt und neue Denkmuster gefördert werden.

Genereller Ablauf in der Phase 2

In der ersten Phase, dem Einfühlen, haben Sie bereits eine Menge an verschiedenen Daten zu einem Produkt, Service oder einem Unternehmensprozess gesammelt. Darunter befinden sich zumeist auch etliche Überzeugungen und Annahmen über das Thema.

Mit diesen Daten in der Hand führt das Projektteam durch eine Art Transformation. Dabei werden die Daten erfasst und neue Perspektiven zugefügt. In dieser Phase kann eine Vielzahl von Techniken angewendet werden, wie etwa ein Affinitätsdiagramm oder Customer Journeys, je nach Ziel, Auftrag und Stadium des Prozesses.

- Suchen Sie einen Team-Raum, der Sie einerseits stimuliert und in den Sie sich andererseits gemeinsam zurückziehen und entspannt Ihrer Arbeit nachgehen können.
- Arbeiten Sie vor allem mit den Erzählungen und Geschichten, die Sie in der ersten Phase gesammelt haben. Suchen Sie nach provokativen und emotionalen Aussagen, die die Diskussionen anregen.
- Beispiele von realen Geschichten erleichtern das gemeinsame Verständnis unglaublich.
- Am Ende jedes Workshops sammeln Sie die Ergebnisse und visualisieren diese. Ermöglichen Sie jedem aus dem Team einen Zugang zu den Materialien.
- Wählen Sie einen Moderator aus, der in der Lage ist, einen neuen Twist in die anfänglichen Fragen zu geben und eine ungewisse Zukunft in etwas Plausibles zu verwandeln.

Warm-ups

Wenn das Team nach der intensiven Recherche- und Beobachtungsphase wieder zusammentrifft und die neuen Informationen besprechen und bearbeiten will, ist es wichtig, dass es sich gemeinsam einstimmt, bevor es mit der Arbeit beginnt. Am besten eignen sich dazu Spiele, mit denen Sie den Fokus schärfen und Energie und Spaß ins Team bringen können.

Hallo & High Five

	Icebreaker
	Kennenlernen
	3 – 10 Personen
	Musik
	5 Minuten
	■ Fremd- und Eigenwahrnehmung ändern ■ Start für produktive Zusammenarbeit ■ Angenehme Arbeitsatmosphäre
	Keine bekannt

Vorgehen

■ Schritt 1: Jeder geht im Raum in eine zufällige Richtung.

■ Schritt 2: In kurzen Intervallen gibt der Moderator verschiedene Anweisungen. Lautet die Anweisung z. B. „Sagt Hallo", dann ist es Ihre Aufgabe, die Person, an der Sie gerade vorbeispazieren, freundlich zu begrüßen. Weitere Anweisungen lauten: „High Five" oder „Macht ein Kompliment" etc.

Klatschen weitergeben

 Energizer

 Bessere Zusammenarbeit

 3–10 Personen

 keine

 5 Minuten

- Sich dem Rhythmus der anderen anpassen lernen
- Eigene Gruppendynamik entwickeln
- Start in produktive Zusammenarbeit
- Angenehme Arbeitsatmosphäre

- Anmoderation ist schwieriger
- Schwierig für Menschen ohne Rhythmusgefühl

Vorgehen
- Schritt 1: Der Moderator erklärt die Regeln.
- Schritt 2: Einer startet, indem er oder sie in die Augen der Person neben ihm oder ihr sieht und – ganz ohne Worte – beide gleichzeitig klatschen.
- Schritt 2: Diese Person wendet sich dann an die nächste Person neben ihr oder ihm und macht das Gleiche.

Variante: Wenn Sie eine Herausforderung hinzufügen möchten, erstellen Sie mehrere Klatschrunden, die sich gleichzeitig in verschiedene Richtungen im Kreis bewegen.

Die Techniken

32 2 × 2-Matrix

	Analyse
	Insights oder Ideen kategorisieren, Muster erkennen, Entscheidungen vereinfachen
	Design-Thinking-Team
	Whiteboard oder Pinnwand
	15 – 30 Minuten

Eine 2 × 2-Matrix ist ein Werkzeug für die Analyse unterschiedlichster Themen. Sie eignet sich besonders, wenn es darum geht, bereits entwickelte Insights oder Ideen zu klassifizieren, Muster darin zu erkennen oder Inhalte mit den Bedürfnissen der Zielgruppe abzugleichen. Sie kann dadurch sowohl in Phase 2 als auch in Phase 3 sinnvoll eingesetzt werden. Die 2 × 2-Matrix hilft dadurch, die Entscheidungsfindung zu vereinfachen. Ich setze sie vor allem bei Meetings mit dem Kunden oder dem Projektauftraggeber ein; sie dient dort dazu, die nächsten Schritte zu besprechen.

Muster erkennen
Der Name ist Programm: Das Ergebnis einer 2 × 2-Matrix ist eine kleine Tabelle aus 2 × 2 Feldern. Jede Achse steht für eine Dimension. Die Insights (oder Ideen) werden dann diesen Dimensionen zugeordnet. Das Ergebnis ist eine einfache Bewertung der Insights (oder Ideen) anhand dieser Dimensionen:

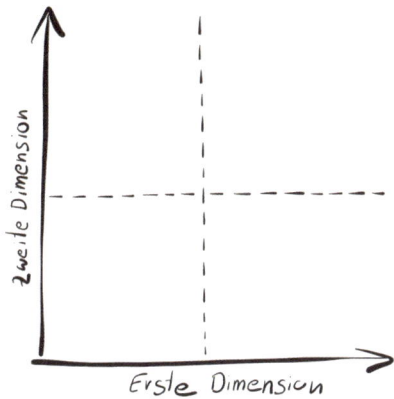

Vorgehen

- Schritt 1: Zeichnen Sie eine 2 × 2-Matrix (wie im Bild oben).
- Schritt 2: Überlegen Sie sich, welche Eigenschaften die einzelnen Insights oder Ideen bestmöglich voneinander unterscheiden. Diese beiden Eigenschaften ordnen Sie nun den beiden Dimensionen der Matrix zu (eine für jede Achse der Matrix). Für die Bewertung von Insights können Sie beispielsweise das Alter der Personen, von denen die Erlebnisse stammen, auf die eine Dimension übertragen und die Vertrautheit mit dem Thema auf die andere.
- Schritt 3: Wählen Sie die für Sie wichtigen Insights/Ideen aus und platzieren Sie diese in die passenden Felder der Matrix.
- Schritt 4: Suchen Sie nach Ähnlichkeiten und Mustern, indem Sie überlegen, wo sinnvoll Gruppen gebildet werden könnten.
- Schritt 5: Treten Sie einen Schritt zurück und betrachten Sie die Matrix: Haben sich zusammenhängende Gruppen gebildet? Welche Quadranten sind sehr voll oder leer? Gibt es eine Korrelation der Eigenschaften?

Die Diskussion, die durch den Versuch entsteht, Elemente auf der Matrix zu platzieren, ist oft so wertvoll wie die Herstellung der Matrix selbst. Möglicherweise müssen Sie eine Reihe von Dimensionen ausprobieren, um eine Kombination zu finden, die sinnvoll und informativ ist. Probieren Sie unterschiedliche Dimensionen einfach aus, selbst wenn Sie anfangs nicht sicher sind, welche zielführend ist.

Vorteile

- Schneller Überblick
- Zusammenhänge übersichtlich darstellen
- Gute Grundlage für Entscheidungen im weiteren Vorgehen

Nachteil

- Wahl der geeigneten Dimensionen nicht einfach

BEISPIEL Im Rahmen eines Workshops ging es darum, die öffentlichen Verkehrsmittel einer Stadt attraktiver zu gestalten. Davor musste ich gemeinsam mit dem Team zuerst herausfinden, wo derzeit mögliche Problemfelder liegen. Nach den Interviews (siehe Tool 27, Trendexperten-Interwiev) haben wir die Erlebnisse auf Insight Cards (siehe Tool 39) geschrieben. Diese trugen wir dann in eine 2 × 2-Matrix ein: Als Dimensionen wählten wir zuerst das Alter der Teilnehmer (von jung bis alt) und die Ortskenntnis (von gering bis gut). Die einzelnen Insights ordneten wir entsprechend den Dimensionen zu. Ein Beispiel: Die Aussage eines freundlichen Touristen-Ehepaars, das hauptsächlich Schwierigkeiten bei der Orientierung hatte und die nächstgelegene Station nicht finden konnte, haben wir dem Quadranten rechts unten (älter/geringe Ortskenntnis) zugeordnet. So gingen wir nach und nach mit allen Insights vor:

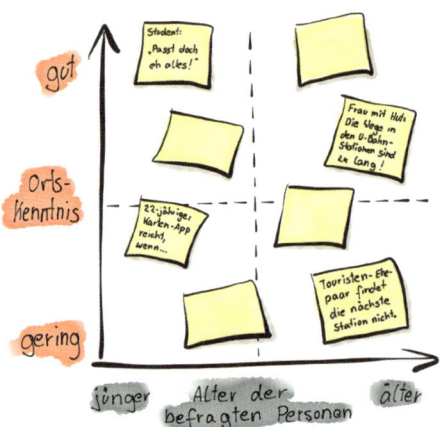

Am Ende konnten wir eindeutig erkennen, auf welche Kundengruppe wir uns zunächst konzentrieren sollten.

33 ABC-Technik

	Analyse
	Ideen oder Fragestellungen in der Rangfolge ihrer Bedeutung gruppieren und klassifizieren
	Design-Thinking-Team
	Haftzettel oder großes Blatt Papier
	Ca. 30 Minuten bis 1 Stunde

Mit welcher Design-Thinking-Challenge wollen Sie starten? Sollen intern die Durchlaufzeiten optimiert werden? Oder sollte doch zunächst ein neuer Ansatz zur Kundenzufriedenheitssteigerung gesucht werden? Wenn ja, worauf wollen Sie sich dabei konzentrieren?

Wenn nicht sofort klar ist, wo Sie die Prioritäten setzen wollen, dann ist die ABC-Analyse das richtige Tool. Diese Methode trennt relativ unkompliziert das Wesentliche vom Unwesentlichen, hilft Rationalisierungsschwerpunkte zu setzen und steigert die Wirtschaftlichkeit, indem unwirtschaftliche Anstrengungen vermieden werden.

Der Aufbau ist nicht weiter schwierig: Zweidimensionale Wertepaare werden kumuliert und in Klassen eingeordnet. Diese Einordnung bietet ein erstes grobes Bild der Ist-Situation, woraus sich wiederum gut weitere Vorgehensweisen ableiten lassen.

Prioritäten setzen

Die ABC-Analyse hilft, Ideen oder andere Fragestellungen nach ihrer Bedeutung hinsichtlich eines Gesamtergebnisses oder für eine Zielerreichung in absteigender Reihenfolge anzuordnen und zu klassifizieren. Dazu eignen sich die unterschiedlichsten Untersuchungsgegenstände, wie z. B. nicht optimal genutzte Strukturen, Maßnahmen, Lieferanten, Produkte, Produktgruppen, Kunden, Kundengruppen etc.

Vorgehen

- Schritt 1: Die zunächst kommunizierten Untersuchungsgegenstände werden in drei verschiedene Klassen eingeordnet:
  - A – Hohe Priorität: Eine relativ geringe Anzahl von Untersuchungsgegenständen trägt zu einem hohen Anteil zur Erreichung der gesetzten Ziele bei.
  - B – Mittlere Priorität: Diese Gruppe trägt ungefähr proportional zum Gesamtergebnis bzw. zur Zielerreichung bei.
  - C – Geringe Priorität: Hierbei trägt eine relativ große Anzahl von Untersuchungsgegenständen zu einem geringen Anteil zum Gesamtergebnis bzw. zur Zielerreichung bei.

  Zweck dieser Methode ist es, durch diese Einteilung die Aufmerksamkeit auf jene Ideen oder Untersuchungsgegenstände zu lenken, die maßgeblich zum Gesamtergebnis beitragen und die Erreichung der gesetzten Ziele stark beeinflussen. Dadurch ist eine Grundlage geschaffen, anhand derer Sie später gezielt Maßnahmen planen und strategisch einsetzen können.
- Schritt 2: Bestimmen Sie, welche Faktoren Sie sich im Detail ansehen wollen.
- Schritt 3: Legen Sie danach bestimmte Kriterien fest, die entscheiden, wie und in welcher Reihenfolge die einzelnen Faktoren geordnet werden sollen. So können z. B. Kunden nach ihrem Umsatz oder ihrer Bestellmenge, Produkte nach deren Wert oder der Entnahmehäufigkeit und Ideen nach der Umsetzbarkeit oder Verwertbarkeit eingeordnet werden.
- Schritt 4: Legen Sie die Klassengrenzen fest, um die vorher bestimmten Untersuchungsobjekte auch eindeutig zuordnen zu können.
- Schritt 5: Ordnen Sie die Ideen den drei Klassen (A, B, C) zu.

Einsatzfelder

Die ABC-Analyse kann in den unterschiedlichsten Bereichen eingesetzt werden, z. B.

- Vertrieb: Hier dient die ABC-Analyse dazu, herauszufinden, welche Kunden, Kundengruppen, Produkte, Produktgruppen oder Verkaufsgebiete am stärksten zum Erfolg Ihres Unternehmens beitragen.
- Produktentwicklung: Identifizieren Sie mithilfe der ABC-Analyse die wichtigsten Produkte, auf deren Entwicklung bzw. Weiterentwicklung Sie sich konzentrieren sollten. Alle anderen sollten zumindest eine Zeit lang aus dem Programm eliminiert werden.
- Kontinuierlicher Verbesserungsprozess (KVP): Finden Sie jene Verbesserungsmaßnahmen, die die stärksten Auswirkungen haben, und konzentrieren Sie sich auf diese.
- Logistik: Analysieren Sie die wichtigsten Lieferanten (Lieferantenbewertung).
- Produktion: Mithilfe der ABC-Analyse können Sie z. B. Anlagen mit den höchsten Ausfallzeiten oder mit den meisten Engpasssituationen identifizieren.

Vorteile

- Analyse komplexer Probleme mit einem vertretbaren Aufwand durch die Beschränkung auf die wesentlichen Faktoren
- Einfache Anwendbarkeit
- Methodeneinsatz ist vom Untersuchungsgegenstand unabhängig
- Sehr übersichtliche und grafische Darstellung der Ergebnisse möglich

Nachteile

- Sehr grobe Einteilung in drei Klassen
- Einseitige Ausrichtung auf ein Kriterium, wobei es selbstverständlich möglich ist, zwei Faktoren zu kombinieren
- Es werden keine qualitativen Faktoren berücksichtigt.
- Bereitstellung konsistenter Daten als Voraussetzung

34 Affinitätsdiagramm

	Wissensbasis schaffen
	Daten und Informationen nach Beziehungen und Zusammenhängen sortieren
	Design-Thinking-Team
	Haftzettel, Flipchart, Pinnwand
	Ca. 1 Stunde

Sortieren und strukturieren

Mit dieser Methode sortieren, strukturieren und ordnen Sie Daten, Informationen oder einzelne Elemente nach Beziehungen und Zusammenhängen. Dabei gewinnen Sie vor allem wichtige Erkenntnisse über Ähnlichkeit, Abhängigkeit und Nachbarschaft von Elementen.

Vorgehen

- Schritt 1: Sofern die zu sortierenden Begriffe, Informationen oder Ideen nicht schon feststehen, sammeln Sie sie mittels Brainstorming.
- Schritt 2: Ähnlich wie beim Brainstorming schreiben Sie möglichst viele Informationen bzw. Begriffe auf Kärtchen (oder Haftzettel). Ähnliche Begriffe sortieren Sie in entsprechende Gruppen ein.
- Schritt 3: Für jede Gruppe suchen Sie passende Oberbegriffe. Bei vielen Begriffen können Sie zusätzliche Untergruppen bilden.

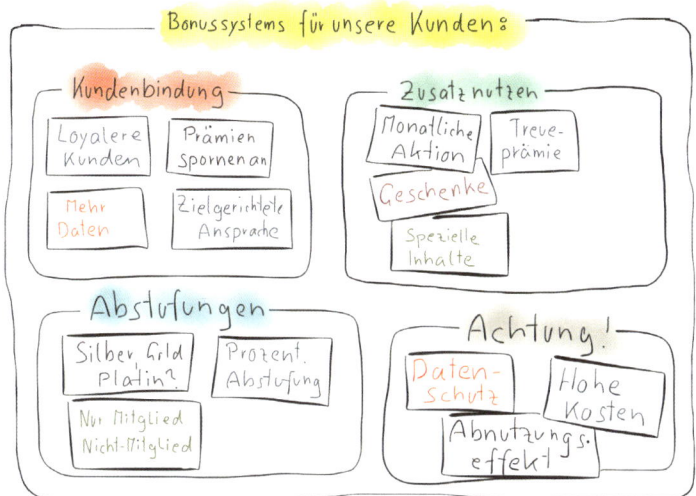

Bonussystems für unsere Kunden:

Kundenbindung
- Loyalere Kunden
- Prämien spornen an
- Mehr Daten
- Zielgerichtete Ansprache

Zusatznutzen
- Monatliche Aktion
- Treueprämie
- Geschenke
- Spezielle Inhalte

Abstufungen
- Silber, Gold, Platin?
- Prozent. Abstufung
- Nur Mitglied Nicht-Mitglied

Achtung!
- Datenschutz
- Hohe Kosten
- Abnutzungseffekt

- Schritt 4: Stellen Sie die Gruppen auf einer Tafel in übersichtlicher Form dar. Sofern notwendig, können Sie die Gruppen oder Untergruppen zusätzlich mit Zeichen (Ringe, Wolken, Pfeile usw.) versehen, um Zusammenhänge zu verdeutlichen.
- Schritt 5: Auf Basis der Sortierung erstellen bzw. zeichnen Sie ein finales Diagramm. Das entstandene Diagramm können Sie schriftlich zusammenfassen. Formulieren Sie möglichst neutral, und interpretieren Sie wenig hinein.

Vorteile
- Zusammenhänge von Problemdefinitionen erkennen
- Innovationspotenziale erkennen
- Besonders geeignet für das Untersuchen von Sachverhalten und Problemen, für das Sammeln von Lösungen und für die logische Zusammenstellung
- Auswerten neuer Gestaltungsmöglichkeiten

Nachteile
- Erfahrener Moderator und Teammitglieder nötig
- Je höher die Komplexität, desto schwieriger die Zusammenfassung und Zuordnung der Beiträge
- Subjektives Ergebnis

35 Download

	Wissensbasis schaffen
	Aus Beobachtungen und Aufzeichnungen eine kollektive Wissensbasis bilden
	Design-Thinking-Team
	Raum mit genügend Platz, Haftzettel
	Je nach Projekt bis zu mehrere Stunden

In der ersten Phase haben Sie eine riesige Menge an Notizen, Fotos, Eindrücken und Zitaten gesammelt. Jetzt ist es an der Zeit, diese zu sortieren und einen Sinn für sie zu finden. Weil Teamarbeit für menschzentriertes Design so wichtig ist, geht es darum, die Lernergebnisse gemeinsam anzusehen. Es ist wichtig, die Aufmerksamkeit Ihrer Teamkollegen auf die Geschichten, Lernerfahrungen und Erkenntnisse zu lenken. Diese Methode ist eine wichtige Art und Weise, die Ideen und Geschichten miteinander zu teilen und zu besprechen, was Sie gehört haben. Das Ziel dabei ist, aus einzelnen Teilen eine kollektive Wissensbasis zu bilden.

Vorgehen
- Schritt 1: Organisieren Sie einen Raum, in dem Sie genügend Platz haben.
- Schritt 2: Schalten Sie Ablenkungen bewusst ab, und setzen Sie sich alle zusammen in einen Kreis.

- Schritt 3: Legen Sie nun reihum alle wichtigen Informationen dar, und schreiben Sie diese auf Haftzettel (z. B. wen haben Sie getroffen, was haben Sie gesehen, welche Fakten haben Sie gesammelt, welche Eindrücke haben Sie von den Dingen, die Sie erlebt haben?).
- Schritt 4: Clustern Sie die Haftzettel und sammeln Sie sie auf einer Wand oder auf einem Board, damit jeder sie sehen kann und Sie alle gemeinsam besser darüber diskutieren können.
- Schritt 5: Sind Sie nicht an der Reihe, dann hören Sie genau zu, und achten Sie auf Details. Stellen Sie Fragen, wenn Ihnen etwas an den Erzählungen nicht klar ist. Fokussieren Sie sich.

TIPP Ein Tipp zum Schluss: Wenden Sie diese Methode am besten am selben oder am nächsten Tag des Interviews oder der Feldbeobachtung an. Dann sind Ihre Erfahrungen und Erkenntnisse noch ganz frisch.

Vorteile
- Schafft einen guten Überblick
- Gemeinsamer Wissensaufbau

Nachteile
- Fokus kann verloren gehen.
- Viele Details lenken vom Wichtigen ab.

	Wissensbasis schaffen
	Themen durchdringen und Basis für Weiterentwicklung von Konzepten schaffen
	Design-Thinking-Team
	Haftzettel oder Moderationskärtchen
	2 – 3 Stunden

Die Methode beginnt mit dem Zusammentragen aller Erkenntnisse, die Sie in der ersten Phase gesammelt haben. Sie schreiben all diese Informationen auf Haftzettel und beginnen diese zu sortieren, um eine gewisse Logik und Muster dahinter zu finden. Sobald das Team eine gemeinsame Logik gefunden hat, werden alle weiteren Einsichten und Erkenntnisse aufgegriffen, um weitere interessante Muster zu enthüllen. Durch die Analyse dieser Muster können Sie nicht nur das gesamte Thema besser verstehen, sondern Sie schaffen dadurch auch eine fundierte Basis für die Entwicklung der Konzepte. Um den größten Nutzen aus dieser Methode zu ziehen, sollten Sie vor allem zu Beginn eine überschaubare Menge an Einsichten und Erkenntnissen sammeln. Eine Faustregel lautet, dass in kleineren Projekten nicht mehr als 100 Einsichten verwendet werden sollten.

Nicht mehr als 100 Einsichten nutzen

Vorgehen
- Schritt 1: Sammeln Sie alle Aussagen, die Sie in der ersten Phase recherchiert haben. Wenn Sie noch keine Einsichten entwickelt haben, gehen Sie zuerst Ihre Beobachtungen und

andere Ergebnisse aus Ihrer Recherche durch, und entwickeln Sie welche.

Anmerkung: Einsichten sind Interpretationen dessen, was Sie in der ersten Phase über die Menschen und deren Kontext erfahren bzw. beobachtet haben und was etwas Unbekanntes, Überraschendes und Wertvolles für Ihr Projekt offenbart. Schreiben Sie all diese Erkenntnisse in einem oder zwei Sätzen nieder.

- Schritt 2: Nach der Niederschrift der Einsichten auf Haftnotizen kleben Sie diese auf eine Wand oder Tischoberfläche. Beginnen Sie, als Team die Erkenntnisse zu clustern, und diskutieren Sie die Logik, die Sie verwenden, um die Infos zu clustern. Eine gängige Logik, die häufig verwendet wird, ist z. B. die Ähnlichkeit hinsichtlich der Bedeutung einer Erkenntnis.

- Schritt 3: Erstellen Sie aufgrund der identifizierten Logik weitere Cluster. Diskutieren und gewinnen Sie ein gemeinsames Verständnis davon, aus welchem Grund jene Einsichten und Aussagen in einem bestimmten Cluster gruppiert sind. Ordnen Sie die Informationen neuen Clustern zu, wenn es nötig ist, bis Sie ein Clustering-Muster haben, mit dem alle einverstanden sind.

- Schritt 4: Besprechen Sie die Cluster und erkennen Sie, warum sie so gruppiert sind. Definieren Sie jeden Cluster und beschreiben Sie seine allgemeinen Eigenschaften. Geben Sie jedem Cluster einen kurzen Titel bzw. eine Überschrift.

- Schritt 5: Besprechen Sie die nächsten Schritte. Dokumentieren Sie die Muster. Diskutieren Sie innerhalb Ihres Teams, wie diese Clustering-Muster für die späteren Phasen des Projekts wertvoll sein könnten. Sind die Cluster umfassend genug, um das Projekt ganzheitlich zu verstehen? Gibt es offensichtliche Lücken, die gefüllt werden müssen? Sind die Cluster ausreichend definiert, um Prinzipien daraus zu generieren? Können die Cluster als Kriterien zur Bewertung und Verfeinerung von Konzepten herangezogen werden?

Vorteile

- Zeigt Muster und Beziehungen
- Strukturiert das bestehende Wissen
- Erleichtert Diskussionen

Nachteil

- Subjektive Sichtweise

 37 ERAF-Systemdiagramm

	Analyse
	Ein System und die Wechselwirkungen aller Elemente des Systems sichtbar machen
	Design-Thinking-Team
	Flipchart, selbsthaftende Notizblätter
	Zwischen 1 und 2 Stunden

Wechsel-
wirkungen
erkennen

Das ERAF-Systemdiagramm ist eine Methode, um die Insights besser zu untersuchen. Es hilft dabei, alle Elemente eines Systems und ihre Wechselwirkungen untereinander zu verstehen. Prinzipiell kann jedes Projekt in diese Einzelheiten gegliedert werden: Entitäten, Relationen, Attribute und Ströme.

- Entitäten sind die definierbaren Teile eines Systems. Sie sind die „Subjekte" im System, wie Menschen, Orte und Dinge (z. B. Studenten, Schulen oder Bücher, aber auch Projekte, Probleme oder Ziele).

- Beziehungen beschreiben, wie die Einheiten miteinander verbunden sind.
- Relationen können als „Verben" beschrieben werden, die die Art der Verbindung beschreiben. Ein Diagramm der Universität könnte die Beziehung zwischen Universität und Student widerspiegeln – wie z. B.: „Für die Studenten vernetzt die Universität das Wissen der einzelnen Fachabteilungen." Beziehungen können gemessen werden, indem sie einen Wert bekommen.
- Attribute definieren Merkmale jeder Entität oder Relation. Da sie beschreibend sind, fungieren sie als „Adjektive" im System. Qualitative Attribute umfassen Namen, Marken oder Wahrnehmungen, wie günstig oder ungünstig. Quantitative Attribute können das Alter, die Größe, die Kosten, die Dauer oder andere Dimensionen sein, die mengenmäßig erfasst werden können.
- Ströme sind die Richtungsbeziehungen zwischen Entitäten. Sie sind wie „Präpositionen", indem sie „von und zu", „vor und hinter" oder „hinein und hinaus" anzeigen. Die Strömungen können zwei Formen annehmen: Entweder sind sie zeitlicher Natur, geben also die mit der Zeit verknüpfte Sequenz an, oder örtliche Strömungen, wie Ein- und Ausgänge, Rückkopplungsschleifen oder parallele Prozesse, die zeigen, wie sich die Dinge durch das System bewegen.

Das ERAF-Systemdiagramm arbeitet auf zwei Ebenen: Einerseits synthetisch, indem es die durch die Forschung zusammengetragenen Informationen in einem einzigen Systemdiagramm zusammenfasst; andererseits aber auch analytisch, indem bestehende, auftauchende oder potenzielle Probleme durch Ungleichgewichte, fehlende Einheiten und andere Lücken gesichtet werden können.

Synthetisch und analytisch

Vorgehen

- Schritt 1: Identifizieren Sie die verschiedenen Einheiten in Ihrem System. Bestimmen Sie immer nur eine Einheit, die einen erheblichen Einfluss auf Ihr Projekt hat. Bei der Iden-

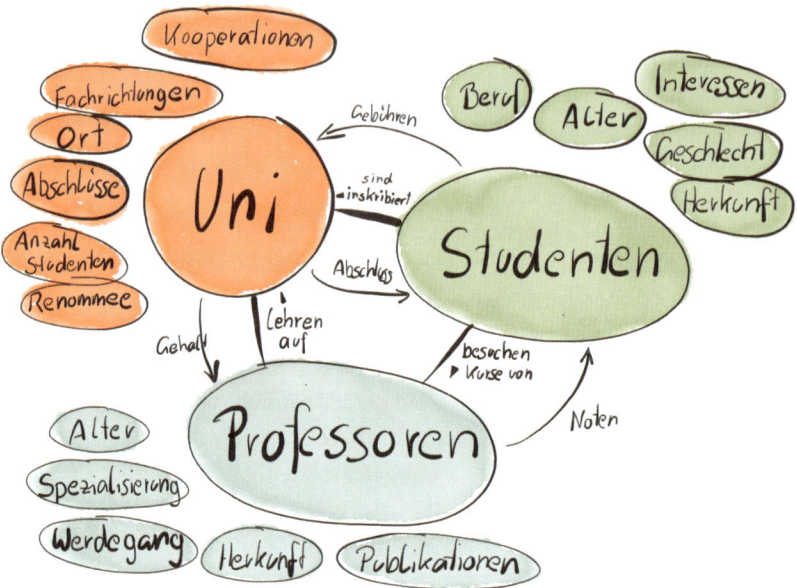

tifizierung von Einheiten beachten Sie Analogien. Listen Sie Personen, Orte, Sachen, Organisationen und dergleichen auf, die den zu analysierenden Kontext umfassen. Zeichnen Sie diese Entitäten als Kreise.

- Schritt 2: Identifizieren Sie die Beziehungen und Ströme zwischen den unterschiedlichen Entitäten. Zeichnen Sie Linien, um Beziehungen im Diagramm darzustellen, und Pfeile, um die Ströme im Diagramm darzustellen. Fügen Sie Textbezeichnungen hinzu, um diese Beziehungen und Ströme zu beschreiben.
- Schritt 3: Definieren Sie die Attribute der Entitäten, die für das Projekt wichtig sind. Stellen Sie diese als kleinere Kreise dar und fügen Sie Beschreibungen hinzu. Geben Sie für die jeweilige Detailanalyse auch Attributwerte ein, wie Einkommen, Alter, Geschlecht etc.
- Schritt 4: Das allgemeine Diagramm zeigt Ihnen den Kontext als eine Menge von Entitäten, Relationen, Attributen und Strömen an. Überprüfen Sie das Diagramm im Team, um sicherzustellen, dass alle Elemente genau genug erfasst und in diesem Systemdiagramm beschrieben wurden.

Vorteile

- Zeigt die aktuellen Bedingungen
- Erstellt eine Übersicht
- Fördert das gemeinsame Verständnis
- Zeigt Beziehungen auf
- Strukturiert bestehendes Wissen
- Visualisiert Informationen

Nachteile

- Sehr abstrakt
- Subjektive Sichtweise

 ## 38 Gestaltung der Design-Challenge

 Definieren

 Die richtige Leitfrage für das gesamte Projekt entwickeln

 Design-Thinking-Team

 Haftzettel, Moderationskärtchen, Flipchart

 Ca. 30 Minuten bis zu 2 Stunden

Aha-Erlebnisse sind scheu – sie verstecken sich gerne hinter scheinbar Unwichtigem. Deswegen ist es wichtig, diese gezielt in den Mittelpunkt zu stellen. Schließlich ist die richtige Gestaltung der Design-Challenge bzw. der Fragestellung entscheidend für den Erfolg des gesamten Projekts.

BEISPIEL *In einem Projekt sollte ich untersuchen, wie Fahrgäste ihre Reisezeit verbringen. Ein Insight war, dass viele während ihrer Reise lesen. Die Design-Challenge könnte nun lauten: „Während der Busfahrt hat Frau X endlich Zeit, in Ruhe einen Roman zu lesen." Das wäre aber zu lange, weil zu vielen Informationen, die nicht wesentlich sind, zu viel Platz eingeräumt wird. „Roman lesen" wäre allerdings zu kurz, weil ein Unbeteiligter mit diesem Satz kaum etwas anfangen kann (sich zu fragen, was ein Dritter, Unbeteiligter sich dabei denken kann, ist ein guter Test, bei dem Sie überprüfen können, ob Sie selbst in zwei Wochen noch wissen, was genau Sie mit der Beschreibung gemeint haben könnten). Ich habe mich für die Aussage „Reisezeit ist ideal, um ein Buch zu lesen" entschieden, weil sie das Wesentliche transportiert und trotzdem kurz und knackig ist.*

Den passenden Rahmen für die Design-Challenge zu finden, wird Ihnen dabei helfen, die Dinge zu organisieren, zu erkennen, wie Sie tatsächlich über die Lösung denken, und in Momenten der Mehrdeutigkeit zu klären, in welche Richtung Ihr Design gehen sollte. Es ist jedoch eine Kunst, bei der es ein paar wichtige Dinge zu beachten gibt, die Sie gleich zu Beginn klären sollten: Führt Ihre Fragestellung zu einer tatsächlichen Auswirkung? Ermöglicht sie eine Vielzahl an Lösungen? Berücksichtigt sie auch tatsächlich den Kontext?

Danach geht es darum, die passende Challenge auszuwählen und zu verfeinern, bis Sie eine Fragestellung haben, die Sie begeistert und für die Sie und Ihr Team bereit sind zu kämpfen.

Vorgehen

■ Schritt 1: Schreiben Sie zunächst Ihre Design-Challenge auf. Diese sollte so formuliert sein, dass alle Beteiligten sie sich gut merken können – am besten nur ein Satz, der vermittelt, was Sie tun möchten. Formulieren Sie eine Frage, die Sie und Ihr Team lösungsorientiert einsetzen können und die Ihnen als Sprungbrett für viele weitere Ideen dient. Das erkennen Sie daran, dass Ihnen bereits bei der Formulierung etliche Lösungen in den Sinn kommen. Trotzdem sollten Sie sich an dieser

Stelle noch mit der Lösungsfindung gedulden!

- Schritt 2: Richtig formulierte Fragestellungen, die Sie in Richtung der ultimativen Lösung bringen, ermöglichen eine Vielzahl an Ideen, die auch die Rahmenbedingungen und den Kontext berücksichtigen. Formulieren Sie erneut Ihre Fragestellung in Hinblick auf diese Faktoren (Rahmenbedingung und Kontext).

- Schritt 3: Ein weiterer, häufiger Fallstrick beim Erarbeiten einer Design-Challenge ist deren „Größe": Die Fragestellung sollte weder zu eng noch zu breit sein. Eine zu enge Herausforderung bietet nicht genug Raum, um kreative Lösungen zu entwickeln. Und eine zu breit gewählte Challenge gibt Ihnen keine Idee, wo Sie am besten anfangen können.

- Schritt 4: Überprüfen Sie Ihre Fragestellung noch einmal auf die richtige „Größe" hin, und formulieren Sie sie um. Auch wenn die Wiederholungen nerven, aber die richtige Frage ist der Schlüssel zu einer guten Lösung. Ein kurzer Test, den ich oft bei der Erstellung einer Design-Herausforderung durchlaufe, ist abzuschätzen, ob ich auf fünf mögliche Lösungen in nur wenigen Minuten kommen könnte. Wenn ja, bin ich wahrscheinlich auf dem richtigen Weg.

Vorteile

- Zeigt den aktuellen Stand der Dinge
- Fördert das gemeinsame Verständnis
- Strukturiert das bestehende Wissen

Nachteile

- Sehr schwierig, sich auf eine Design-Challenge zu einigen
- Kann sehr zeitintensiv werden

39 Insight Cards entdecken und kombinieren

	Strukturieren
	Ergebnisse zusammenfassen, Muster und Zusammenhänge aufzeigen
	Design-Thinking-Team
	Grüne, gelbe, blaue Moderationskärtchen
	Pro Interview/Beobachtung etc. mindestens 1,5 Stunden

Reflexion der gewonnenen Erkenntnisse

Ein Insight ist eine Erkenntnis, die Sie bereits in der vorherigen Phase entdeckt haben – die Identifikation einer Möglichkeit. Mit den Insight Cards reflektieren Sie nun die Informationen aus der vorherigen Phase. Damit lassen sich Muster und Zusammenhänge aufzeigen oder die Ergebnisse der vorherigen Phase zusammenfassen – aber auch die Ergebnisse späterer Phasen.

Insights dienen als Ausgangspunkte für kreative Vorstellungen. Beispiele für Einsichten wären z. B. „Nutzer, die Medikamente nehmen, suchen sowohl Privatsphäre als auch Gemeinschaft" und „Menschen, bei denen eine schwere Krankheit diagnostiziert wird, sehen die Welt auf eine andere Art und Weise".

Trends – Veränderungen in Technologie, sozialen Normen, Mode oder Politik – reflektieren typischerweise größere emotionale Veränderungen in Gruppen oder Kulturen. Beispiele wären z. B. „Die Menschen verbringen mehr Zeit zu Hause, weil es kostengünstiger ist" oder „Eltern kennen oft nicht das Online-Verhalten ihrer Kinder". Beide Trendaussagen sind provokativ, stammen aber aus persönlichen Beobachtungen und Interaktionen. Um nun Einsichten mit Trends zu kombinieren, müssen Sie methodisch die Facetten des Problems überprüfen, das als nützlich oder wichtig erachtet wurde.

Verwenden Sie diese Methode, um bestehende Probleme neu zu definieren, indem Sie die Aufmerksamkeit von möglichen Rahmenbedingungen abziehen. Wenn Sie mehr über ein bestimmtes Thema erfahren, werden Sie auf bestehende Einschränkungen aufmerksam. Insight Cards erinnern Sie daran, dass diese Einschränkungen nicht in Stein gemeißelt sind. Sie zwingen Sie auch zu überprüfen, was am meisten bei dem Thema zählt.

Vorgehen

- Schritt 1: Identifizieren Sie Einblicke aus Ihren Beobachtungen, Interviews und aus anderen Forschungsunterlagen. Eine Einsicht erkennen Sie meist daran, dass sie provokativ, interessant, einzigartig oder überraschend ist. Wenn Sie diese Dinge finden, markieren Sie sie und bilden eine „Warum"-Frage: Warum hat der Nutzer das getan? Warum reagierte eine Person auf eine bestimmte Weise? Warum wird das System mit bestimmten Regeln oder Prozessen errichtet? Dann beantworten Sie die Frage, indem Sie eine glaubwürdige Geschichte dazu erzählen. Die Antwort enthält normalerweise einen Insight, also eine Einsicht. Schreiben Sie dieses Insight auf eine Moderationskarte. Als Richtschnur gilt, in jeder Beobachtung, die etwa eine Stunde gedauert hat, 15 bis 20 solcher Einsichten zu finden.
- Schritt 2: Identifizieren Sie Trends in Politik, Fernsehen, Film, Kunst, Ernährung, Musik, Technik und anderen kulturellen Aspekten. Schreiben oder zeichnen Sie diese auf blaue Moderationskärtchen.
- Schritt 3: Kombinieren Sie die Trends mit zufälligen Insight Cards, mischen Sie die blauen mit den gelben Karten. Arbeiten Sie schnell mit einem einzigen Insight und einem einzigen Trend in der Hand, erstellen Sie dadurch neue Ideen, die

Sie dann weiterverwenden können. Können Sie sich ein neues Produkt, ein neues System oder einen neuen Service vorstellen, das/der diesen Trend nutzt, um die Bedürfnisse der Einsicht zu erfüllen? Schreiben oder zeichnen Sie die neue Idee auf eine grüne Karte. Verbringen Sie nicht mehr als 60 Sekunden pro Idee. Das Ziel ist es, so viele Ideen wie möglich zu identifizieren, anstatt zu versuchen, mit nur einer guten Idee zu starten.

Vorteile
- Fördert Übersichtlichkeit
- Schafft gemeinsames Verständnis
- Macht Lücken sichtbar
- Hilft beim gemeinsamen Diskutieren

Nachteile
- Der Fokus kann schnell verlorengehen.
- Es werden mehr Probleme sichtbar als nur das, das man bearbeiten wollte.

40 Postcard to Grandma

	Strukturieren
	Kurze und zugespitzte Formulierung des Projektziels
	Design-Thinking-Team
	Leere Postkarten
	20 Minuten

Diese Technik dient der Beschreibung der Aufgabenstellung bzw. des Projektziels, um in aller Kürze die Essenz herauszufinden. So werden Sie und das Team sich schnell über die relevanten Inhalte einer Aufgabe oder eines Ziels klar. Das Schriftstück sollte die Größe einer Postkarte haben, damit Sie sich wirklich nur auf die Essenz konzentrieren.

Vorgehen

- Schritt 1: Schreiben Sie vier bis fünf Sätze auf eine Karte, die das Thema konkretisieren oder das Projektziel in aller Kürze verständlich beschreiben.
- Schritt 2: Vermeiden Sie Fachchinesisch und erklären Sie das Thema mit allgemein verständlichen Worten.
- Schritt 3: Die Fragestellung muss so formuliert sein, dass auch Laien sie sofort verstehen. Machen Sie die Probe aufs Exempel und probieren Sie es gleich aus!

Ein Tipp: Manchmal steckt das Besondere im Detail. Lassen Sie also nicht das Wichtigste aus, nur weil es mehr Platz braucht! **TIPP**

Vorteile

- Sich schnell über alles Wesentliche klarwerden
- Sie verlieren sich nicht in Details.
- Das Thema wird nochmals reflektiert und die Essenz zusammengefasst.
- Hilft dabei, das Projektziel von außen zu betrachten
- Kompaktes, verständliches Kommunikationsmittel

Nachteile

- Kann schnell abstrakt werden
- Details werden leichter übersehen, die wichtig sein könnten.
- Mehrdeutigkeiten sind schneller möglich.

41 User-Response-Analyse

	Strukturieren
	Aus Anwenderbefragungen, Interviews etc. Muster identifizieren und eruieren, was den Nutzern am wichtigsten ist
	Design-Thinking-Team
	Tabelle, Daten für Analyse, Kärtchen in verschiedenen Farben
	2 – 3 Stunden

Visuelle Codierung

Die User-Response- oder Antwortanalyse ist eine Methode, die Datenvisualisierungstechniken wie Farben und Größen verwendet, um große Mengen qualitativer Daten aus Anwenderbefragungen, Fragebögen, Interviews und anderen ethnografischen Forschungsmethoden zu analysieren. Diese Methode übernimmt alle qualitativen, textbasierten Daten aus der ethnografischen Forschung – also aus dem, was die Nutzer gesagt haben – und fügt diese in eine Tabelle ein. Durch einen Keyword-Filter können dann diese Informationen in bestimmte Spalten und Zeilen angeordnet werden. Eine visuelle Codierung durch Farben hilft, mögliche Muster zu identifizieren. Der visuelle Ansatz deckt nicht nur Muster auf, sondern lässt Rückschlüsse auf das zu, was den Nutzern am wichtigsten ist.

Vorgehen

■ Schritt 1: Übertragen Sie die Daten der Nutzer aus den Fragebögen, Umfragen und anderen Evaluierungen in eine Tabellenkalkulation.

- Schritt 2: Bestimmen Sie, was genau Sie analysieren möchten: eine Gruppe, ein Segment einer Gruppe (wie nach Art der Aktivität, Alter, Geschlecht, Häufigkeit der Nutzung) oder einfach einzelne Daten? Wählen Sie die Themen zum Vergleich untereinander aus. Das könnten spezielle Fragen aus den Fragebögen, Themen aus Interviews oder anderes sein. Erstellen Sie aus den Ergebnissen der verschiedenen Themen eine Tabelle, um die Daten für den Vergleich zu sortieren.
- Schritt 3: Bestimmen Sie, wie Sie die Suche gestalten möchten und welche Keywords Ihnen wichtig sind. So kann beispielsweise das Stichwort „Einkauf" Ergebnisse liefern, die für Ihre Analyse zu allgemein sind. Zusätzliche Keywords wie „Lebensmittelgeschäft" oder „Einzelhandel" können die späteren Ergebnisse schneller sichtbar machen und gleich zu einem Nutzen führen.
- Schritt 4: Verwenden Sie visuelle Unterstützungen, wie Farben, Formen und Schriftgröße, um Muster in Ihren Ergebnissen zu markieren. Zum Beispiel können Benutzerreaktionen durch Alter, Geschlecht oder die Art der Benutzerreaktion farblich codiert werden. Diese visuelle Codierung erzeugt eine Makroansicht, die Cluster zeigt, aus denen wiederum neue Beziehungen der verschiedenen Daten untereinander sichtbar werden können.
- Schritt 5: Analyse der Visualisierung, um Muster, Ähnlichkeiten, aber auch Unstimmigkeiten wie Unterschiede der Anzahl von Einträgen zwischen zwei Datensätzen zu erkennen. Zum Beispiel sehen Sie anhand einer Visualisierung gleich, wie verschiedene Altersgruppen einkaufen und wer eher online und wer eher im Einzelhandel einkauft. Visualisieren Sie genau solche Insights, indem Sie Gemeinsamkeiten und Unterschiede farblich herausheben und sich fragen, was sie beeinflussen könnte.
- Schritt 6: Fassen Sie Ihre Analyse und Einsichten zusammen, und teilen Sie sie mit den Teammitgliedern.
- Schritt 7: Wenn Sie merken, dass noch weitere Informationen fehlen oder die Analyse nicht genügend Aufschluss bringt, schreiben Sie Informationen dazu, die deutlich machen, was

genau noch für Ihre weitere Analyse an Daten bzw. Fakten gesammelt werden muss.

Vorteile
- Ermöglicht eine systematische Analyse
- Große Datenmengen können leichter bearbeitet werden.
- Analytischer Zugang
- Zeigt übersichtlich Muster auf

Nachteile
- Abstrakt
- Bleibt auf Daten fokussiert, es fehlt der empathische Zugang

42 Von der Beobachtung zum Insight

 Definieren

 Aus Beobachtungen wertvolle Einsichten extrahieren

 Design-Thinking-Team

 Haftzettel, Flipchart

 1–2 Stunden

In der ersten Phase, dem Einfühlen, haben Sie eine Menge an Wissen durch Beobachtungen über die Menschen und den Kontext zusammengetragen. Mit dieser Methode überdenken Sie nun systematisch alle diese Beobachtungen und extrahieren wertvolle Einsichten.

Ein Insight ist in diesem Kontext die „innere Natur" dessen, was wir in einer Situation oder durch das gemeinsame Verstehen erkannt haben. Es umfasst das Gelernte aus einer Beobachtung aufgrund unserer Interpretation, indem wir nach dem Warum fragen. Daraus extrahieren wir eine allgemein akzeptable Interpretation dessen, was wir gemeinsam objektiv verstanden haben. Die wichtigsten Insights sind oft nicht offensichtlich und fast immer überraschend. Beispiel: Eine Beschreibung einer Beobachtung könnte sein: „Die Leute ziehen oft ihren Stuhl von der ursprünglichen Ausgangslage ein paar Zentimeter weg, bevor sie sich daraufsetzen." Ein beispielhafter Insight dazu könnte lauten: „Bevor Menschen Dinge in Besitz nehmen, demonstrieren sie sich und anderen ihre Kontrolle über die Dinge."

Extraktion wertvoller Einsichten

- Schritt 1: Sammeln Sie Beobachtungen und beschreiben Sie wertfrei, was Sie sehen. Beobachtungen finden Sie in Ihren Notizen, Fotos, Video-/Audioaufzeichnungen, in Fakten und in den Ergebnissen anderer Methoden. Für jede Beobachtung schreiben Sie eine kurze Aussage über das auf, was geschieht. An dieser Stelle sollten bei der Beschreibung der Beobachtungen keine Interpretationen, Analysen oder Wertungen vorgenommen werden.
- Schritt 2: Fragen Sie nach dem Warum und finden Sie im Team eine gemeinsame Begründung. Suchen Sie eine logische Argumentation für die Aktionen und Verhaltensweisen. Dokumentieren Sie alle Insights, und wählen Sie die besten aus.
- Schritt 3: Beschreiben Sie diese Insights – eine kurze und objektive Aussage für jede Einsicht. Einsichten sollten als allgemeine Aussage geschrieben werden, da sie ein übergeordnetes Lernen aus einer bestimmten Beobachtung darstellen. Die Aussage „Menschen bewegen Stühle, bevor sie auf ihnen sitzen – als eine Demonstration ihrer Kontrolle über sie" ist eine gute Interpretation, aber fast noch zu genau, da Sie dabei das Verhalten nur auf bewegliche Dinge, die Menschen in Besitz nehmen, beziehen. „Bevor sie Dinge in Besitz nehmen, demonstrieren die Menschen ihre Kontrolle über diese als

eine Art Autonomieerklärung an sich selbst" ist eine allgemeinere Erklärung.

- Schritt 4: Clustern Sie diese Insights. Sammeln Sie alle Beobachtungsansagen und die entsprechenden Einsichten in einer Tabelle. Beachten Sie, dass viele Beobachtungen zu einer Einsicht führen könnten oder viele Einsichten aus einer Beobachtung kommen könnten.
- Schritt 5: Diskutieren und verfeinern Sie die gesammelten Daten. Diskutieren Sie in der Gruppe: Was ist überraschend oder nicht offensichtlich an diesen Erkenntnissen? Ist die Sammlung von Einsichten umfangreich genug, um das ganze Thema zu decken? Ist mehr Forschung oder Validierung erforderlich?

Vorteile
- Unterstützt den Übergang von der Erkenntnis zur Idee
- Baut eine Wissensbasis auf
- Trägt zur Vollständigkeit bei
- Macht den Prozess transparent
- Fördert das gemeinsame Verständnis

Nachteile
- Subjektive Sichtweise
- Hypothesen müssen erst validiert werden

Exkurs 4: Zehn Arten der Innovation nach Doblin

Während Innovation Kreativität sowohl aus internen als auch aus externen Quellen schöpft, gibt es unterschiedliche Arten von Innovation. Im Jahr 1998 entwickelte Doblin Development LLC. (jetzt ein Teil des Unternehmens Deloitte) ein Modell, dem Unternehmen mehrere Ansätze bzw. Bereiche zu zeigen, die innerhalb der Organisation als Spielfeld für Innovationen genutzt werden können. Doblin glaubt, dass jedes Unternehmen erfolgreich innovieren kann, wenn es sich auf mindestens vier der zehn Arten von Innovation konzentriert. Sie können diese Erkenntnisse ergänzend nutzen, um die neuesten Innovationstrends in der Branche, vor allem mögliche anstehende Forschungsvorhaben, sichtbar zu machen. Doblin schlägt – branchenübergreifend – vor, die Innovationen in einem von drei Bereichen zu untersuchen: Prozesse, Angebot und Erfahrungen. Innerhalb dieser drei Bereiche gibt es zehn verschiedene Arten von Innovationen. Im Finanzbereich sind dies Geschäftsmodelle und Netzwerkinnovationen. Prozessinnovationen umfassen sowohl Kernprozesse als auch Prozesse wie die neuen Möglichkeiten einer Organisation zur Entwicklung ihrer Angebote. Innovationen im Angebotsbereich sind Produktleistung, Produktsysteme und Service. Im Bereich Lieferung gibt es Innovationsarten wie Kanal-, Marken- oder Kundenerfahrung.

Wie macht das Unternehmen Profit? | Wie entsteht Wert durch Zusammenarbeit? | Wie ist das Unternehmen organisiert? | Wie produziert das Unternehmen? | Qualität und Fähigkeit? | Zusätzlicher Mehrwert? | Besserer Service? | Verbindung mit Kunden? | Beschaffenheit der Marke? | Wünsche & Bedürfnisse

| Gewinn-Modell | Netz-werk | Struk-tur | Pro-zess | Leis-tung | Umge-bung | Service | Kanal | Marke | Kunden-bindung |

Anordnung · **Angebot** · **Erfahrung**

■ Schritt 1: Sammeln Sie Informationen über die Branche. Führen Sie Datenbanksuchen durch, durchforsten Sie Berichte und fragen Sie Branchenexperten, um ein Gefühl für die wichtigsten Entwicklungen in der Branche zu erhalten.

■ Schritt 2: Suche Sie nach Innovationen in der Branche und dokumentieren Sie diese. Teilen Sie sie dann in die jeweiligen Bereiche ein:

1. Anordnung: Wie können die erfolgreichsten Unternehmen durch Innovationen Umsatz generieren?

   - Gewinnmodell: zeigt, wie das Unternehmen Profit macht. Innovative Beispiele wären Gillette, die ihre Griffe zwar billig verkaufen, aber vor allem durch die Klingen verdienen und so den Verbrauchern erklären, dass Klingen wegwerfbar sind und sie sie nicht schärfen und lange erhalten müssen.

   - Netzwerk: der Wert, der durch die Arbeit mit anderen entsteht. Wir sind heute mehr denn je miteinander verbunden, und es wird für Unternehmen wichtig, mit anderen zusammenzuarbeiten, um von deren Prozessen, Technologien oder Marken-Glaubwürdigkeit zu lernen. Das US-Einzelhandelsunternehmen Target ist ein gutes Beispiel mit seinem umfangreichen Partner-Netzwerk, darunter Michael Graves, der Architekt, der eine Reihe von Küchengeräten designt.

   - Struktur: Wie sind Unternehmen organisiert, welche Talente binden und entwickeln sie? Wenn es gut gemacht ist, kann es schwer kopiert werden. Zappos und seine Holacracy sind ein Beispiel für strukturelle Innovation.

   - Prozess: Wie produziert ein Unternehmen seine Produkte und Dienstleistungen? Manchmal ist es ein patentierter Ansatz oder aber auch eine ganz spezielle Methode. Zara hat sich in der Einzelhandelsbranche mit dem Ansatz „In wenigen Wochen von der Skizze in den Shop" einen Namen gemacht.

2. Angebot: Was sind die Innovationen, die sich von denen anderer Unternehmen unterscheiden könnten?

- Produktleistung: die Qualität und Fähigkeit der Produkte eines Unternehmens. Das wird oft als Summe der Innovation gesehen. Dieser Punkt ist natürlich wichtig, aber trotzdem nur eine von den zehn verschiedenen Arten der Innovation. Beispiel ist Dysons Dual-Zyklon-Technologie ohne Staubsaugerbeutel, wobei in diese Innovation 15 Jahre und mehr als 5.000 Prototypen investiert wurden.
- Produktumgebung: Wie schaffen Sie zusätzlichen Mehrwert? Wie können Sie Produkte und Dienstleistungen anderer Firmen hinzufügen oder mehrere Produkte kombinieren, um deutlich mehr Wert zu schaffen? Der Webbrowser Mozilla basiert auf Open-Source-Software und ermöglicht es Entwicklern, Add-ons zu erstellen, um das Produkt zu bereichern.

3. Erfahrung: Was sind die Innovationen der Branche im Bereich Kundenerfahrung? Was sind die wichtigsten Kundenerfahrungen in der Branche?
   - Service: Wie kann Ihr Produkt einfacher bedient werden, mehr Spaß oder ein besseres Preis-Leistungs-Verhältnis bieten? Zappos ist berühmt für seinen Kundenservice – die Mitarbeiter lösen aktiv das Problem des Kunden, auch wenn es bedeutet, dass sie Stunden am Telefon mit ihnen verbringen. Oder sie senden Blumen.
   - Kanal: Wie verbinden Sie sich mit Ihren Kunden? Diese Art der Innovation unterscheidet sich vom Netzwerk, da es dabei darum geht, wie Sie sich mit jemandem verbinden und nicht, mit wem Sie zusammenarbeiten. Nike's NikeTown Flagship Stores bieten eine einzigartige Erfahrung für Käufer, indem Ex-Basketball-Profis Produkte vorführen.
   - Marke: Ihre Marke kann eine einfache oder aber auch eine besondere Innovation sein. Virgin ist ein klassisches Beispiel: Das Unternehmen bietet mehrere Services an wie Virgin Atlantic Airways, Virgin Records, Virgin Trains und Virgin Galactic. Aber die Marke Virgin steht dafür, dass es anders und lustig ist.

- Kundenbindung: Wie verstehen Sie die Wünsche und Bedürfnisse Ihrer Kunden? Wie interagieren Sie mit Ihrem Kunden? Wie können Unternehmen den Kunden in ihr Netzwerk einbinden und somit besser bedienen? Apple ist ein Beispiel für ein Unternehmen, das auf das Engagement seiner Fans setzt.
- Schritt 3: Erfassen Sie die verschiedenen Innovationen in einem Diagramm. Sammeln Sie dazu die Ergebnisse aus Schritt 2 und fügen Sie ihnen eine kurze Beschreibung hinzu. Stellen Sie sicher, dass Sie ein breites Spektrum der Branche damit abdecken. Erstellen Sie das Diagramm als Balkendiagramm oder Liniendiagramm mit hohen und niedrigen Innovationsaktivitäten für jeden der zehn Typen.
- Schritt 4: Suchen Sie nach Insights, teilen und diskutieren Sie Möglichkeiten. Überprüfen Sie die zehn Arten von Innovation. Sind die Gründe für Innovationen offensichtlich? Schreiben Sie Ihre Erkenntnisse auf, teilen Sie sie mit dem Team, und diskutieren Sie Innovationsmöglichkeiten.

Am erfolgreichsten sind Innovationen, die aus verschiedenen Kombinationen der oben genannten Bereiche entstanden sind. Nike ist ein Beispiel dafür: Das Unternehmen hat mit einem Produkt begonnen und war seitdem führend in Sportbekleidung und Ausrüstung. Im Jahr 1985 schaffte es eine bemerkenswerte Innovation, indem der Basketball-Star Michael Jordan die Marke Nike unterstützte. 1990 wurde Niketown – ein Kanal – ins Leben gerufen, der den „Einzelhandel als Theater" vorstellte. Die Flaggschiff-Läden kosteten Millionen und zielten nie auf einen Return on Investment durch den Verkauf der Waren ab. Stattdessen sollten diese Läden als Werbemaßnahmen dienen.

Nike hat mit Nike + ein führendes Produkt-System entworfen, das sich in die Sportswear-Reihe integriert. Es ermöglicht Läufern und Athleten, ihre Bewegungen zu tracken. Es integriert Apple-Produkte und hat mit Apple eine einzigartige Netzwerkpartnerschaft gestartet. Das Ergebnis ist, dass Nike konsequent eine der führenden Marken in der Welt ist und bleibt.

Ideen generieren

Übersicht

„Eine neue Idee ist zerbrechlich. Sie kann durch höhnisches Lächeln oder Gähnen getötet werden. Sie kann durch einen Witz erdolcht oder durch Stirnrunzeln bei der falschen Person vor lauter Sorgen in den Tod getrieben werden."

CHARLES BROWDER

Das Ziel in der dritten Phase ist es, innovative Ideen für das Projektthema zu generieren. Dabei nutzen Sie die in der Analysephase (erste Phase) gesammelten Erkenntnisse, um Kreativität zu stimulieren und Lösungen zu entwickeln, die mit dem Kontext des jeweiligen Themas in Einklang stehen.

Viel wichtiger als die Werkzeuge sind jedoch die verschiedenen Menschen, die am Prozess der Ideengenerierung beteiligt sind. Vor allem sollte die Gruppe nicht nur aus dem eigentlichen Projektteam, sondern auch aus Menschen bestehen, die Experten sind, wie z. B. Anwender und Fachleute in den für das jeweilige Fachgebiet relevanten Bereichen. Ziel der Zusammenführung so vielfältiger Fachkenntnisse ist es, unterschiedliche Perspektiven zu vermitteln und so das bestmögliche Endergebnis zu gestalten.

Brainstorming-Session

Die dritte Phase der Ideengenerierung beginnt in der Regel mit dem Projektteam, das Brainstorming-Sessions (eine der gebräuchlichsten Techniken, um Ideen zu generieren) zum zu erforschenden Thema durchführt. Anschließend wird je nach Bedarf des Projekts mindestens ein weiterer Prozess mit den Nutzern oder den Mitarbeitern des Kunden-Unternehmens eingerichtet. Das ist oft nicht so einfach, weil die wenigsten Menschen wissen, dass sie kreativ sind. Im Design Thinking gehen wir aber davon aus, dass alle Menschen kreativ sind, dieses Geschenk in der Regel im Alltag jedoch nicht kultivieren – mit dem Ergebnis, dass viele Menschen sich in keinster Weise als schöpferisch erkennen. Dabei haben Menschen eine angeborene Quelle der Kreativität. Sie wird vor allem im Zusammenhang mit ihren Hobbys, ihrer Arbeit und ihren Kindern sichtbar. Die richtigen Werkzeuge zur richtigen Zeit eingesetzt sensibilisieren so, dass letztlich jede und jeder innovative Lösungen entwickeln kann.

Die Ideen, die während dieses Prozesses entstehen, erfassen Sie auf eigenen Moderationskärtchen oder Haftnotizen und validieren sie fortlaufend in Konferenzen mit dem Kunden – beispielsweise anhand einer Entscheidungsmatrix oder einer Prototyping-Matrix (siehe nächste Phase).

Erst Ideen finden, dann Ideen bewerten: die Brainstorming-Regeln

Es ist tatsächlich sehr leicht, neue Ideen zu töten. Schon ein verächtlicher Blick (vor allem eines Vorgesetzten) oder eine unüberlegte Killerphrase kann genügen, eine Idee für immer von der Bildfläche verschwinden zu lassen. Je innovativer die Idee, desto größer ist auch diese Gefahr, denn es sind die radikalen, neuen Ideen, die etablierte Regeln und Normen infrage stellen und folglich sofortigen Widerstand auslösen. Dementsprechend ist es wichtig, sich gerade in dieser Phase an die strikte Trennung von Ideenproduktion und Ideenbewertung zu halten.

There are no bad ideas
Es gibt keine gute Idee, es gibt aber auch keine schlechte. Im Gegenteil: Alle Ideen sind gleich viel wert. Somit heißt es: Gleiche Chancen für alle!

Stay focused
Für die Qualität des Ergebnisses ist nichts so wichtig, wie zu wissen, in welcher Phase des Design-Thinking-Prozesses Sie sich gerade befinden. Denn je nach Phase sind andere Schwerpunkte und Fähigkeiten gefragt und gefordert.

Quantity beats quality
Quantität kommt vor Qualität. Das bedeutet, dass in der Ideenphase so viele Ideen wie möglich generiert werden bzw. entstehen. Keine Sorge: Selektiert, analysiert und bewertet wird auch noch, aber eben erst zum richtigen Zeitpunkt.

Avoid criticism
Auch wenn nicht jeder von allen Lösungen gleich begeistert ist – diese Regel schafft den Boden, den es für mehr Kreativität und neue Lösungsansätze braucht. Je mehr Ideen, desto mehr Kombinationsmöglichkeiten sind möglich. Und das wiederum lässt die Chance auf die eine, wirklich innovative Lösung enorm steigen!

Have fun

Nur wer frei von Sorgen und Ängsten ist, hat einen wirklichen Zugang zu seiner Intuition. Deswegen sollte das Brainstorming so aufgebaut und gestaltet sein, dass es allen Spaß macht. Letztlich trauen sich die Teilnehmer so auch mehr zu und beziehen eigene Positionen.

Fail often and early

Keine Angst vor dem Scheitern! Je fehlertoleranter ein Unternehmen ist, desto weniger werden Sie dort starre Strukturen finden. Aber nicht nur das: Das frühe Scheitern ermöglicht eine konstruktive Weiterentwicklung der passenden Ideen, und komplexe Probleme werden im Nu auf einfache Weise gelöst.

Leave titles at the door

Ohne interdisziplinäres Team läuft in Sachen Design Thinking nichts. Umso wichtiger ist es, dass das Team sich wohlfühlt und auf gleicher Augenhöhe kommuniziert. Deswegen haben der Chef und das „Sie" keinen Platz in Jam Sessions. Das fördert einerseits die eigene Offenheit und erleichtert es andererseits, neue Ideen zu entdecken und auszusprechen. Und wer nachher zurück in die alten Strukturen will, nimmt seinen Titel einfach an der Türschwelle wieder an.

Dare to be wild!

Lassen Sie Ihrer Fantasie freien Lauf. Jede Idee hat Möglichkeiten zur Umsetzung, auch die verrückteste! Im schlimmsten Fall gibt sie „nur" die wichtigen Impulse für spätere Lösungen.

Don't talk. Do!

Die Zeit verfliegt in jeder Design-Thinking-Jam-Session extrem schnell. Um trotzdem die Herausforderung zu meistern, sind striktes Zeitmanagement und fixe Strukturen wichtig. Jede Übung wird mit einem klaren Ziel bearbeitet. Was viele nicht ahnen: Der Zeitdruck führt zu Ideen mit großem Potenzial. Denn so sind wir gezwungen, die Sache gleich anzugehen und erst später zu analysieren.

So bewerten Sie Ihre Ideen

In meinen Projekten unterscheide ich drei Arten der Ideenbewertung. Je nach Komplexität wähle ich zwischen der ganz-
heitlichen, der dialektischen und der analytischen Bewertung.

1. Ganzheitliche Bewertung
Dabei wird jede Idee als Ganzes bewertet, ohne die einzelnen
Teilaspekte näher zu betrachten:

- Rosinenpicken: Dazu greift sich jeder Teilnehmer spontan
  seine fünf liebsten Ideen heraus. Diese werden dann weiter
  diskutiert und bearbeitet.
- Punktekleben: Bei dieser Methode erhält jeder Teilnehmer eine gleiche Anzahl von Klebepunkten und verteilt diese möglichst zügig auf die auf einer Liste stehenden Ideen. Ein noch
  differenzierteres Meinungsbild ergibt sich bei einer Gewich-
  tungsmöglichkeit.
- Paarvergleich: Jede Idee wird im Vergleich mit jeder anderen
  bewertet, woraus sich eine Rangfolge ergibt.

2. Dialektische Bewertung
Ohne weitere Kriterien werden die verschiedenen Vor- und Nachteile gegenübergestellt. Das dient zur Vorbereitung der eigentlichen Entscheidung:

- Pro-Kontra-Katalog: Für jeden Vorschlag werden verschiedene Pro- und Kontra-Argumente ausformuliert und in zwei
  Spalten gegenübergestellt. Durch das anschließende Punktekleben werden Entscheidungen getroffen.
- Ideenanwalt: Jede Idee bekommt ihren eigenen „Anwalt"
  an die Seite gestellt, der die einzigartigen Vorzüge der Idee
  vertritt. Danach findet ein Paarvergleich oder eine Nutzwertanalyse statt.

3. Analytische Bewertung

Die Ideen werden nach einzelnen Kriterien bewertet. Dazu werden auch die Nachvollziehbarkeit und die Möglichkeit eines Abgleichs mit den Zielen hinzugezogen, auch wenn dabei das Risiko besteht, dass die Gesamtwirkung einer Idee aus den Augen verloren werden kann:

- Muss-Auswahl: Erfüllt eine Idee ein zuvor festgelegtes, fallspezifisches K.O.-Kriterium nicht, scheidet sie aus.
- Soll-Auswahl bzw. Ja-Nein-Auswahl: Dazu werden zunächst Kriterien aufgestellt, die wiederum eine bestimmte Toleranzgrenze hatten.
  Muss- und Soll-Auswahl eignen sich für den einfachen Ausschluss nicht geeigneter Ideen.
- Checklisten: Als Fragen formulierte Kriterien werden pro Idee abgehakt oder auf einer Skala bewertet.
- Nutzwertanalyse: Graduelle Kriterien (Time-to-Market oder Investitionsvolumen) werden auf einer Skala bewertet; die einzelnen Kriterien sind außerdem nach ihrer Bedeutung gewichtet. Die Gesamtgüte errechnet sich aus der Kombination beider Messgrößen und ergibt eine Ideen-Rangfolge.
- Portfolio-Analyse: Zwei unterschiedliche Kenngrößen, in denen mehrere Kriterien zusammengefasst sein können, stehen sich in einer Matrix gegenüber. Ziel ist es, aus der Positionierung der Ideen Umsetzungsprioritäten abzuleiten. Dimensionen können zum Beispiel sein:
  - Marktrisiko vs. technisches Risiko
  - Marktattraktivität vs. Know-how-Nutzung
- Wirtschaftlichkeits-Rechnungen: Summe der Auszahlungen und Einzahlungen über die gesamte Entstehungs- und Nutzungsdauer des Innovationsvorhabens nach den möglichen Ansätzen

Case Study OTTO: Think. Learn. Create – die InnoDays @OTTO

Im Jahr 2015 veranstaltete OTTO erstmalig die OTTO InnoDays und lud dazu die internen Mitarbeiterinnen und Mitarbeiter der Entwicklungsabteilung ein. Schon ein Jahr später öffnete das Unternehmen die Veranstaltung auch für externe Mitarbeiter und Fachabteilungen. Das Ziel der OTTO InnoDays: Raus aus dem Technologiefokus und mehr Out-of-the-box-thinking. Dazu setzte OTTO ein eigenes zweiwöchiges Projekt auf. Dessen Mission:

1. Mit den OTTO Experten innovative Ideen finden, die dem Kunden einen relevanten Nutzen verschaffen.
2. Unbekanntes entdecken, komplexe Probleme untersuchen und aus Nutzerfeedback lernen
3. Innovationen für die OTTO E-Commerce-Plattform entwickeln.

Um dies zu erreichen, wurden drei Design Challenges definiert und innerhalb des Unternehmens auch klar kommuniziert:

1. OTTO ist da, wo Du bist.
2. Voller Datendrang
3. Reduce to the max

Lernen und Wissen ist Voraussetzung für Innovation

Die anfängliche achttägige Ideenphase war dazu gedacht, dem Team Inspirationen zu geben, Ideen zu entwickeln und diese schließlich auch als Prototyp fit für die Umsetzung zu machen. In der folgenden dreitägigen Umsetzungsphase wurden die ausgewählten Ideen von den Teams umgesetzt, sodass sie am Ende der Woche als Prototyp präsentiert und bewertet werden konnten. Dieser Umsetzungsphase folgte eine Entscheidungsphase und eine weitere separate Umsetzungsphase.

In der Ideenphase sammelte das Team nicht einfach nur Ideen, sondern vermittelte vor allem Wissen. Im Fokus standen Techniken wie das richtige Interview oder auch die Entwicklung eines Prototyps. Das Ziel dieser Phase war es, auch Nicht-Programmierer an der Erfahrung teilnehmen zu lassen, dass viel über eine Idee bereits im Vorfeld zu lernen ist – auch wenn diese Idee vorab „nur" als Papier-Prototyp besteht.

Wichtiger Erfolgsfaktor: Bestehende Geschäftsmodelle hinterfragen

Die Ideen wurden dann im Unternehmen vorgestellt und abgestimmt. Das Team mit den meisten Mitstreitern für seine Idee durfte diese umsetzen. Ideen, für die keinerlei Interesse gezeigt wurde, wurden auch nicht weiterverfolgt. Um das Team zu inspirieren, wurden die Ideen – ausnahmslos Software – in innovativen Räumlichkeiten bearbeitet. Dabei integrierten einige Teams ihren Code gleich direkt in die produktiv laufende Plattform. Eine Jury und Teilnehmer bewerteten die Ideen dann. Die Gewinner kamen in einen Recall, in dem wiederum bewertet wurde, ob diese Idee zur OTTO-Strategie passte. War dies der Fall, durfte sie als Projekt zeitnah durchgeführt werden. Dadurch wurden die Ernsthaftigkeit und der Wille zur Innovation unterstrichen. In der zweiten Umsetzungsphase durfte das Gewinnerteam vier Wochen lang an dem Thema weiterarbeiten.

Sabrina Hauptman, Projektleiterin: „Im E-Commerce zählt die Devise: agiler, schneller und innovativer. Um heute erfolgreich zu sein, müssen bestehende Geschäftsmodelle hinterfragt und weiterentwickelt werden. OTTO hat eine der größten E-Commerce-Plattformen Deutschlands. Wir setzen dabei nicht nur auf reine Entwicklung, sondern auch auf Real-Life-Aspekte wie Deployment und Betrieb. Der Erfolg gibt uns recht."

Warm-ups

In keiner anderen Phase des gesamten Design-Thinking-Prozesses ist unsere Kreativität so gefordert wie in dieser. Damit uns das gelingt und wir unseren Kopf zunächst einmal frei bekommen, hilft es, dass wir uns bewegen und vor allem von der eigenen Perspektive befreien. Je lustiger die Spiele, desto leichter fällt es nachher, kreative Gedanken zu spinnen.

Berg und Tal

 Energizer

 Stärkt Kommunikation

 3+ Personen

 Stühle

 Ca. 15 Minuten

- Kommunikation wird gefördert.
- Macht durch Bewegung munter
- Teilnehmer erkennen eigene Kreativität.
- Spornt Ideenfindung an

- Geschichten können ausarten.
- Spieler müssen schnell denken können.
- Spieler müssen beweglich und körperlich fit sein.

Vorgehen

- Schritt 1: Der Moderator beginnt, eine Geschichte zu erzählen. Die Teilnehmer stehen im Raum verteilt.
- Schritt 2: Die Teilnehmer führen die Bewegungen, die der Moderator erwähnt, aus, z. B. über eine Brücke gehen, einige Stufen hochsteigen, Picknick machen usw.
- Schritt 3: Fällt das Wort „Berg", müssen alle Teilnehmer so schnell wie möglich auf eine höhere Ebene kommen, z. B. einen Stuhl besteigen oder auf einen Tisch klettern.
- Schritt 4: Wer zuletzt auf dem Boden stehen bleibt, erzählt die Geschichte weiter.
- Schritt 5: Beim Wort „Tal" müssen alle sich auf den Boden setzen. Wer zuletzt sitzt, darf nun die Geschichte fortsetzen.

Manches Mal kommen in dieser Phase auch noch neue Menschen in Form von Experten oder Nutzern dazu, die ihren Input einbringen. Dann ist das soziale Gefüge anders, und das Team muss sich neu zusammenfinden. Auch dazu eignen sich Spiele hervorragend. Eines, das ich immer wieder gerne anwende, ist folgendes:

Teppich umdrehen

 Teambuilding

 Stärkt Kommunikation

 6 – 10 Personen

 Teppich bzw. Plane

 5 – 10 Minuten

- Schnelle Übung ohne viel Aufwand
- Kommunikation wird geübt
- Teamgedanke wird gefördert

- Kann in Streit ausarten, vor allem bei dominanteren Personen
- Sie brauchen viel Platz.

Das Spiel „Teppich umdrehen" hat einen geringen Vorbereitungsaufwand und basiert auf einem einfachen Spielprinzip, das die Kommunikation in einer Gruppe und die Gruppenbildung stärkt.

Vorgehen
- Schritt 1: Alle Spieler stellen sich auf den Teppich oder alternativ auf eine Plane, ein großes Tuch etc.
- Schritt 2: Anschließend müssen die Teilnehmer gemeinsam den Teppich umdrehen (Oberseite nach unten), ohne dass dabei einer der Spieler den Boden berührt. Weitere Hilfsmittel sind natürlich ebenfalls verboten. Auch das „Umsteigen" auf andere Gegenstände (Stühle etc.) gilt nicht.

Die Techniken

 43 6-3-5-Methode

Ideen generieren	
Ideen generieren	
6 Personen + Moderator	
6 leere Blätter	
⏳ 20 – 30 Minuten	

Kreativität fördern Ziel der 6-3-5 Methode ist es, auf der gedanklichen Leistung der Teilnehmer aufzubauen und diese assoziativ zu kreativen Problemlösungsideen weiterzuentwickeln. Immer, wenn es bei der Suche nach einer größeren Zahl von Ideen oder Anregungen schnell gehen soll und mir die Unterstützung eines Teams zur Verfügung steht, entscheide ich mich für diese Methode.

Vorgehen
Um die Methode 6-3-5 durchführen zu können, benötigen Sie einen moderierenden Gruppenleiter, der die Zettel einsammelt und an einer Tafel zusammenfasst. Nachdem bei einer Kleingruppengröße von 6 Personen in etwa 20 Minuten (6 × 3 Minuten Bedenk- und Schreibzeit für jeden) 108 Ideen zusammengetragen wurden, werden diese dann im Ringtauschverfahren verdeckt bewertet. Im Anschluss können Kleingruppen gebildet werden, in denen dann eine ausgewählte Idee kreativ weiterentwickelt wird.

- Schritt 1: Stellen Sie zunächst das zu lösende Problem anhand eines kurzen prägnanten Satzes vor.
- Schritt 2: Im Anschluss daran händigen Sie den 6 Teilnehmern je einen Zettel aus, der mit 3 Spalten und 6 Reihen in 18 Kästchen aufgeteilt wird (siehe Illustration).
- Schritt 3: Jeder Teilnehmer formuliert in der ersten Reihe 3 Ideen zur Lösung des Problems.
- Schritt 4: Nach 2 bis 3 Minuten werden die Blätter gleichzeitig im Kreis an den Gruppennachbarn weitergegeben. Anschließend soll dieser versuchen, die bereits generierten Ideen aufzugreifen, zu ergänzen und weiterzuentwickeln. Dies wird so oft wiederholt, bis jeder seinen eigenen Zettel wiederbekommt. Daher wird die 6-3-5-Methode auch Ringtauschtechnik genannt.
- Nachdem 5 Weitergaben erfolgt und alle Bögen mit Ideen gefüllt sind, hat das Team in kurzer Zeit eine Vielzahl an Ideen oder Ansätzen erarbeitet, die in der Folge weiter ausgewertet und diskutiert werden können.

Vorteile
- Strukturierter Ablauf
- Mindestoutput an Ideen

Nachteile
- Kann überfordern
- Eigene Ideen werden von den Vorgaben des Vorgängers begrenzt.
- Fehlende Anonymität

44 Analoge Modelle

	Ideen entwickeln
	Inspiration und neue Erkenntnisse gewinnen, (Miss-) Erfolge verstehen
	Design-Thinking-Team
	Flipchart, Haftnotizen
	20 – 40 Minuten

Manchmal hilft es, wenn Sie aus dem aktuellen Rahmen ausbrechen, um andere, ähnliche Kontexte woanders zu beobachten. Dabei können Sie durchaus zu neuen und hilfreichen Erkenntnissen kommen. Analoge Modelle sind dafür sehr hilfreich – damit sind Verhaltensweisen, Strukturen oder Prozesse gemeint, die in anderen Domänen vorhanden sind und Ähnlichkeiten mit dem zu untersuchenden Kontext aufweisen. Indem sie studiert und verglichen werden, kann das Denken über den eigenen Kontext besser verstanden und neue Inspiration gewonnen werden. Diese Technik ist vor allem hilfreich, um mögliche Erfolge oder Misserfolge zu verstehen bzw. zu überlegen, wie Sie diese vermeiden können.

BEISPIELE
- *Lord Kelvin entwickelte das Spiegel-Galvanometer, als er bemerkte, wie das Sonnenlicht in seinem Monokel reflektierte.*
- *Benjamin Franklin erfand den Blitzableiter aufgrund seiner Beobachtung: Er ließ für ein Experiment während eines Gewitters einen Drachen an einem Metalldraht aufsteigen. Dieser wurde von einem Blitz getroffen. Der Metalldraht leitete die Ladung auf den Boden weiter,*

wo sie mit einer Leidener Flasche (Kondensator) nachgewiesen werden konnte. Franklin bewies mit dem Versuchsaufbau, dass Blitze elektrische Ladungen darstellen.

- Ein anonymer Marineoffizier erfand die Startrampe am Flugzeugträger, nachdem er einen Wasserskispringer gesehen hatte.
- Der Erfinder des Klettverschlusses entwickelte diese Idee auf Basis einer direkten Analogie zu Pflanzenfasern.

Analogie und Kreativität

Die Forschung hat auch eine starke Korrelation zwischen Analogie und Metapher auf der einen Seite und Design-Kreativität auf der anderen Seite gefunden. Diese Metaphern helfen …

- Designkonzepte zu identifizieren und zu erfassen,
- Ziele und Anforderungen zu definieren,
- unkonventionelle Lösungen zu konzipieren,
- Probleme zu reflektieren,
- sich von den Einschränkungen zu lösen, die durch anfängliche Problembeschränkungen auferlegt werden,
- ungewohnte Designalternativen zu erforschen,
- neue Verknüpfungen mit dem Design-Problem zu schaffen.

Mögliche Analogien und Metaphern:
- Systeme und Strukturen
- Elemente (Form, Farbe, Material, physischer Zustand)
  - Relation zwischen solchen Elementen
  - Funktion
  - Systemumgebung

BEISPIEL

Ich hatte einmal einen sehr exklusiven Juwelier als Auftraggeber, dessen Kunden es schwerfiel, sich schnell für ein Schmuckstück zu entscheiden. Sie konnten sich nicht gut vorstellen, welcher Schmuck zu ihrer Kleidung passen würde. Mithilfe der vorgestellten Methode suchte ich Analogien, um den Schmuck so zu präsentieren, dass der Kunde keinen Zweifel mehr daran haben würde, ob ein Schmuckstück zu ihm und seinem Umfeld passt. Dazu zog ich zwei Analogien aus unterschiedlichen Bereichen. Zunächst aus der Kleidungsindustrie – dazu stellten wir eine Schaufensterpuppe in die Auslage und dekorierten sie entsprechend. Und die zwei-

te Analogie kam aus dem Hausservice: Besonders guten Kunden lieferte der Juwelier den Schmuck nach Hause oder lieh ihn ihnen für eine geringe Gebühr für einen Abend aus. Dann konnten die Kunden den Schmuck mit ihrer eigenen Kleidung kombinieren und leichter eine Entscheidung treffen.

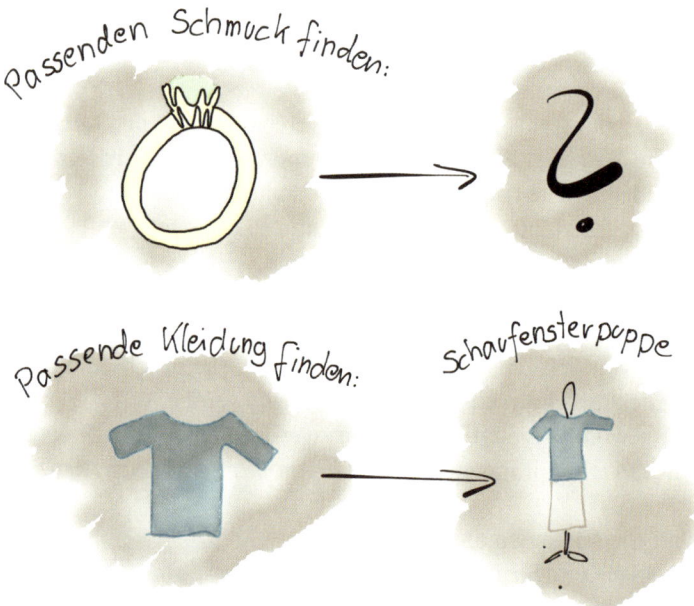

Vorgehen

- Schritt 1: Identifizieren Sie zunächst Schlüsselaspekte des Projekts, die dann als Abstraktionen von Verhaltensweisen, Strukturen und Prozessen modelliert werden. Wenn Sie beispielsweise ein Projekt zur Markenloyalität durchführen, hilft die Idee der Zugehörigkeit weiter. Suchen Sie nach anderen Lösungen, die auf der Idee der Zugehörigkeit erfolgreich aufbauen.
- Schritt 2: Beschreiben und visualisieren Sie analoge Modelle. Schreiben Sie eine kurze Erklärung, warum und inwiefern dieses analoge Modell für Ihr Projekt relevant sein könnte. Visualisieren Sie diese in einem Ablaufdiagramm, das

zeigt, wie die ausgewählten analogen Modelle funktionieren. Fügen Sie auch Teilnehmer, Beziehungen und Prozesse in diese Abläufe ein.

- Schritt 3: Vergleichen Sie die analogen Modelle, um daraus Einsichten zu bekommen. Diskutieren Sie diese Diagramme im Team, und vergleichen Sie Ihren Projektkontext mit diesen analogen Modellen. Überlegen Sie, ob und welche Auswirkungen diese auf Ihr eigenes Projekt haben könnten.

Vorteile
- Zeigt verschiedene Möglichkeiten auf
- Hilft dabei, bewährte Vorgehensweisen zu verstehen
- Erleichtert Vergleiche
- Macht Herausforderungen und Annahmen sichtbar

Nachteile
- Abstrakt
- Muss gut durchdacht werden

45 Blue Ocean Strategy

 Ideen generieren

 Geschäftsmodelle revolutionieren, neue Märkte schaffen, Nachfrage generieren

 Design-Thinking-Team

 Flipchart

 Mehrere Stunden

Viele Unternehmen in einer Branche orientieren und messen sich am direkten Konkurrenten, kopieren Neuerungen und Innovationen – und stärken dadurch nicht etwa ihre Alleinstellungsmerkmale, sondern werden sich immer ähnlicher. Oft versuchen sie sich über den Preis zu differenzieren, gefährden sich dadurch aber in einem hohen Maße – sie bewegen sich dann im sogenannten roten Ozean. Damit werden vorhandene Märkte bezeichnet, in denen die gesamte Energie darauf gerichtet ist, Konkurrenten zu schlagen und die bereits existierende Nachfrage zu nutzen.

Neue Märkte schaffen Blaue Ozeane hingegen sind neue Märkte, die ein Unternehmen selbst schafft und in denen es noch keine oder kaum Konkurrenz gibt. Das Unternehmen weckt also eine neue Nachfrage. Kunden und Nicht-Kunden bieten sie differenzierend einen neuen Nutzen. Bekannte Beispiele sind Starbucks, Low-Fare-Airlines oder der Cirque du Soleil.

Mit der Blue Ocean Strategy stellen die zwei Erfinder, W. Chan Kim und Reneé Mauborgne, eine Strategielehre vor, mit der Unternehmen ihre Geschäftsmodelle revolutionieren und neue Chancen generieren.

Vorgehen

- Schritt 1: Im ersten Schritt werden die wichtigsten Merkmale aus Kundensicht erarbeitet. Deren Ausprägung bei den Wettbewerbern bzw. ähnlichen Produkten wird eruiert und in der Wertkurve dargestellt. Durch eine Wertkurve schaffen Sie einen direkten Vergleich des eigenen Unternehmens mit dem Wettbewerb. Die Kernelemente des Produkts werden visualisiert und Möglichkeiten aufgezeigt, wie Produkte verändert und neue Märkte erschlossen werden können. Auf der horizontalen Achse können Sie die Kernelemente eines Produkts und auf der vertikalen Achse deren Ausprägungsgrad eintragen.

- Schritt 2: Es werden Geschäftsmodelle entwickelt, die auf dem ERKS-Quadrat basieren. Dieses Quadrat stellt folgende Kernattribute bzw. Kerneigenschaften infrage:
  - Eliminieren: Welche Kernattribute aus dem bekannten Branchendurchschnitt können vollständig eliminiert werden?
  - Reduzieren: Welche bekannten Kernattribute sollen unter dem Branchendurchschnitt liegen?
  - Kreieren: Welche unbekannten Kernattribute können neu entwickelt werden?
  - Steigern: Welche Kernattribute sollen über dem Branchendurchschnitt liegen?

Bei einer Fluglinie wurde die Buchung durch das Internet vereinfacht und BEISPIEL *der Komfort, wie z. B. Essen an Bord, reduziert, um die Preise signifikant reduzieren zu können. Fliegen war damit nicht nur wohlhabenden Menschen vorbehalten, sondern wurde zum Fortbewegungsmittel für alle.*

Vorteile
- Relativ einfach anzuwenden
- Eignet sich vor allem für KMUs

Nachteile
- Sehr komplex
- Aufwendig
- Analytisch

 **Bodystorming**

	Ideen generieren
	Schnell Ideen generieren, Konzepte und Produkte testen
	Design-Thinking-Team
	Notizblock, Stift
	Ca. 10 – 30 Minuten

Bei dieser Technik versetzen Sie sich mithilfe von Theaterrequisiten in bestimmte Situationen. Dadurch können Sie schnell Ideen generieren bzw. entwickelte Konzepte und Produkte testen, die auf dem jeweiligen Kontext- oder Benutzerverhalten basieren. Ich habe diese Methode schon sehr oft angewendet, und ich bin immer wieder fasziniert von den sehr guten Ergebnissen!

Rollenspiel **Vorgehen**

- Schritt 1: Fordern Sie die Teilnehmer auf, sich körperlich – ggf. mithilfe von Requisiten – in eine bestimmte Situation hineinzuversetzen.
- Schritt 2: Entwickeln Sie dazu ein mit dem Projekt in Verbindung stehendes Drehbuch.
- Schritt 3: Überprüfen Sie dieses Drehbuch, indem Sie die Teilnehmer bitten, in die jeweiligen Rollen zu schlüpfen und diese zu spielen.
- Schritt 4: Fragen Sie die Teilnehmer nach deren Erfahrungen und intuitiven Reaktionen.

- Schritt 5: Integrieren Sie diese neuen Erkenntnisse in Ihren Entwurf, und spüren Sie bewusst nach.
- Wiederholen Sie Schritt 3 bis 5 so lange, bis Sie das gewünschte Ergebnis erhalten haben.

Vorteile

- Ergebnisse können von dritten Beobachtern (oder einer Videokamera für die spätere Verwendung) analysiert werden.
- Die interagierenden Probanden können spontane Lösungen und Ideen sofort in das „Theater" einbauen.
- Die Intuition wird so stimuliert.

Nachteile

- Die Teilnehmer dürfen keine Angst davor haben, Fehler zu machen bzw. aus sich rauszugehen.
- Deshalb ist diese Methode bei introvertierten Probanden nicht ratsam.
- Die Fähigkeit der Teilnehmer, sich in die Situation hinein-zufühlen, ist ebenfalls wichtig für den Erfolg dieser Methode.

47 Brainwriting

 Ideen generieren

 Ideen sammeln, verschriftlichen und zu kreativen Problemlösungsideen entwickeln

 Design-Thinking-Team

 Moderationskarten, Stifte

 15 – 30 Minuten

Ziel des Brainwritings ist es, im Gegensatz zum Brainstorming, nicht auf der gedanklichen Leistung der anderen Teilnehmer aufzubauen, sondern jeden Teilnehmer unabhängig von der Gruppe Ideen sammeln und verschriftlichen zu lassen, um diese dann später gemeinsam assoziativ zu kreativen Problemlösungsideen weiterzuentwickeln.

Achten Sie beim Brainwriting darauf, alle Faktoren, die die Produktion neuer Ideen hemmen könnten, zu minimieren. Die Teilnehmer sollen ohne jede Einschränkung Ideen produzieren und/oder ihre Vorstellungen mit anderen Ideen kombinieren. Im Idealfall inspirieren sich die Teilnehmer während der Diskussion gegenseitig mit ihren Ideen, die sie dann weiterentwickeln können.

Wechselseitige Inspiration Brainwriting wird in zwei Phasen unterteilt: Die erste Phase dient dem Entwickeln von Ideen und der Schaffung von Assoziationen. Deshalb ist die Bewertung fremder wie eigener Ideen verboten, weil dies zu einer inneren Zensur bei den Teilnehmern führen und es erschweren würde, neue Ideen zu finden. In der zweiten Phase werden die Ergebnisse dann einer ausführlichen Kritik unterzogen und die besten Ideen herausgefiltert.

- Schritt 1: Bitten Sie alle Teilnehmer, sich um einen Stehtisch zu platzieren. In die Mitte des Tisches legen Sie einen Stapel leerer Moderationskärtchen.
- Schritt 2: Jeder Teilnehmer nimmt sich eine leere Karte und notiert eine Idee.
- Schritt 3: Anschließend reicht er die Karte seinem linken Nachbarn, nimmt sich eine weitere Karte, notiert eine weitere Idee und reicht die Karte ebenfalls nach rechts weiter. Dies führt er nun für jede Idee aus.
- Schritt 4: Die vom Nachbarn erhaltenen Karten werden kurz gelesen, gegebenenfalls ergänzt und wie die eigene Karten weitergereicht. Alternativ, wenn man gerade mit der Formulierung einer Idee beschäftigt ist, kann die Karte auch ungesehen durchgereicht werden.

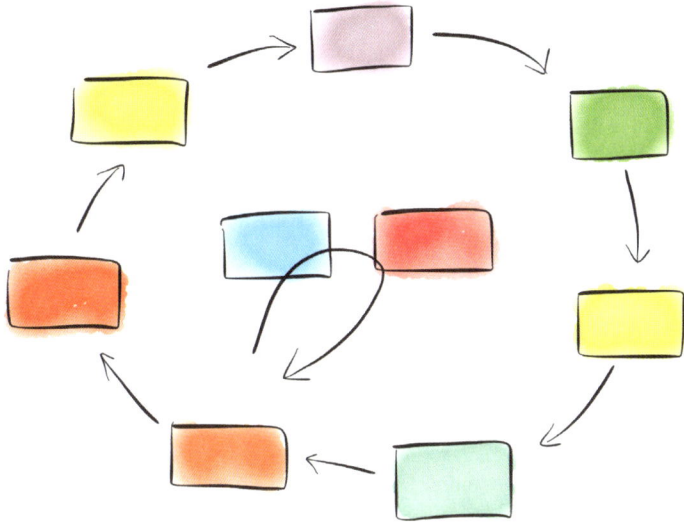

- Schritt 5: Erhält ein Teilnehmer eine seiner eigenen Karten zurück und möchte er diese nicht weiter ergänzen, so legt er sie auf einen Stapel in der Mitte des Tisches.
- Schritt 6: Teilnehmer, denen gerade keine eigene neue Idee einfällt, können sich von diesem Stapel willkürlich eine Karte nehmen, diese eventuell ergänzen und die Karte wieder in Umlauf bringen.

Nach einer gewissen Zeit, wenn allen Teilnehmern die Ideen ausgegangen sind und die Karten aus dem Stapel schon mehrfach die Runde gemacht haben, ohne dass Ergänzungen erfolgten, ist das Brainwriting beendet und die Ideen können ausgewertet werden.

Vorteile
- Ideen von sonst eher passiven bzw. stilleren Teilnehmern werden so festgehalten.
- Aufgrund der Anonymität der eingereichten Zettel können auch kritische Ideen und Vorschläge offenbart werden.

Nachteil
- Die erfolgreiche Zusammenführung der Ideen hängt von der Kompetenz des Moderators ab.

Delphi-Befragung

 Analyse

 Zukünftige Trends und Lösungen erarbeiten

 Design-Thinking-Team, ausgewählte Experten

 Vorher erstellter Fragebogen

 Beliebig; meist jedoch mehrere Monate

Bei der Delphi-Befragung handelt es sich um ein Entscheidungsverfahren, in dessen Rahmen Experten in mehreren Befragungswellen um ihre Einschätzung gebeten werden. Letztlich versuchen sie, zukünftige Trends und Lösungen für komplexe Probleme zu erarbeiten, neue Ideen zu generieren, weitreichende Entscheidungen zu treffen oder einfach Meinungen über einen unklaren Sachverhalt zu ermitteln. Die Delphi-Methode ist zu den strategischen Analyse-Tools zu zählen.

Die Verwendung der Delphi-Methode soll auf eine antike Orakelstätte in Delphi (Griechenland) im 8. Jahrhundert vor Christus zurückzuführen sein; sie war damals schon eine Entscheidungshilfe für Ratsuchende.

Erste Hinweise der Nutzung des Ansatzes in der neueren Zeit stammen aus dem Jahr 1948. Damals wurde die Methode eingesetzt, um die Ergebnisse eines Hunde- oder Pferderennens vorauszusagen. In den 1970er-Jahren wurde die Delphi-Methode dann auch in der breiteren Öffentlichkeit eingesetzt.

Vorgehen

- Schritt 1: Zu Beginn definieren Sie, worin das Ziel der jeweiligen Befragung besteht – so können Sie möglichen Enttäuschungen, falschen Einschätzungen und Irrtümern entgegenwirken. Identifizieren Sie außerdem Experten des jeweiligen Fachgebiets, und laden Sie sie ein.
- Schritt 2: In einem nächsten Schritt entwickeln Sie einen Fragebogen und schicken ihn den teilnehmenden Experten zu. Delphi-Befragungen werden mindestens in einer oder in mehreren Wellen wiederholt. Die anonymisierten Fragebögen sollten idealerweise mit einer ID-Nummer identifizierbar sein, um bei der Auswertung mehrere Wellen und damit den Verlauf der Meinungsbildung nachvollziehen zu können. Die Anzahl der Befragungswellen ist vom jeweiligen Ziel der Studie abhängig. Eine minimale Anzahl von Runden bei einem akzeptablen Maß an erzielter Genauigkeit wird als Optimum angesehen.
- Schritt 3: Ein wichtiger Grundbestandteil von Delphi-Befragungen ist auch, Experten-Feedback bzw. Informationen über die ausgewerteten Ergebnisse der vorangegangenen Befragungswelle(n), wie beispielsweise Durchschnittswerte, Extremwerte, verbale Äußerungen und Varianzen, zu erhalten. Durch den Informationsaustausch nach jeder Befragungswelle soll letztendlich eine möglichst hohe Übereinstimmung zwischen den Experten entstehen und damit eine höhere Sicherheit bzw. mehr Präzision bei der Prognose erreicht werden.
- Schritt 4: Eine Delphi-Befragung endet mit einem Abschlussbericht, in dem Sie die Ergebnisse dokumentieren und weitere Empfehlungen für die Praxis ableiten.

Ein wichtiger Tipp: Die Dauer der Durchführung von Delphi-Befragungen ist beliebig, beträgt jedoch meist mehrere Monate und ist mit einem relativ hohen Aufwand, meist auch Kostenaufwand, verbunden. Experten müssen daher über einen längeren Zeitraum zur Mitarbeit motiviert werden, um einem Teilnahmeabbruch entgegenwirken zu können. Dies kann durch Nachfassaktionen, aber auch durch finanzielle Anreize oder ideelle Stimuli erfolgen.

Vorteile
- Hilft dabei, ein gutes Bild von den Einschätzungen der Experten zu erhalten
- Rückschlüsse auf die Entwicklung von Trends leichter nachvollziehbar

Nachteile
- Die Durchführung ist relativ komplex.
- Erfordert erhebliches Methodenwissen
- Eignet sich nur für große Projekte

49 Harris-Methode

 Analyse

 Bewertung von Ideen

 Design-Thinking-Team

 Papier, Stift, Flipchart

 Je nach Anzahl der Konzepte ca. 20 Minuten

Mit der Harris-Methode bewerten Sie die Ideen, die Sie in einer früheren Phase gesammelt haben, um zu entscheiden, welche Sie weiterentwickeln wollen. Als Ergebnis bekommen Sie eine Liste an Ideen, die Sie beispielsweise im Rahmen des Prototyping (s. nächste Phase) weiterentwickeln können. Außerdem erhalten Sie einen guten Überblick darüber, welche Konzepte für welche Anforderungen passen.

Wann immer eine Reihe von alternativen Produktkonzepten verglichen und bewertet werden muss, hilft mir diese Technik. Es geht darum, Intuitionen explizit zu machen, damit diese mit anderen diskutiert werden können.

Intuitionen explizit machen

Die Harris-Methode kann während jeder Phase des Entwurfsprozesses nützlich sein, typischerweise wird sie aber für die Ideenerzeugung angewandt.

Vorgehen
- Schritt 1: Definieren und listen Sie die Anforderungen auf, die für das erfolgreiche Konzept wichtig sind.
- Schritt 2: Schreiben Sie neben die Liste der Anforderungen eine 4-Punkt-Matrix für jedes Konzept, das Sie testen möchten. Die Skala der Matrix ist −2, −1, +1, +2.
- Schritt 3: Gehen Sie durch die verschiedenen Konzepte, und bewerten Sie jedes auf der Grundlage der Anforderungen. Wie gut löst das jeweilige Konzept die Anforderungen? Wenn es den Anforderungen sehr gut entspricht, markieren Sie es mit +2, wenn es diesen sehr schlecht entspricht, markieren Sie es mit −2.
- Schritt 4: Nach der Bewertung aller Konzepte treten Sie einen Schritt zurück und verschaffen sich einen Überblick über die Konzepte.
- Sie können nun fortfahren, sie zu filtern, je nachdem, wie gut sie den verschiedenen Anforderungen entsprechen. Legen Sie eine Auswahl der vielversprechendsten fest.

Ein wichtiger Tipp: Verwenden Sie verschiedene Farben für die positiven und negativen Spalten. Das hilft, die Informationen schnell zu visualisieren.

TIPP

	Idee 1	Idee 2	Idee 3
Kompakt verstaubar	+2	-2	+1
Gute Stabilität	-1	+2	+1
Geringes Gewicht	+1	-1	-2
Günstige Herstellung	+1	-1	-1
Umweltverträglich	+2	-1	-1
Einfach zu individualisieren	-2	+1	+2
…			
…			

Vorteile

- Schafft eine gute Übersicht
- Hilft, Ideen schnell auszuwerten
- Schnell und einfach durchführbar

Nachteile

- Die Matrix kann immer unterschiedlich interpretiert werden, dadurch ist ein Vergleich schwierig.
- Es bleibt eine intuitive Vorhersage der Konzepte – mit niedriger Zuverlässigkeit.

 **50** GEMBA-Walk

	Analyse
	Erkenntnisse über Handeln und Verhalten von Personen gewinnen, Kundenbedürfnisse/-probleme identifizieren
	max. 10 Personen
	Papier und Stift
	1 Stunde bis 1 Tag

Die Technik des GEMBA-Walk (GEMBA ist ein japanischer Ausdruck für „der Platz, wo etwas tatsächlich stattfindet") stammt ursprünglich aus dem industriellen Qualitätsmanagement, kann aber als qualitative Beobachtungsmethode ebenfalls zur Identifikation von Kundenbedürfnissen, Kundenproblemen und für die Gestaltung eines neuen Produkts, einer Dienstleistung und/oder eines tragfähigen Geschäftsmodells dienen.

Ziel dabei ist es, mithilfe einer begleitenden Beobachtung, z. B. bei Alltagsverrichtungen und/oder Arbeitsprozessen, Erkenntnisse über das Handeln, das Verhalten oder die Auswirkungen des Verhaltens von einzelnen Personen oder einer Gruppe von Personen zu gewinnen, die nur aufgrund der aktiven und direkten Teilnahme des Forschenden möglich werden.

Begleitende Beobachtung

Vorgehen
- Schritt 1: Zunächst treffen Sie eine Auswahl der zu beobachtenden Nutzungskontexte (je nach Zielsetzung), Personen (max. 10 Personen) und Dauer (von 1 Stunde bis 1 Tag). Um

die Probleme im Nutzungsprozess in der Beobachtungsphase genau zu verstehen, werden die drei folgenden GEMBA-Fragen empfohlen:

– Was sollte passieren? (Wie ist der Zielzustand?)
– Was passiert wirklich? (Wie lautet der aktuelle Zustand? Kann man Abweichungen vom Soll-Zustand klar erkennen?)
– Erkläre! (Bei einem beobachteten Problem wird versucht, die Ursache mit der verantwortlichen Person nach der 5-W-Methodik (= fünfmal „Warum?" fragen) zu ergründen.

■ Schritt 2: Wie bei den „Beobachtungen" (Tool 3) wird ein direkter Kunde oder Nutzer eine längere Zeit in seinem Arbeitsalltag, beispielsweise einen ganzen Tag lang, bei seinen Aktivitäten begleitet und beobachtet, ohne dass der Beobachter dabei störend in dessen Handlungen eingreift.

■ Schritt 3: Der Nutzer spricht dabei alle Gefühle und Gedanken laut aus, sodass der Beobachter diese notieren oder evtl. mit einem Tonbandgerät aufnehmen kann. Zu beobachten sind der/die Anwender, der Kontext, in dem das Produkt angewendet wird, sowie allgemeine Arbeitsabläufe, die Zusammenarbeit und die Kommunikation der verschiedenen Beteiligten im Nutzungsprozess.

■ Schritt 4: Da die zu beobachtende Person nicht gestört werden soll, kann sie entweder im Nachhinein zu unklarem Tun befragt werden, oder es gibt einen „Kommentator" aus deren Umfeld, der die Probleme im Vorhinein/Nachhinein erläutert und hilft, Zusammenhänge zu verstehen.

■ Schritt 5: Nach der Feld-Beobachtung wird abschließend mithilfe der Dokumentation und Aufzeichnungen analysiert, inwiefern die identifizierten Bedürfnisse etwa mit einem neuen Wertangebot oder einer anderen Geschäftsmodell-Veränderung befriedigt werden können.

Vorteile

- Besseres Verständnis der Kundenprobleme durch mehr Authentizität im Feld
- Vorbereitung des Projektkonzepts inklusive einer möglichen ersten Skizze eines passenden Geschäftsmodells
- Identifizierung des tatsächlichen Nutzungskontexts

Nachteile

- Sehr zeitaufwendig
- Setzt Nutzer voraus, die bereit sind, sich über längere Zeit beobachten zu lassen und aktiv mitzuarbeiten

Als Ergänzung zum Gemba-Walk bietet sich der Einsatz von Kreuzworträtsel-Rastern an:

Wussten Sie, dass das erste Kreuzworträtsel der Welt der Feder des englischen Journalisten Arthur Wynne entstammte und am 21. Dezember 1913 in der Weihnachtsbeilage der Zeitung „New York World" erschien? Es enthielt 31 Suchbegriffe, hatte keine schwarzen Felder und war rautenförmig.

Durch die Nutzung des für alle Teilnehmer vertrauten Kreuzworträtsel-Rasters entsteht sehr schnell eine angenehme Atmosphäre. Wer schon einmal SUDOKU gespielt hat, kennt den sportlichen Ehrgeiz, den auch Kreuzworträtsel schnell wecken. Durch die Konzentrationsleistung werden die grauen Zellen mobilisiert und das sonst so präsente Tagesgeschäft sehr schnell in den Hintergrund gedrängt.

Kreuzworträtsel eignen sich besonders, um themenbezogene Ideensammlungen zu erstellen, um in ein geplantes Thema einzuführen und um Erwartungen an ein bestimmtes Thema aufzudecken.

- Schritt 1: Zeichnen Sie auf ein großes Arbeitsblatt ähnlich einem Kreuzworträtsel Kästchen auf.
- Schritt 2: Schreiben Sie die Problemstellung oder einen wichtigen Aspekt waagrecht oder senkrecht ins Zentrum.

- Schritt 3: Alle Teilnehmer suchen nun Begriffe, die sie mit dem Thema assoziieren. Sie tragen sie dann wie beim Kreuzworträtsel in die einzelnen Kästchen ein – pro Kästchen einen Buchstaben. Die einzelnen Wörter müssen sich aber nicht wie beim Kreuzworträtsel passend kreuzen.
- Schritt 4: Ergänzen Sie diese Begriffe um weitere Aspekte. Als Ergebnis können entweder ein großes Arbeitsblatt oder mehrere kleine unterschiedliche Blätter entstehen.

Varianten:
- Alle Teilnehmer arbeiten an einem großen Kreuzworträtsel.
- Jeder Teilnehmer arbeitet an seinem eigenen Kreuzworträtsel.
- Lassen Sie Gruppen gegeneinander antreten: Wer in einer bestimmten Zeit die meisten Begriffe unterbringen kann, gewinnt.
- Arbeiten Sie nur mit einzelnen Worten oder nur mit Stichwortkombinationen.

51 Ideen-Crowdsourcing

 Kollektives Wissen einsammeln

 Konkrete Aufgabenstellungen von einer Gruppe bzw. Masse an freiwilligen Nutzern lösen lassen – von der Ideensuche bis zur Produktentwicklung

 Design-Thinking-Team, Nutzer/Kunden

 Zugang zu Nutzern

 Kann bis zu mehreren Wochen dauern

Crowdsourcing setzt sich aus den Wörtern „Crowd" (Masse, viele) und „Outsourcing" (Auslagerung) zusammen. Der Begriff bezeichnet die Auslagerung von Aufgaben an eine heterogene und meist nicht genauer definierte Gruppe extrinsisch (z. B. durch Vergünstigungen, monetäre Anreize, exklusive Informationen) oder intrinsisch (z. B. durch berufliche Vorteile, Wissen teilen, Ruhm, Spaß, Neues lernen) motivierter Nutzer. Eine Masse an freiwilligen Nutzern ohne besondere Voraussetzungen oder längerfristige Verpflichtung (sofern der Aufruf öffentlich ist) beteiligt sich somit unter Verwendung moderner Informations- und Kommunikationssysteme auf Basis des Web 2.0 kollaborativ oder wettbewerbsorientiert an der Lösung von konkreten Aufgabenstellungen. Die Einsatz- und Mitwirkungsmöglichkeiten einer Crowd sind vielfältig und reichen beispielsweise von der Ideensuche bis hin zur Produktentwicklung.

Mittlerweile existieren auch weitere Formen des Crowdsourcings, wie beispielsweise das Crowdtesting oder Crowdfunding. Beim Crowdtesting testen vor allem ausgewählte Nutzer über das Internet Apps und Webanwendungen, bevor es zur Markteinführung kommt. Beim Crowdfunding sollen Nutzer als Kapitalgeber für Projekte und Produktideen gewonnen werden.

Kollektives Wissen nutzen

Vorgehen
- Schritt 1: Überlegen Sie sich einen überschaubaren Rahmen, und erklären Sie das zu bearbeitende Thema und die Aufgabenstellung gut verständlich und motivierend mit klarer Zielformulierung.
- Schritt 2: Stellen Sie der Crowd alle wichtigen und notwendigen Hintergrundinformationen zur Verfügung, um Missverständnisse zu vermeiden.
- Schritt 3: Nachdem Sie das Ziel und die Aufgabenstellung genau definiert haben, sollten Sie sich auch über die Nutzer Gedanken machen. Benötigen sie eventuell besonderes Wissen, oder gibt es sonstige Voraussetzungen, damit sie aktiv am Projekt mitwirken können?

- Schritt 4: Bitten Sie die Nutzer, ihre Ideen mitzuteilen, und sammeln Sie diese ein.
- Schritt 5: Besprechen Sie die gesammelten Ideen im Team, und nutzen Sie diese zur weiteren Aufbereitung bzw. Analyse.

Vorteile
- Direkter Zugang zu Kunden- und Nutzerbedürfnissen
- Weite Ausstreuung und Miteinbeziehung unterschiedlichster Gruppen möglich

Nachteile
- Schwer, die geeignete Zielgruppe zu finden
- Sehr aufwendig

52 Ideensteckbriefe

 Analyse

 Ideen strukturiert und systematisch beschreiben, vergleichen und bewerten

 Design-Thinking-Team

 Vorlage Ideensteckbrief (s. unten)

 Zwischen 30 Minuten und 1 Stunde

Ideensammlung systematisieren Diese Technik dient dazu, neu gewonnene, oft sehr unterschiedliche Ideen für eine mögliche Lösung einheitlich zu verschriftlichen. Eine systematische und einheitliche Beschreibung ist wichtig, damit beispielsweise eine Sammlung von Geschäftsmodell-Ideen in einem Stakeholder-Workshop verglichen und bewertet werden kann.

Diese Technik dient:

- der strukturierten und systematischen Beschreibung jeder Geschäftsmodell-Idee,
- als Sicherung der Vergleichbarkeit einer größeren Anzahl an Geschäftsmodell-Ideen und
- als Vorarbeit für die Bewertung vieler Ideen.

Vorgehen

- Schritt 1: Nach der kreativen Ideenfindungsphase geben Sie einer Kerngruppe die Aufgabe, die Ideen, ihre Charakteristika und Merkmale zu verschriftlichen. Dadurch stehen die Ideen zur Bewertung zur Verfügung, können aber auch in einem anderen Projekt eventuell wiederverwendet werden.
- Schritt 2: Erstellen Sie anhand folgender Elemente einen Ideensteckbrief:
  - Anwendungsbereich
  - Art und Umfang des Nutzens für potenzielle Kunden
  - Art und Umfang des Nutzens der Lösung für bestehendes oder zu gründendes Unternehmen
  - Notwendige Realisierungspartner
  - Differenzierungsmöglichkeiten gegenüber Mitbewerbern
  - Abhängigkeiten der Ideen voneinander
  - Ungefähre Dauer der Realisierung einer Idee
  - Ungefähre Kosteneinschätzung

Vorteile

- In Bezug auf die Detailgenauigkeit flexibel
- Für viele Zwecke und Kontexte geeignet
- Kann iterativ entwickelt werden

Nachteile

- Ungenau
- Ideensteckbriefe verschwinden oft in Schubladen und werden vergessen.

Ideensteckbrief:	
Problem:	
Beschreibung:	evtl. Skizze:
Kundenanforderung: M = Muss S = Soll	Kritisch:
Lösung:	
Beschreibung	Skizze
Vorteile (Kundennutzen):	
Nachteile:	Kritisch:
Ablehnungsgründe (Kriterien):	Organisatorisches:

	Phase:
	Status: in Bearbeitung
	           zurückgestellt
	           abgelehnt
	
	Ersteller:
	Stand:

53   Kill a stupid rule

	Analyse
	Starre Strukturen und Prozesse aufweichen bzw. abschaffen
	Design-Thinking-Team
	Flipchart
	10 Minuten bis 1 Stunde

In jedem Unternehmen herrschen interne Gesetze und Regeln, die gelebt und nicht weiter hinterfragt werden – und für Außenstehende auf den ersten Blick nicht erkennbar sind. Diese Regeln schaffen allerdings starre Strukturen und Prozesse. Die „Kill a stupid rule"-Technik hilft dabei, genau an dieser Stelle anzusetzen und die Strukturen neu zu überdenken und aufzubrechen.

Überholte Strukturen aufbrechen

Vorgehen

- Schritt 1: Jeder im Team sucht sich einen Partner, mit dem er zehn Minuten folgende Frage bespricht:
  - „Wenn Sie alle albernen Regeln abschaffen oder verändern könnten, die Sie daran hindern, Ihre Arbeit zu machen oder Ihre Kunden besser zu bedienen, welche wären das – und wie würden Sie es anstellen?"
- Schritt 2: Setzen Sie ein Zeitlimit. Meistens reichen zehn Minuten gar nicht aus, um alle Ideen zu diskutieren. Wenn nach mehr Zeit verlangt wird, können Sie den Zeitrahmen ruhig ausdehnen. Sie werden sehen, dass die Zeit, die Sie in diese

Übung investieren, weitreichende und langanhaltende Auswirkungen hat.

- Schritt 3: Nachdem jede Zweiergruppe alle infrage kommenden Regeln besprochen hat, schreibt sie diese stichwortartig auf Haftnotizzettel (pro Zettel eine Idee).
- Schritt 4: Der Moderator zeichnet in der Zwischenzeit eine Matrix auf ein Flipchart (x-Achse: Umsetzung leicht bis schwierig; y-Achse: Auswirkung gering bis hoch).
- Schritt 5: Danach klebt jede Gruppe die Zettel in den jeweiligen Quadranten.

Dieses visuelle Cluster hilft, Diskussionen anzuregen und Ideen zu evaluieren. Aber auch, um festzustellen, dass ein Großteil der Regeln auf dem Whiteboard eigentlich gar keine Regeln sind, sondern vielmehr interne Abläufe, die unternehmenskulturell bedingt sind.

Vorteile

- Es werden schnell unnötige Hindernisse aus dem Weg geräumt.
- Es lässt sich gut erkennen, wo Veränderungen notwendig sind.
- Erhöht die Wahrscheinlichkeit, dass etwas umgesetzt wird
- Schnell und flexibel einsetzbar

Nachteile

- Kann schnell ausufern, muss deswegen gut moderiert werden
- Erfordert teilweise gute Nerven von den Beteiligten

54 Kollaboratives Sketching

	Ideengenerierung
	Schnell Ideen generieren und ausbauen
	Design-Thinking-Team
	Großes Blatt Papier, mehrere Stifte
	20 – 30 Minuten

Durch gleichzeitiges gemeinsames Skizzieren werden schnell Ideen generiert und ausgebaut. Die Methode wurde ursprünglich unter dem Namen 5-1-4 G als Erweiterung der Methode 6-3-5 (Tool 43) vorgeschlagen. Die 5 steht für die Anzahl der beteiligten Designer, die 1 für Ideen, an denen gleichzeitig gearbeitet wird, die 4 für die Anzahl der Arbeitsschritte und das G für Grafische Methode.

Grafische Methode

Vorgehen
- Schritt 1: Die Teilnehmer skizzieren gleichzeitig und gemeinsam Ideen auf einem Papier. Dabei kann jeder die Idee des anderen mit eigenen Skizzen ergänzen oder korrigieren.
- Schritt 2: Gemeinsam diskutieren sie die unterschiedlichen Ideen und entwickeln sie weiter.
- Schritt 3: Die Teilnehmer stellen die sinnvollsten und nützlichsten Lösungsansätze zusammen, damit sie im weiteren Projektverlauf eingesetzt werden können.

Vorteile

- Sehr einfach
- Nicht aufwendig
- Teamfördernd
- Hilfreich, um bestehende Skizzen zu optimieren oder verständlich zu kommunizieren
- Jeder kann teilnehmen, weil es auf einfachen Skizzen beruht.

Nachteile

- Viele haben Angst davor, zu zeichnen (führt zu Ablehnung der Methode).
- Fordert viel Platz/Raum

55 Kollektives Notizbuch

	Ideen generieren
	Ideen generieren, komplexe Fragestellungen, Probleme analysieren und Lösungswege finden
	Design-Thinking-Team
	Notizbuch, das für das Team offen ausliegt
	2 – 4 Wochen

Raum für Ideen schaffen Das kollektive Notizbuch ist eine Form des schriftlichen Brainstormings und eignet sich besonders, um komplexe Fragestellungen und Probleme zu analysieren und Lösungswege zu finden. Diese Methode kann sowohl zur Einzel- als auch zur Gruppenarbeit eingesetzt werden und unterstützt die Ideenfindung, wenn Teilnehmende nicht zur gleichen Zeit an einem Ort arbeiten können. Durch eine strukturierte Aufgabenstellung können mit dieser Methode auch spontane Ideen, also Geistesblitze, gesammelt und vielfältige unterschiedliche und kreative Ideen generiert werden.

Alles, was Sie dazu benötigen, ist ein Notizbuch inklusive Stift, das Sie an einem Ort hinterlegen, der für alle Teilnehmenden gut erreichbar ist. Wahlweise kann auch ein gemeinsames virtuelles Notizbuch eingerichtet werden, auf das alle Teilnehmer Zugriff haben.

Vorgehen

Diese Technik kann grob in drei Phasen unterteilt werden: Einführen, Durchführen und Auswerten. Es gibt zwei Varianten, wie das kollektive Notizbuch eingesetzt werden kann. In der ersten Variante werden Ideen in nur einem Notizbuch gesammelt und eingetragen. Das Buch wird von Teilnehmer zu Teilnehmer weitergereicht und ergänzt. In der zweiten Variante erhält jeder Teilnehmer sein eigenes Notizbuch, in das er seine Ideen einträgt. Aber auch bei dieser Variante besteht die Möglichkeit, das Notizbuch nach einem festgelegten Zeitraum (z. B. Wechsel-Rhythmus alle 4 Tage) weiterzureichen und so die Bildung von Assoziationsketten zwischen den Teilnehmenden zu unterstützen.

- Phase 1: Einführen: In der Einführungsphase erhalten die Teilnehmenden einen Notizblock und einen Stift. Beide Gegenstände sollten leicht in Hosentaschen verstaut werden können. Auf der ersten Seite des Notizblocks werden noch einmal das Ziel, die Fragestellung sowie die Kontaktdetails einer Ansprechperson gelistet.
- Phase 2: Durchführen: Im vorgegebenen Zeitraum notieren sich die Teilnehmenden regelmäßig (täglich und spontan) ihre Gedanken und Ideen zu der jeweiligen Aufgabenstellung. Ist die Teilnehmerzahl nicht zu hoch, dann können während des Durchführungsprozesses Notizbücher untereinander ausgetauscht oder wie in Variante 1 weitergereicht wer-

den. Die Bewertung der Ideen anderer ist hier nicht erlaubt, die Ideen zu ergänzen allerdings schon.

Am Ende der Periode fasst jeder der Teilnehmenden die besten Ideen, konstruktiven Vorschläge oder neue Ideen noch einmal in seinem Notizblock zusammen, da dies die Auswertung erleichtert. Die Notizbücher werden im Anschluss an den Koordinator zurückgegeben.

- Phase 3: Auswerten: In der dritten Phase erfolgt in mehreren Sitzungen die Auswertung der Notizen.
  - Zusammenfassungen abgleichen
  - Notizen durchsehen
  - Basisvorschläge zur Problemlösung erarbeiten
  - Konzepterstellung in gemeinsamer Gruppensitzung

Aufgrund der intensiven Beschäftigung mit einer Aufgabe werden die Teilnehmenden aktiviert, viele verschiedene Ideen und Lösungsansätze zu sammeln. Während der Durchführungsphase gibt es keine räumlichen Voraussetzungen, und auch die Anzahl der heterogenen Teilnehmenden ist nicht beschränkt. Die Dauer der Durchführung ist variabel, liegt jedoch meist bei etwa zwei bis vier Wochen, je nach festgelegtem Zeitraum.

Vorteile
- Zeitliche und örtliche Unabhängigkeit
- Heterogene Teilnehmergruppen möglich
- Ideenzahl nicht begrenzt

- Schriftliche Fixierung der Ideen von Anfang an
- Gleiche und faire Chancen der Ideengenerierung für alle Teilnehmenden
- Unkomplizierter Ablauf
- Für komplexe Aufgaben- bzw. Fragestellungen geeignet

Nachteile
- Längere Zeitperiode kann die Eigenmotivation minimieren
- Teilnehmende können unerwartet aufgrund von Krankheit etc. ausfallen
- Je mehr Teilnehmende und Notizbücher, desto höher der Aufwand der Auswertung

56 Kopfstand- und Umkehrtechnik

	Ideenfindung
	Gegenteilige Lösungen finden, um dadurch die Kreativität anzukurbeln
	Design-Thinking-Team
	Flipchart
	20 – 45 Minuten

Was tun Eskimos, damit ihre Lebensmittel nicht einfrieren? Sie legen sie in den Kühlschrank. Der Inhalt wird dort bei einer konstanten Temperatur von 4° Celsius „warm" gehalten. – Ein Tipp, nicht nur für Eskimos: Wenn sonst nichts mehr funktioniert, probieren Sie es doch einfach mal mit dem Gegenteil.

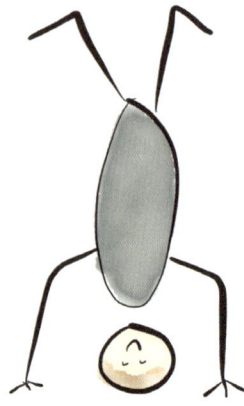

Die Kopfstand- und Umkehrtechnik beruht auf der Frage „Was steht in direktem Widerspruch zu den Zielsetzungen Ihrer Aufgabe?" Normalerweise schieben wir solche Aspekte bei der Lösungsfindung rasch beiseite. Dabei können Gegensätze sehr viel zu einem Thema aussagen. Sie tun dies nur aus einer anderen Perspektive. Denn das Gegenteil einer gesuchten Lösung liegt inhaltlich näher als alles, was sich dazwischen befindet.

Gegensätze erkennen und nutzen

Die Kopfstand- und Umkehrtechnik ist hervorragend geeignet, um ausgetretene Gedankenpfade zu verlassen. Sie eignet sich auch bestens für Gruppensitzungen, um die Stimmung in festgefahrenen Situationen aufzulockern.

Vorgehen
Drehen Sie bei der Ideenfindung also den Spieß einmal um: Suchen Sie gezielt nach dem Gegenteil.
- Verkehren Sie die Fragestellung in ihr Gegenteil.
  Beispiel: Eigentliche Problemstellung: Wie sieht die optimale Werbung für den Touristenort aus? Umkehrfrage der Kopfstandmethode: Wie muss die Werbung für den Touristenort aussehen, dass sie entweder nicht wahrgenommen wird oder niemand dorthin will?
- Machen Sie auf dieser Grundlage ein Brainstorming.
- Wenden Sie die so gewonnenen Ideen wieder ins Gegenteil oder lassen Sie sich davon zu unabhängigen neuen Lösungsalternativen inspirieren.

Es gibt verschiedene Möglichkeiten, eine Aufgabe auf den Kopf zu stellen bzw. eine Frage in ihr Gegenteil zu verkehren. Fragen Sie sich:
- Was ist das Gegenteil?
- Wie soll das Ergebnis auf gar keinen Fall aussehen?

- Was sehe ich, wenn ich in die andere Richtung blicke?
- Was kommt heraus, wenn ich die Sache um 180 Grad drehe?
- Wie wäre es, wenn man mit dem Ende anfangen würde?
- Kann uns eine gegenteilige Eigenschaft weiterhelfen?
- Lassen sich Ursache und Wirkung umkehren?
- Sollen wir uns antizyklisch verhalten?

In der industriellen Fertigung kann dieses Kopfstand-Denken sehr hilfreich sein: Will man Sirup in Schokopralinen füllen, müsste man die zähflüssige Zuckermasse eigentlich erwärmen, damit sie besser und schneller fließt. Dann würde jedoch auch die Schokohülle schmelzen. Was tun? Das Gegenteil: Man gefriert den in Form gebrachten Sirup, anschließend werden die Sirup-Festkörper in ein warmes Schokoladebad getaucht.

Der Vorteil des Umformulierens: Wir wissen meist sehr genau, was warum nicht funktioniert. Wir sehen Fehler, Stolpersteine und Probleme meistens viel klarer als Lösungen. Probieren Sie das doch gleich selbst mal aus, indem Sie sich fragen: Warum kommen Sie in Meetings zum gewünschten Ergebnis? – Na ... fällt Ihnen schon etwas ein?

Beim Umformulieren eines Problems für die Kopfstand-Methode sollten Sie Folgendes beachten:
- Vermeiden Sie negative Begriffe wie z. B. „nicht" und „kein".
- Nutzen Sie Verben.
- Formulieren Sie klar und eindeutig.
- Denken Sie an extreme bzw. ungewöhnliche Szenarien, die Sie dann umkehren können.

Vorteile
- Wenn ein Problem gut in sein Gegenteil umformuliert ist, funktioniert die Kopfstand-Methode immer – vor allem auch bei ungeübten Teams.
- Mit der Kopfstandtechnik erhalten Sie sehr schnell neue Ideen und Daten zu Ihrer aktuellen Herausforderung.

- Dabei herrscht eine durchweg gute Stimmung in Ihrem Team.
- Die Ideen werden anders sein, als sie bislang waren, und Ihre Meetings werden vor allem durch die Erhöhung der Ideenquantität absolut effizienter.

Nachteil
- Kann schnell ausufern (Fokus geht verloren, es wird herumgeblödelt)

 **57** Lotosblüten-Methode

	Ideengenerierung
	Schnell und unkompliziert viele Ideen entwickeln
	Design-Thinking-Team
	Flipchart
	Ca. 30 Minuten

Die Lotosblüten-Methode bildet den Rahmen bei der Ideengenerierung, ausgehend von einem zentralen Thema. Es werden acht Themen aus dem Hauptthema erstellt, die wiederum als zentrales Thema weiterverwendet werden, um acht weitere Themen zu entwickeln.

Vorgehen
- Schritt 1: Zeichnen Sie ein Quadrat in der Mitte des Papiers und notieren Sie darin das zentrale Thema.

- Schritt 2: Denken Sie an acht verwandte Themen, und schreiben Sie diese jeweils in ein Kästchen.
- Schritt 3: Nehmen Sie jedes der acht vorherigen Themen und erstellen Sie acht neue Themen um dieses herum. Schreiben Sie die Themen wiederum in neue Quadrate.
- Schritt 4: Denken Sie die Blüte so weit wie sinnvoll weiter.

Vorteile
- Einfach und schnell anzuwenden
- Viele verschiedene Ideen werden erzeugt.

Nachteile
- Wirkt auf den ersten Blick unübersichtlich
- Die Schlüsselwörter müssen richtig assoziiert werden.

58 Morphological Charts

 Lösungen erarbeiten

 Neue Lösungsansätze auf Basis bestehender Lösungen generieren

 1 – x Personen

 Flipchart oder großer Bogen

 30 Minuten bis zu 2 Stunden

Der Erfinder dieser Technik, Fritz Zwicky, wollte mit Morphological Charts eine Art „Totallösung" zu einem gegebenen Problem ermöglichen. Dementsprechend wird das Problem oder

die Herausforderung zunächst in Einzelteile zerlegt, um sie anschließend mannigfaltig zu kombinieren und wieder zusammenzusetzen. Dadurch entstehen unterschiedliche Lösungsmöglichkeiten für einzelne Funktionen eines Produkts oder Services und werden visuell dargestellt.

Mit Morphological Charts lassen sich sämtliche denkbaren Lösungen eines Problems aufzeigen. Dazu werden die verschiedenen Gestaltungselemente (= Parameter) der potenziellen Lösungen dargestellt und als Spalte in einer Tabelle angeordnet. Neben jedem Parameter können Sie nun alle möglichen Ausführungsmöglichkeiten (= Ausprägungen) auflisten. Einzelne Lösungsalternativen entstehen, wenn Sie aus einer Parameterzeile eine beliebige Ausprägung wählen und diese (z. B. durch Linien) miteinander verbinden.

BEISPIEL   Versuch einer „Totallösung"
Bei einem meiner Kunden gab es vermehrt Beschwerden über die Qualität seines Produkts – T-Shirts mit individuellem Aufdruck. Einzelne Buchstaben der aufgedruckten Wörter lösten sich bei der Wäsche bzw. die Schriftzüge bleichten stark aus. Ich stellte im Laufe des Prozesses folgende Fragestellung auf: „Wie können die T-Shirts so produziert werden, dass die Produktionskosten für den Kunden nicht zu hoch werden und die Qualität trotzdem nicht leidet?" In einem nächsten Schritt sammelte ich zunächst die Parameter, um die Produktentwicklung in ihrer Gesamtheit darzustellen. Dies waren zum Beispiel:

- *Material des T-Shirts*
- *Verschiedene Farben*
- *Verschiedene Schriftzüge*
- *Art des Aufdrucks*

Danach erstellte ich ein Morphological Chart mit allen möglichen Ausprägungen diverser Parameter.

Parameter	Ausprägung 1	Ausprägung 2	Ausprägung 3
Material des T-Shirts	Baumwolle	Polyester	Baumwolle–Polyester-Jersey
Verschiedene Farben	Weiß	Schwarz	Gelb
Verschiedene Schriftzüge	Arial	Chalkduster	Comic Sans
Art des Aufdrucks	Flexdruck	Digitaltransfer	Siebdruck

Vorgehen

▦ Schritt 1: Für die Fragestellung legen Sie die bestimmenden Parameter fest und schreiben sie untereinander. Die Parameter müssen unabhängig voneinander und im Hinblick auf die Aufgabenstellung umsetzbar sein.

▦ Schritt 2: Schreiben Sie alle möglichen Ausprägungen der zuvor bestimmten Parameter rechts daneben. So entsteht eine Matrix, in der jede Kombination von Ausprägungen aller Merkmale eine theoretisch mögliche Lösung ist.

▦ Schritt 3: Danach wählen Sie aus jeder Zeile eine Ausprägung des Merkmals. Dadurch entsteht eine Kombination von Ausprägungen. Dies kann auf zwei Arten erfolgen:
  – Systematisch – dabei wird die Anzahl der Merkmale und Ausprägungen beschränkt
  – Intuitiv – dabei wird aus jeder Zeile eine Ausprägung gewählt und der daraus entstehende Linienzug dann ganzheitlich als alternative Lösung betrachtet

▦ Schritt 4: Führen Sie diesen Auswahlprozess mehrmals durch. Mit den entstandenen Kombinationen von Ausprägungen können Sie daraufhin Ideen entwickeln.

Vorteile

▦ Allein und im Team durchführbar

▦ Behandlung sehr komplexer Probleme möglich

▦ Aufnahme vieler Informationen in verdichteter Form

- Flexible Anpassung an unterschiedliche Problemstellungen
- Klare und vollständige Darstellung des Problembereichs

Nachteile
- Fachlich fundiertes Wissen über den betreffenden Problembereich ist erforderlich.
- Bestimmung der richtigen Parameter ist sowohl schwierig als auch erfolgskritisch.
- Auswahl der besten Lösungen aus der besonders bei komplexen Problemen fast unüberschaubaren Anzahl möglicher Lösungen ist schwierig.

59 Predict Next Year's Headlines

	Analyse
	Relevante Produktfeatures ermitteln
	Design-Thinking-Team, Auftraggeber
	Haftzettel oder Flipchart
	Bis zu 2 Stunden

Mit dieser Technik können Sie in einer frühen Projektphase herausfinden, wo sich der Auftraggeber mit seiner Firma in der Zukunft sieht und welche Produktfeatures dann für ihn relevant sein können.

Vorgehen
- Schritt 1: Sie leiten den Auftraggeber darin an, sich mit seiner Firma in die Zukunft zu versetzen.
- Schritt 2: Dabei befragen Sie ihn und fordern ihn dazu auf, seine wirtschaftlichen Ziele für bestehende und zukünftige Märkte zu benennen.
- Schritt 3: Sie ermitteln, inwieweit sich diese Ziele auf das Design auswirken können bzw. wie das Design diese Ziele unterstützen kann.
- Schritt 4: Sie definieren diese Designanforderungen und formulieren sie als Schlagzeilen kurz und prägnant.

BEISPIEL

Wenn Sie beispielsweise ein Intranet für Informatiker erstellen sollen, können Sie den Kunden im Vorfeld dazu auffordern, seine Geschäftsziele für aktuelle und kommende Einführungen zu definieren und zu erläutern. Dadurch erhalten Sie schnell Einblick in beabsichtigte Vorhaben und Zukunftspläne des Kunden.

Vorteile
- Unterstützt die Entscheidungsfindung auf Basis der gesteckten Ziele
- Hilft Entwicklungsmöglichkeiten und langfristige Kundenbeziehungen zu planen
- Hilft festzulegen, welche Produktdetails oder -features bei der Neu- bzw. Weiterentwicklung fokussiert werden sollten

Nachteil
- Bedarf eines gewissen Maßes an Verständnis des Kunden für das zu lösende Problem

60 Random Input

 Assoziation

 Viele unterschiedliche Ideen entwickeln

 Design-Thinking-Team

 Flipchart, Moderationskärtchen

 Ca. 30 Minuten

Indem Sie Wörter verbinden, die auf den ersten Blick nichts miteinander zu tun haben, generieren Sie neue Ideen oder Problemlösungen. Die Random-Input-Technik beruht auf der Erkenntnis, dass das Gehirn die Fähigkeit besitzt, Verbindungen auch zu fernen Begriffen herzustellen. Random Input ist auch als Reizworttechnik bekannt.

Vorgehen

- Schritt 1: Um systematisch nach einer neuen Idee zu suchen, definieren Sie schriftlich genau, wozu eine neue Idee entwickelt werden soll.
- Schritt 2: Stellen Sie dem Problem einen unabhängigen Begriff gegenüber, der in keinerlei Zusammenhang mit der Aufgabenstellung steht.
- Schritt 3: Notieren Sie zu diesem Begriff vier bis sechs charakteristische Merkmale.
- Schritt 4: Jetzt stellen Sie die Verbindung zum Ausgangsthema her und übertragen die Merkmale. Diesen Vorgang können Sie mit neuen unabhängigen Begriffen wiederholen.

BEISPIEL

Ein Kunde möchte seine Webseite so gestalten, dass sie sich von anderen deutlich unterscheidet. Dazu wählt er einen beliebigen Begriff aus dem Lexikon, z. B. Hubschrauber. Brainstorming: Rotor, drehende Tragflächen, Auftrieb, Senkrechtstarter, Schweben, Luftrettung, Transport, Militär. Kombinationen: rotierendes Design, Kategorien, die sich aufdrehen, Camouflage-Hintergrund, Fotos schwebend präsentieren usw.

Vorteile

- Sehr einfach
- Neuartige Denkimpulse bei Stagnation der Ideenfindung
- Häufiger Perspektivenwechsel durch mehr und neuartigere Ideen
- Geringer Aufwand
- Großer Nutzen

Nachteile

- Unklar durch unqualifizierte Anwendung und unscharfe Definition
- Unübersichtliche Vielfalt an einzelnen Variationen

61 TRIZ

 Lösung entwickeln

 Lösungen für aktuelles Problem aus anderen Problemen finden und anpassen

 Design-Thinking-Team

 Ausgedruckte Tabelle

 Bis zu 4 Stunden

TRIZ ist ein russisches Akronym für den Begriff der „Theorie der Auflösung von erfindungsbezogenen Aufgaben". Der russische Erfinder und Autor Genrich Altshuller und seine Kollegen entwickelten diese Technik während der Ära von 1946 bis 1985 in der UdSSR. TRIZ basiert auf der Annahme, dass durch die Sichtung einer großen Anzahl von Patentschriften allgemeingültige innovative Prinzipien und sogar Gesetze des Erfindens zu eruieren seien. Mehr als drei Millionen Patente wurden gesichtet, um dieses Muster zu entwickeln.

Überwinden von Widersprüchen Altshuller und seine Kollegen gingen davon aus, dass einer großen Anzahl von Erfindungen eine vergleichsweise kleine Anzahl von allgemeinen Lösungsprinzipien zugrunde liegt, dass außerdem erst das Überwinden von Widersprüchen innovative Lösungen möglich macht und darüber hinaus auch die Verbesserung technischer Systeme bestimmten Mustern und Gesetzmäßigkeiten folgt. Im Allgemeinen basiert die Theorie auf der Hypothese, dass irgendwann irgendwer irgendwo dasselbe oder ein ähnliches Problem bereits gelöst hat. Kreativ zu sein bedeutet dabei, diese Lösung zu finden und sie an das aktuelle Problem anzupassen.

TRIZ bietet eine gezielte und schnelle Lösungssuche und hilft, den technischen Widerspruch durch die Parameter und Grundprinzipien gezielt zu klassifizieren. TRIZ sucht wie die traditionelle FMEA (Fehlermöglichkeits- und Einflussanalyse, engl. Failure Mode and Effect Analysis) nach möglichen Fehlern, Ursachen und Folgen.

Wenn Sie die Technik anwenden wollen, identifizieren Sie zunächst die Probleme einer Produktentwicklung, beschreiben sie und abstrahieren sie so weit, dass Sie aus einem existierenden (Problem-)Lösungskatalog Lösungsansätze übernehmen können. Altschuller beschreibt in seiner Methode 37 Standard-Problemarten von technischen Produkten sowie 40 innovative Prinzipien, mit denen diese behoben werden können. Um die TRIZ-Technik zielführend durchführen zu können, benötigen Sie Erfahrung und Übung im Umgang mit dem komplexen Verfahren.

Vorgehen

- Schritt 1: Identifizieren Sie das aktuelle Problem in Ihrem Projekt.
- Schritt 2: Vergleichen Sie das Problem mit einem bestehenden bzw. im TRIZ benannten Problem (siehe Tabelle unten).
- Schritt 3: Identifizieren Sie die TRIZ-Lösung für das allgemeine Problem.
- Schritt 4: Verwenden Sie die vorgeschlagene Lösung, um das Problem zu eliminieren.
- Schritt 5: Beseitigen Sie Widersprüche. Mehr dazu s. u.

TRIZ geht davon aus, dass es einen grundlegenden Widerspruch zu jedem Problem gibt, der wiederum Basis für das Problem ist. Die Beseitigung dieses Widerspruchs trägt zur Lösung bei. Die Widersprüche in der TRIZ-Technik sind aufgrund ihrer Natur in technische und physikalische Widersprüche wie folgt kategorisiert:

1. Technische Widersprüche

Die technischen Widersprüche, die es im System gibt, verhindern es, ein bestimmtes Ziel oder die gewünschte Lösung zu erreichen. Beispiele:

- Das kreative Design ist gut, aber es verbraucht zu viel Projektzeit.
- Es gibt ein profitables Projekt, aber dem Unternehmen fehlt die Finanzierung, es zu unterstützen.
- Das Handynetz hat eine gute Abdeckung, aber die Übertragung schadet der Gesundheit der Anwohner.

2. Physikalische Widersprüche

Die physikalischen Widersprüche treten auf, wenn das Projekt oder das System entgegengesetzte Anforderungen hat. Wenn also der gleiche Teil des Systems zwei entgegengesetzte Bedürfnisse hat, wie etwa die folgenden:

- Eine Werbekampagne soll sowohl Männer als auch Frauen zur gleichen Zeit ansprechen.
- Das Interface-Design soll gleichzeitig einfach zu navigieren und voller Funktionen sein.
- Das kreative Team braucht Zeit zum Nachdenken, aber die Brainstorming-Zeit ist begrenzt.

Die TRIZ-Technik zielt darauf ab, die obigen Widersprüche einzugrenzen, um Probleme zu lösen. Technische Widersprüche können durch 39 Eliminationsprinzipien gelöst werden, während physikalische Widersprüche durch vier Prinzipien gelöst werden können, indem man das Supersystem, die Subsysteme sowie die Trennung von Zeit und Raum betrachtet. Um diesen Widerspruch zu bewerten, wird ein Bewertungsverfahren angewendet.

TRIZ – 40 innovative Prinzipien

Viele Lösungen und Methoden wurden mit der TRIZ-Technik implementiert, um Probleme zu lösen. Am gebräuchlichsten sind die 40 Prinzipien. Diese Prinzipien werden verwendet, um Widersprüche zu eliminieren und allgemeine Lösungen in den Schritten zwei und drei des TRIZ-Flusses zu finden. Kombiniert man diese 40 Grundprinzipien mit den 39 Parametern, entsteht eine Widerspruchsmatrix, die zwei Funktionen erfüllt:

1. Die Konzentration auf den Kernkonflikt des Problems, um dann
2. zielgerichtet potenzielle Lösungsansätze zu finden.

Überlegen Sie nun Folgendes:
- Improving feature – welcher System-Parameter soll verbessert werden? Was wird den Bedingungen der Aufgabe entsprechend verändert (vergrößert, verringert, verschlechtert)?
- Worsening feature – welcher System-Parameter verändert sich nicht so, dass die gewünschte Verbesserung eintritt? Was verändert (vergrößert, verringert, verschlechtert) sich unzulässig, wenn diese Änderungen mit herkömmlichen Verfahren herbeigeführt werden?

- Welche Prinzipien sind jetzt bei der Lösungssuche bezogen auf Improving und Worsening features in der Tabelle aufgelistet?
- Welche der empfohlenen Prinzipien kommen in Betracht, um das Problem zu lösen?

Die 40 Prinzipien sind:
- Zerlegung
- Abtrennung
- Örtliche Qualität
- Asymmetrie
- Kopplung
- Universalität
- Integration (Steckpuppe, Matrjoschka)
- Gegengewicht (Gegenmasse)
- Vorherige Gegenwirkung (vorgezogene Gegenwirkung)
- Vorherige Wirkung (vorgezogene Wirkung)
- Prinzip des „vorher untergelegten Kissens" (Prävention)
- Äquipotenzialität
- Funktionsumkehr (Inversion)
- Kugelähnlichkeit (Sphäroidalität)
- Dynamisierung
- Partielle oder überschüssige Wirkung
- Übergang zu anderen Dimensionen (Übergang zur höheren Dimension)
- Ausnutzung mechanischer Schwingungen
- Periodische Wirkung
- Kontinuität der nützlichen Wirkung (Kontinuität der Wirkprozesse)
- Prinzip des Durcheilens (Überspringen)
- Umwandlung von Schädlichem in Nützliches
- Rückkopplung (Feedback)
- Prinzip des „Vermittlers"
- Selbstbedienung
- Kopieren
- Billige Kurzlebigkeit anstelle teurer Langlebigkeit

- Ersetzen des mechanischen Systems (Ersatz mechanischer Wirkprinzipien)
- Anwendung von Pneumo- und Hydrosystemen
- Anwendung biegsamer Hüllen und dünner Folien
- Verwendung poröser Werkstoffe
- Farbveränderung
- Gleichartigkeit (Homogenität)
- Beseitigung und Regenerierung der Teile
- Veränderung der physikalischen und chemischen Eigenschaften (Veränderung des Aggregatzustands)
- Anwendung von Phasenübergängen
- Anwendung der Wärmeausdehnung
- Anwendung starker Oxydationsmittel
- Anwendung eines trägen Mediums (Verwendung eines inerten Mediums)
- Anwendung von Verbundwerkstoffen (Anwendung zusammengesetzter Stoffe)

Vorteile
- Anwender kann sich an einem konkreten Katalog an möglichen Problemlösungsansätzen orientieren und so systematisch verschiedene infrage kommende Ansätze durchspielen, bis eine geeignete Lösung gefunden ist.

Nachteile
- Nur für technische Produkte
- Komplexes analytisches Verfahren
- Erfordert Erfahrung

Prototyping

Übersicht

„Kein Plan überlebt den ersten Kontakt mit der Realität."
HELMUTH KARL BERNHARD VON MOLTKE

Als Design Thinker ist es unerlässlich, dass Sie Ihre Ideen testen, bevor Sie mit der Umsetzung des Projekts beginnen. Denn nur so stellen Sie sicher, dass diese Lösung auch der effektivste Weg ist, um das Ziel wirklich zu erreichen. Prototyping bietet eine einfache und schnelle Möglichkeit, zu testen, was funktioniert bzw. was für den Zweck geeignet ist – sei es für ein Produkt, einen Service oder einen Prozess.

Ein Prototyp ist als eine initiale oder vorläufige Version definiert, aus der andere Formen entwickelt werden. Dadurch erhalten Sie einen Einblick in die Funktionalität Ihres Designs und alle notwendigen Änderungen, um Ihre Arbeit zu einem guten Erlebnis und einer guten Erfahrung für die Nutzer zu machen. Ein Prototyp hilft Ihnen, alle Fehler auszubügeln – und er zeigt Ihnen, wie und ob Ihre Idee funktioniert.

Wie bei der Mehrheit der Konzepte in der Welt der Technologie kann das Prototyping in eine Vielzahl von verschiedenen Gruppen aufgeteilt werden. Der Trick dabei ist, die richtige Art von Prototypen für die richtige Art der Arbeit und zur richtigen Zeit zu verwenden. Das Testen eines Prototyps ist deshalb genauso wichtig wie das Prototyping selbst.

Die Nützlichkeit des Prototyping wird nicht offensichtlich, bis Sie es tatsächlich getan haben. Wenn Sie nur ein wenig Zeit einplanen, um zu überlegen und zu testen, wie Ihr Produkt oder Ihre Idee beim Endnutzer ankommt und welche Informationen und Funktionen enthalten sein müssen, werden Sie definitiv eine Menge Zeit sparen – nicht nur in der Entwicklung der Lösung, sondern auch in deren Umsetzung.

Wenn Sie selbst in die Zielgruppe fallen

Nicht selten passiert es, dass Freunde, Verwandte oder wir selbst Teil der Zielgruppe/Nutzer sind. Dennoch empfiehlt es sich ganz dringend, dass Sie Abstand von der Versuchung nehmen, die vertrauten Bedürfnisse ins Zentrum zu stellen, und trotzdem rausgehen, um fremde Menschen zu befragen und Feedback zu Ihren Ideen einzuholen.

Generell gilt: Bei Fragen zu Bedürfnissen der Kunden, Workflow, Motivationen, Gewohnheiten etc. fragen Sie am besten tatsächliche bzw. potenzielle Nutzer. Bei grundlegenden Usability-Fragen (Ist das Vorhaben verständlich? Haben wir einen wesentlichen Schritt übersehen?) ist die Zielgruppe noch nicht so eng. An dieser Stelle können Sie im Notfall – also, wenn Sie schnell Feedback brauchen, weit und breit kein anderer Mensch zu sehen ist, es keinen Handyempfang gibt, Sie einen Bandscheibenvorfall haben und sich kaum bewegen können – Feedback von Freunden und Familienmitgliedern einholen, solange diese ähnliche Eigenschaften wie Ihre Zielgruppe besitzen. Diese Ausnahme endet aber spätestens dann, wenn Sie spezifisches

Fachwissen oder Erfahrung mit einem gewissen Programm vor-
aussetzen müssen. In diesem Fall ist es unumgänglich, dass die
Testperson dieses Know-how ebenfalls hat. Andernfalls riskie-
ren Sie, mit irreführenden Aussagen zu arbeiten.

Selbst wenn Ihre Bekannten und Verwandten dieses Know-how
besitzen und tatsächlich in die Zielgruppe fallen, ist es ratsam,
Feedback von außerhalb zu holen. Warum? Weil fremde Menschen in der Regel ehrlicher (und brutaler) als Menschen sind,
die Sie länger und besser kennen und die Ihnen vielleicht einen
Gefallen tun wollen oder mit gut gemeinten Ratschlägen aushel-
fen möchten. Bei fremden Menschen ist die Hemmschwelle einfach niedriger, weil es keine persönliche Verbindung gibt.

Feedback
von außen

Vermeiden Sie es außerdem, Tests oder Beobachtungen mit den
gleichen Personen zu wiederholen. Auch hier kommt es zwar darauf an, was Sie in erster Linie herausfinden wollen. In der Regel
geht es aber darum, eine Stichprobe aus einer Vielzahl von repräsentativen Nutzern zu erhalten. Und die bekommen Sie eben
nur dann, wenn Sie auch viele verschiedene Personen fragen.
Die ganze Mühe wäre umsonst, denn Wiederholung führt zu Be-
triebsblindheit. Die Menschen werden mit dem Prozess vertraut
und reagieren (unbewusst) nur mehr auf die Neuerungen. Damit
untergraben Sie Ihre eigenen guten Absichten und Ihre Arbeit.

Ich gebe es zu: Es ist mitunter eine große Herausforderung, ausreichend Tester und Nutzer in bestimmten Gebieten zu finden.
Aber dafür gibt es eine einfache Lösung: Sehen Sie sich neue
Methoden und Tools an, die Ihnen helfen, Feedback von räum-
lich entfernten Menschen einzuholen. Gerade bei allgemeine-
ren Themen ist es einfach, eine Vielzahl an Teilnehmern zu finden, die gerne in Live-Interviews über GoToMeeting, iChat oder
Google Hangouts Rede und Antwort stehen. Auch wenn Sie
mobile Prototypen testen wollen, gibt es dazu Lösungen. Bitten Sie Ihre Teilnehmer, Screensharing oder Webcams zu erlauben. Oder Sie verwenden Tools wie usertesting.com, um direkt
am Desktop zu testen.

Die Suche nach realen Zielkunden und Nutzern bedeutet vielleicht ein wenig mehr Arbeit, als wenn Sie Ihre Ideen gleich mit Freunden und Familie besprechen. Aber es lohnt sich! Denn am Ende werden Sie viel bessere Ergebnisse erzielen. Nehmen Sie sich also besser die zusätzliche Zeit und machen Sie es von Anfang an richtig.

Erfolgsfaktoren für das Prototyping

Durch meine Projekte und Workshops habe ich gelernt, dass wirklicher Erfolg vor allem ein Umdenken bedeutet, auch beim Prototyping. Hier habe ich die wichtigsten Erfolgsfaktoren für Sie zusammengestellt:

Denken Sie mit den Händen

Sobald Sie beginnen, an einem konkreten und greifbaren Prototyp zu arbeiten, öffnen Sie eine andere Quelle Ihrer Kreativität: Beginnen Sie, mit Ihren Händen zu denken. Die Ideen werden um ein Vielfaches besser, wenn Sie die Energie aus Ihrem Kopf direkt in Ihre Hände fließen lassen. Findet das Ganze dann noch in einem Team statt, führt es die Beteiligten zur Hochleistung. Das ist der Punkt, an dem alle um eine Idee versammelt stehen und diskutieren. Der Bau des Prototyps beseitigt mögliche Missverständnisse, unterschiedliche Interpretationen oder Annahmen und bietet Lösungen. Durch das Denken mit den Händen wird Ihr inneres Kind wiederbelebt und kann nicht mehr durch innere Kritiker oder Kopfkino-Vorstellungen über Menschen, die Sie auslachen, aufgehalten werden.

Ausrichten auf das Wesentliche

Eine wichtige Lernerfahrung ist, dass Sie Paralyse durch Analyse vermeiden können. Hören Sie auf, jeden Punkt in all seinen Einzelheiten zu zerreden, und machen Sie einfach! Bauen Sie Ihren Prototyp! Eine meiner entscheidenden Erkenntnisse ist, dass die Teams, die sofort mit der Umsetzung ihrer Idee begonnen haben, am Ende bessere und erfolgreichere Ergebnisse hatten als jene Teams, die analysieren und alles bis ins Detail planen, bevor sie anfangen, auch nur irgendetwas zu bauen. In meinen Projekten erlebe ich immer wieder Teilnehmerinnen und Teilnehmer, die sich zuerst eine große Vision ausdenken und diese bereden wollen, weil sie denken, dass das wichtig für die Vorbereitung ist. Dabei müssen sie einfach die Vorstellung in ihrem Kopf durch ihre eigenen Hände wahrmachen. Das erst ermöglicht neue, kreative Energien und schafft Platz für weitere Ideen des Teams rund um die mögliche Lösung.

Feiern Sie Misserfolge

Wir versuchen oft, Misserfolge jeglicher Art strikt zu vermeiden. Aber genau diese Misserfolge sind ein ganz wichtiger Teil im Prototyping und sollten sogar aktiv verfolgt werden. Wenn der Prototyp rundläuft und alle damit zufrieden sind, können Sie nichts Neues daraus lernen. Dabei dreht sich das Prototyping nur ums Lernen. Wir brauchen das Feedback, damit wir aus dem lernen können, was schiefgelaufen ist, um dann besser zu werden. Scheitern Sie also möglichst oft, aber achten Sie darauf, dass Sie dabei etwas gelernt haben und etwas verbessern können. Achten Sie vor allem darauf, dass Sie schon früh beginnen zu lernen – zu einem Zeitpunkt, an dem Sie noch nicht viel Zeit oder Geld investiert haben.

In meinen Beratungen arbeite ich deswegen gezielt mit Spielen, die vom Improvisationstheater inspiriert sind. Die Spiele sind so angelegt, dass die Personen zunächst eine leichte Aufgabe bekommen, die dann im Verlauf immer schwieriger wird, bis sie einfach nicht mehr gelöst werden kann. Wenn dieser Punkt erreicht ist, bitte ich die Beteiligten, ihre Hände weit in die Höhe zu strecken, nach oben zu sehen und so laut sie können zu schreien: „Super! Ist das toll!" Das Scheitern wird dadurch öffentlich anerkannt, andere können auch daraus lernen und Informationen mitnehmen, und die scheinbar „Gescheiterten" können es erneut versuchen. Die Teilnehmer sagen mir oft, dass sie sich danach befreit fühlen und ganz heiß darauf sind, weiter zu verbessern, es nochmals zu versuchen und vielleicht wieder zu scheitern. Sie können über ihre Fehler lachen – manchen macht es sogar so viel Spaß, dass sie bewusst versuchen, Fehler zu machen.

Unternehmen müssen eine Kultur schaffen, in der Scheitern erlaubt ist – damit die Dinge schneller zum Besseren verändert werden können.

Schnell und billig

Rapid Prototyping ist ein Verfahren, bei dem Sie am laufenden Band einen Prototyp nach dem anderen entwickeln. Das bedeutet, dass Sie zunächst gegen Ihre Tendenz aktiv Widerstand leisten müssen, die Dinge perfekt zu machen oder sie laufend zu verbessern. Erfolg ist nur dann möglich, wenn wir die Geschwindigkeit erhöhen. Damit eine neue Tür aufgeht, muss eine andere geschlossen werden. Deswegen ist es manchmal auch nötig, dass Sie Ihre Lieblingsidee töten müssen – um eine neue Idee hervorzubringen. Das Wort Prototyp ist mit dem Glauben an ein Produkt oder eine Idee verbunden, die ganz kurz vor der Markteinführung steht. Aber ein Prototyp muss schon viel früher im Prozess entstehen – nur dann kann er Ihr Denken fördern und neue Ideen zutage bringen. Sie brauchen also viele Prototypen, die Sie Ihren Nutzern in die Hand geben können, damit diese sie testen. Der wirklich endgültige Prototyp steht am Ende einer langen Schlange von Prototypen.

Iterationen

Die Macht des Prototypings besteht vor allem in den ständigen Wiederholungen. Sie durchlaufen den Prozess immer wieder, bis Sie an einem Punkt angelangt sind, an dem Sie mit der Umsetzung starten können, weil die wesentlichen Dinge geklärt sind. Erfolgreiche Unternehmen haben diese Denkweise bereits übernommen: Ideen brauchen mehrere Iterationen, mit denen das Denken erst beginnen kann und die zum Experimentieren und Lernen einladen. Sie müssen sich bewusst machen, dass alles, was Sie hinzufügen oder anpassen, nur von kurzer Dauer sein wird – bis zur nächsten Iteration. Das methodische Konzept des Kaizen – das auf die kontinuierliche Verbesserung abzielt – nutzt die Kraft der vielen Iterationen.

Die besten Prototyping-Werkzeuge

Heutzutage gibt es eine riesige Auswahl an leistungsfähigen, kostengünstigen Tools für das Prototyping. In meinen Projekten habe ich die beste Erfahrung mit diesen Prototyping-Tools gemacht – zu denen Sie Ihrem Team ebenfalls einen einfachen und ständigen Zugang verschaffen sollten:

LEGO®
Eines der beliebtesten und am meisten gebrauchten Werkzeuge beim Prototyping ist LEGO®. Vor allem in den frühen Prozessstadien wird oft die LEGO®-Kiste hervorgeholt und schnell mal ausprobiert und gebaut.

Bleistift und Papier
Buntstifte und Papier sind das älteste und beste Tool, das ein Mensch jemals erfunden hat. Vor allem, wenn Sie ein Storyboard schnell skizzieren möchten, eignen sich diese Werkzeuge hervorragend dafür.

Verkleidungen
Gerade wenn es um Prozesse oder um die Entwicklung von Dienstleistungen geht, helfen Rollenspiele, um mögliche Denkfallen effizient zu enttarnen. Schlüpfen Sie doch mal wortwörtlich in die Schuhe des Nutzers, und achten Sie darauf, was mit Ihnen passiert! Bei der Verwendung dieser einfachen Materialien sollten Sie das Wort „todernst" aus Ihrem Sprachgebrauch streichen. Überwinden Sie Ihre Bedenken! Zu Beginn meiner Beratungen war ich selbst skeptisch, wie in Konzernen mit meinen Ideen umgegangen wird, aber Sie würden sich wundern, mit wie viel Elan die CIOs dabei sind und nicht im Traum daran denken,

dass sie damit ihre wertvolle Zeit vergeuden könnten. Lassen Sie Ihr inneres Kind raus: Das weiß, was es bedeutet, kreativ zu sein und Freude am Spiel zu haben!

3-D-Drucker

3-D-Drucker sind heutzutage bereits relativ günstig zu haben und gehören in die Grundausstattung von erfolgreichen Unternehmen. Sie müssen so nicht direkt auf Spezialisten zurückgreifen, die teuer sind, sondern können die Idee schnell visualisieren.

Virtuelle Realität

3-D-Modellierungen oder Online-Spiele können schnell eine Idee auf einem Notebook simulieren. Die Werkzeuge dazu sind in der Regel kostengünstig zu kaufen. Weitere fortschrittliche Computersimulationen sind sehr leistungsfähig und ausreichend, um für viele Lernerfahrungen zu sorgen. Gerade „SimCity" habe ich selbst schon oft eingesetzt, um Ideen rund um Städte, Mobilität und Gemeinden sichtbar zu machen.

Online-Feedback

Online-Befragungen sind einfach zu erstellen und zeigen schnelle Ergebnisse. „Surveymonkey" ist eine kostenlose Ressource, um schnell eine einfache Umfrage zu entwickeln. Quantitatives Feedback ist vor allem dann nützlich, wenn Sie verschiedene Versionen eines Prototyps testen oder Ideen für ein bestimmtes Feature abfragen möchten. Versuchen Sie aber, die Ergebnisse als Erkenntnisse zu sehen – auch ohne sie statistisch zu validieren.

Prototyping ist eine wirklich wichtige Aufgabe und nicht wegzudenken bei der Suche nach innovativen Durchbrüchen. Der spielerische Geist zusammen mit der Funktionalität schafft Sicherheit, dass wir scheitern dürfen, fördert unsere Kreativität und ist wichtiger Kraftstoff für weitere Iterationen. Es ist eine Tatsache, dass selbst hochrangige Führungskräfte diese Phase im Design-Thinking-Prozess sehr genießen. Deswegen: Denken Sie mit Ihren Händen und lassen Sie sich voll und ganz auf das Abenteuer Prototyping ein!

Die Techniken, die Sie in diesem Abschnitt finden werden, bieten Ihnen eine Reihe von einfachen, aber sehr effektiven Mitteln an, mit denen Sie Prototypen Ihrer Entwürfe erstellen können.

Case Study Aduno Gruppe:
Das Portemonnaie zum Anziehen

Das Innovationsmanagement der Aduno Gruppe hat die Aufgabe, neue Ideen mithilfe des Design-Thinking-Ansatzes auszuprobieren. Dazu werden spannende Inputs, kreative Köpfe und Spitzentechnologien zusammengebracht und Ideen ausprobiert, die die Zukunft der Zahlungen und Finanzierungen ändern werden.

Bezahlen mit Bankomatkarte und PIN ist schon fast überholt. Immer mehr Supermärkte erlauben es den Kunden, an der Kasse kontaktlos zu bezahlen. Dazu reicht das bloße Hinhalten der Karte an ein Terminal. Aber das ist noch lange nicht das Ende: Unternehmen arbeiten bereits mit Hochdruck an tragbaren Zahlkarten (Payment Wearables). Seit Ende 2016 hat auch die Aduno Gruppe unter dem Markennamen izi ihr Produkt eingetragen. Der Clou: Das Payment Wearable izi funktioniert wie eine Zahlkarte, wird jedoch am Körper getragen.

Mit dem Ring bezahlen anstatt mit der Kreditkarte
Wie genau das aussehen kann, wird gerade noch getestet. Eine Möglichkeit wäre, das Armband, den eigenen Schlüsselanhänger oder selbst einen Ring als Kreditkarte zu nutzen. Der Grund: Nicht alle wollen mit dem Handy zahlen. Das ergaben Studien direkt in den Unternehmen, bei denen unter anderem das typische Kaufverhalten beobachtet und hinterfragt wurde.

Momentan arbeitet Aduno mit Hochdruck an einem Prototyp, den etwa 130 ausgewählte Kunden und Mitarbeiter testen werden. Das Feedback wird dann in die Perfektionierung von izi einfließen.

Isabella Gyr, Innovationsmanagerin: „Die Digitalisierung erfasst alle Unternehmensbereiche und gewinnt vor allem auch in der Finanzbranche laufend an Bedeutung. Unsere Kunden wollen individuelle und einfach bedienbare Lösungen. Mit dem Design-Thinking-Ansatz kommen wir diesem Bedürfnis nach und erreichen eine geniale 360-Grad-Sicht auf unseren Kunden und sein Umfeld. Das ermöglicht wiederum verbesserte Services, mit denen die Kunden schnell und günstig von neuen Technologien und Lösungen profitieren sollen."

Warm-ups

Die letzte Phase, das Bauen und Testen des Prototyps, erfordert Fantasie und eine gute Stimmung im Team. Schließlich geht es darum, die gemeinsam ausgearbeiteten Ideen zu visualisieren und dem potenziellen Nutzer zu präsentieren. Teamzusammenhalt ist gefragt, aber auch mit Freude und Selbstbewusstsein Ihre Lösung im Außen zu präsentieren. Machen Sie sich und Ihr Team fit dafür:

The last Samurai

	Energizer
	Macht munter
	6 – 10 Personen
	keine
	5 – 10 Minuten
	▪ Fördert Beweglichkeit ▪ Bringt Schwung rein ▪ Fokus wird geschärft
	▪ Wichtig ist die Schnelligkeit ▪ Schüchterne Personen trauen sich oft nicht mitzumachen und müssen erst auftauen

Vorgehen

- Schritt 1: Die Gruppe steht im Kreis, alle haben die Hände zu einem Schwert (Finger zusammen) ausgestreckt.
- Schritt 2: Der Moderator beginnt, indem er einen anderen Teilnehmer mit einem Schritt nach vorne und einem angedeuteten Schwerthieb anvisiert und dabei „Hi" schreit.
- Schritt 3: Der getroffene Teilnehmer erwidert mit einem lauten „Ha" und wirft die gestreckten Hände nach oben.
- Schritt 4: Die beiden Nachbarn des Getroffenen geben der Person mit „Ho" und Schwert seitlich in den Bauch den Todesstoß. Der Getötete greift den nächsten an.
- Schritt 5: Wer zu langsam ist oder etwas Falsches ausruft, scheidet aus.
- Schritt 6: Gewonnen haben die letzten drei Samurais.

Tschuri und Rosetta

	Energizer
	Weckt müde Geister auf
	4+ Personen
	keine
	5 – 10 Minuten
	▪ Schnelle Übung ohne viel Aufwand ▪ Kurbelt den Kreislauf an und macht munter ▪ Teamgedanke wird gefördert
	▪ Vorsicht vor Zusammenstößen

Der Komet Tschurjumow-Gerassimenko (von Forschern und seit Mitte 2014 auch von den Medien Tschuri – englisch Chury – genannt) ist der erste Komet, den eine Raumsonde begleitet hat, nämlich Rosetta. Rosetta ist eine Weltraummission der ESA und eine inzwischen inaktive Raumsonde. Nach dem von ihr ausgesetzten Lander Philae war sie die zweite Sonde überhaupt, die auf einem Kometen aufgesetzt hat. Von August 2014 bis September 2016 umkreiste sie den Kometen Tschurjumow-Gerassimenko, warf den Lander Philae ab und ging am 30. September 2016 wie geplant auf dem Kometen nieder.

So wie Rosetta im echten Leben Tschuri umkreiste, umkreisen in diesem Spiel die Teilnehmerinnen und Teilnehmer einander – um sich zu aktivieren und nach einer langen Sitzphase die müden Geister wiederzuerwecken.

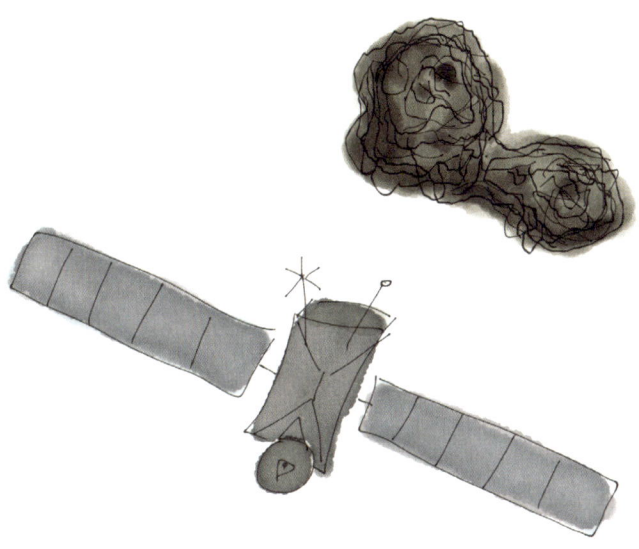

Vorgehen
- ▥ Schritt 1: Die Teilnehmer stellen sich in einem Kreis auf.
- ▥ Schritt 2: Jeder Teilnehmer sucht sich in Gedanken und lautlos einen anderen Teilnehmer aus, der für ihn sein „Komet" (sein Tschuri) ist.
- ▥ Schritt 3: Gleichzeitig ist jeder einzelne der Teilnehmer auch Rosetta, also Satellit.
- ▥ Schritt 4: Auf ein Zeichen des Moderators geht es nun darum, möglichst schnell als Rosetta seinen Tschuri dreimal unverletzt zu umkreisen.

62 AAR-Rückblick

	Analyse
	Fehler und Erfolgsfaktoren eines Problems für alle Mitglieder im Team sichtbar machen, weitere Potenziale erkennen, wichtige Stärken ausbauen und offensichtliche Schwächen abbauen
	1 – x Personen
	Flipchart, Moderationskärtchen (verschiedene Farben, um einfacher Muster zu erkennen)
	30 – 60 Minuten

Der AAR-Rückblick (AAR = After Action Review) folgt dem Credo „Suche nicht nach Fehlern, sondern verstehe, was war, und gehe weiter". Zudem verbessert der AAR-Rückblick wichtige Werte, wie Offenheit, Toleranz und Vertrauen, im Team.

Ein AAR ist also ein methodischer Rückblick auf ein Problem, dessen Lösung und Umsetzung. Ziel dieses Reviews ist es, Fehler und Erfolgsfaktoren des Problems für alle Mitglieder im Team sichtbar zu machen, weitere Potenziale zu erkennen, wichtige Stärken auszubauen und offensichtliche Schwächen abzubauen.

Diese Kreativitätstechnik sollte fester Bestandteil am Ende einer jeden Problemlösung sein, um den gesamten Weg eines Problems zu analysieren und daraus für die nächsten Probleme und deren Umsetzung zu lernen, zu justieren und zu optimieren.

Der AAR-Rückblick kann verschieden aufwendig sein – von einem kurzen Rückblick alleine oder zu zweit nach einem Meeting bis hin zu einem eintägigen Rückblick eines Projektteams am Schluss eines größeren Projekts. Alle Teilnehmer ziehen unmittelbar aus dem Rückblick ihre Erkenntnisse. Sie können diese Erkenntnisse dokumentieren und mit einem weiteren Kollegenkreis teilen.

Analyse des gesamten Problemlösungswegs

Vorgehen

- Schritt 1: Formulieren Sie den Fokus: Was wollten wir erreichen? Stellen Sie die Ziele und die erwarteten Resultate in den Raum.
- Schritt 2: Stellen Sie die Kernfragen: Was geschah wirklich? Was ging gut? Warum? Was hätte besser sein können?
- Schritt 3: Nennen Sie die gewonnenen Einsichten für zukünftige Targets und Projekte.
- Schritt 4: Stellen Sie sicher, dass alle sich verstanden fühlen, bevor Sie den Rückblick abschließen.
- Schritt 5: Dokumentieren Sie kurz alle wichtigen Einsichten und bauen Sie diese in Ihren Prototyp ein.

Vorteile

- Fördert die Offenheit, Toleranz und Lernbereitschaft von Gruppen, weil nicht auf eine Problemanalyse oder gegenseitige Schuldzuweisung fokussiert wird.
- Im Fokus stehen Erkenntnisse, die für künftige Prozesse bzw. Projekte berücksichtigt werden können.

Nachteile

- Kann sehr umfangreich sein und damit ressourcenaufwendig
- Gute Vorbereitung notwendig
- Notwendige Voraussetzungen sind Vertrautheit, Kritikfähigkeit und eine vorwurfs- und vorurteilsfreie Kommunikation.

63 Advocatus diaboli

 Evaluierung

 Andere Perspektiven einnehmen, um eine andere Sicht auf das Problem zu gewinnen

 Design-Thinking-Team

 Keine

 15 – 30 Minuten

„Advocatus diaboli" ist ein alter lateinischer Ausdruck und bezeichnete ursprünglich in der römisch-katholischen Kirche die Person, die im Verfahren der Selig- bzw. Heiligsprechung Argumente gegen die besprochene Persönlichkeit zu sammeln und vorzutragen hatte. Ihr Gegenspieler war der Advocatus angeli, der für die Seligsprechung argumentierte.

Heute wird als Advocatus diaboli auch eine Person bezeichnet, die ganz bewusst eine Gegenposition vertritt und so häufig auch Partei für die eher kritische Seite ergreift. Im weiteren Sinne bezeichnet man im Bereich der Rhetorik jemanden als Advocatus diaboli, der mit seinen Argumenten die Position der Gegenseite vertritt, ohne ihr selbst anzugehören. Häufig findet man auch die falsche Bezeichnung Advocatus diabolus.

Durch die Advocatus-diaboli-Haltung sollen verschiedene Sichtweisen zu einer Idee oder einem Problem entwickelt werden. Die Teilnehmer ändern durch die kontroverse Sichtweise ihre Perspektive und können dadurch Standpunkte bewusst wechseln.

Vorgehen

- Schritt 1: Ein Teilnehmer oder eine Gruppe übernimmt zu einem vorgegebenen Thema oder einer Idee die Rolle des Advocatus diaboli.
- Schritt 2: Durch kontroverse Argumentation versucht dieser Teilnehmer oder die Gruppe, die anderen Teilnehmer oder Gruppen zu überzeugen.
- Schritt 3: Anschließend diskutieren alle Teilnehmer, welche Idee überzeugen konnte und welcher Vorschlag nicht so gut angekommen ist.

Vorteile

- Bewusster Perspektivenwechsel fördert unterschiedliche Sichtweisen.
- Bewusste, kontroverse Diskussion
- Schärfung der eigenen Position
- Verhindert Gruppendenken

Nachteile

- Kann dauern, bis man wirklich gute „Teufels"-Argumente findet
- Erfordert einen rhetorisch geschickten „teuflischen" Anwalt, der gut argumentiert

---

Case Study BLAHA:
Vom Kunden-O-Ton zum direkt umgesetzten Pappkarton

Der österreichische Büromöbelhersteller BLAHA steht für innovatives Design aus heimischer Produktion. Firmensitz, Produktion und Vertrieb befinden sich an einem einzigen Standort und ermöglichen dadurch eine einzigartige Just-in-time-Zusage, nämlich innerhalb von nur 9 Werktagen zu liefern. Ein großes Versprechen in dem heiß umkämpften Büromöbelmarkt, der in den vergangenen Jahren deutlich unter Druck stand. So ist alleine 2013/2014 die Nachfrage nach Büromobiliar um 15 Prozent gesunken. Die gesamte Branche setzte 2014 in Österreich 221 Millionen Euro um – der zweitniedrigste Umsatz seit dem Jahr 2000[1].

Das Familienunternehmen, das bereits seit 1933 besteht und 1947 nach dem Zweiten Weltkrieg neu aufgebaut wurde, versteht sich als fraktales Unternehmen. Das bedeutet, dass die Basis ein informations- und kommunikationsintensives Netzwerk ist, das wiederum aus selbstständig agierenden Einheiten (Teams) besteht. Grundlage dafür ist der Kybernetische Grundsatz von Ross Ashby: „Wann immer Sie ein hochdynamisches, hochkomplexes Problemsystem haben, brauchen Sie ein mindestens so dynamisches und komplexes Lösungssystem."

Diesen Grundsatz hat sich der Bürohersteller BLAHA vor allem in Bezug auf Kreativität zu eigen gemacht. Wie entsteht Kreativität bei BLAHA? Gearbeitet wird dazu in Teams, die große Freiheiten genießen und die zur Selbstorganisation, Selbstoptimierung und Eigenverantwortlichkeit angehalten sind. Dieses Zusammenwirken funktioniert deswegen, weil dahinter qualitätsgesicherte und klare Regeln und Prinzipien liegen. Wie z. B. die Vertretungsregel: In allen Teams muss jeder jeden vertreten können, also die Arbeit des anderen übernehmen können.

Damit das Unternehmensgeschehen durch diese Organisationsform, die sich die meiste Zeit innerhalb der einzelnen Teams abspielt, funktioniert, wurde ein tägliches Meeting einberufen, der sogenannte SK-0k-Punkt (= Sonderkonstruktion, ein Synonym für neue Produkte). In einem solchen Meeting trifft der Verkauf in der Café-Lounge des Unternehmens mit der Produktion und der Entwicklung zusammen, um Kundenwünsche, Trends und neue Produktideen zu besprechen. Der Verkauf berichtet darüber, was der Kunde sich

---

1 http://www.marktmeinungmensch.at/news/markt-fuer-bueromoebel-weiter-im-sinkflug/ abgerufen am 14.06.2017 um 11:15h

wünscht, vor welchen Herausforderungen er momentan steht, was ihn beschäftigt. Die Produktion überlegt sodann laut mit der Entwicklungsabteilung eine mögliche, daraus resultierende Produktidee. So werden laufend Produktentwicklungen angestoßen, die auch sogleich direkt beim Kunden durch den Vertrieb getestet werden.

Bei einem solchen Treffen finden sich verschiedene Persönlichkeiten wieder. Einerseits gibt es die sogenannten Broker, die selber kein Spezialwissen haben, aber wissen, wo ein solches Spezialwissen zu finden ist. Daneben gibt es die Creater, die immer wieder neue Ideen entwickeln und Neues an den Start bringen. Und zu guter Letzt gibt es noch die Owner, die das nötige Fachwissen mitbringen und wissen, wie die Gedanken und Ideen zu Ende gebracht werden können.

Das Ergebnis dieses gemeinsamen Denkprozesses ist zunächst eine einfach niedergezeichnete Idee, die immer weiter verfeinert wird, bis ein Laser sie in einem Pappkarton maßstabsgetreu umsetzt. Auf Herz und Nieren getestet und ausprobiert, entsteht schließlich ein Produkt, das es am Markt zu kaufen gibt. Möglich ist dieser Prozess nur durch eine offen gelebte Fehlerkultur, die neue Ideen ermutigt und Druck verhindert.

Die grundlegende Erkenntnis des Firmenchefs Friedrich Blaha: „Kreativität kann man nicht managen   man kann aber als Führungskraft Rahmenbedingungen schaffen, die Kreativität hervorruft."

--- --- --- --- --- --- --- --- --- --- --- ---

 **64** Bau eines Prototyps

	Feedback einholen
	Ideen, Projekte, Gedanken visualisieren
	Design-Thinking-Team
	Stifte, Papier, Klebeband, Knetmasse
	5 – 20 Minuten

Prototypen helfen uns, die Dinge zu visualisieren und diese Ideen zu teilen und zu besprechen. Jede Situation, jeder Gedanke – so ziemlich alles – kann in einem Prototyp umgesetzt werden.

Varianten

- Erstellen Sie ein Storyboard: Ein Storyboard besteht aus einer Reihe von Zeichnungen, die zeigen, wie der Nutzer durch die Aufgabe kommt, indem er das zu entwickelnde Produkt benutzt.
- Visualisieren Sie Ihre komplette Erfahrung mit der Idee oder dem Problemlösungsansatz über die Zeit durch eine Reihe von Bildern, Skizzen, Cartoons oder auch nur Textblöcke. Strichmännchen sind toll – Sie brauchen dafür kein Künstler zu sein. Verwenden Sie Haftnotizen oder einzelne Blätter Papier, um das Storyboard zu erstellen, sodass die Reihenfolge der Bilder immer wieder neu angeordnet werden kann.
- Erstellen Sie nun ein Diagramm, um den Workflow zu beschreiben und zu zeigen, wie und wo genau der Nutzer im Prozess unterstützt wird. Probieren Sie dabei verschiede-

ne Versionen aus: Struktur, Netze oder auch den Prozess Ihrer Idee.

- Erzählen Sie die Zukunftsgeschichte Ihrer Idee. Beschreiben Sie, wie die Erfahrung sein wird. Schreiben Sie einen Zeitungsartikel über diese Idee. Entwerfen Sie eine Stellenbeschreibung. Beschreiben Sie die Idee, wie Sie sie auf der Webseite ankündigen würden.
- Beschreiben Sie Ihre Idee in Form einer Werbeanzeige. Übertreiben Sie dabei ruhig, und heben Sie bestimmte Eigenschaften hervor.
- Erstellen Sie ein Mock-up: Bauen Sie eine Attrappe anhand einfacher Skizzen auf dem Papier.
- Erstellen Sie ein 3-D-Modell: Stellen Sie Ihre Idee plastisch dar. Verwenden Sie dazu Papier, Pappe und auch andere Materialien.

Vorteile

Realisierung der Designkonzepte

Der Bau eines Prototyps ermöglicht es den Teams, ihre Konzepte über die virtuelle Visualisierung hinaus zu realisieren. So können sie das Erscheinungsbild des Designs in seiner Gesamtheit verstehen. Dies hilft ihnen, ihre Ideen voranzubringen und sie in ihrem Design noch vor der Fertigstellung zu implementieren. Zudem bietet diese Technik auch die Möglichkeit, dem Endkunden das Konzept zu präsentieren – er erhält so ein realistischeres Bild des Konzepts, als wenn er es nur auf dem Bildschirm sieht.

Sofortige Einbeziehung der Änderungen

Mit einem physikalischen Modell in der Hand ist es möglich, das Feedback des Kunden schnell in die Weiterentwicklung zu integrieren. Vor der Fertigstellung des Designs sind mehrere Iterationen erforderlich. Mit jedem iterativen Prozess verbessert sich das Design weiter und baut dadurch Vertrauen auf – sowohl beim Designer als auch beim Endverbraucher. Das hilft auch bei der Ermittlung des tatsächlichen Bedarfs des Marktes, sodass es möglich ist, wettbewerbsfähige Produkte zu entwickeln, die eine hohe Akzeptanz in der Zielgruppe haben.

■ **Kosten und Zeit sparen**

Die Live-Demonstration an erstellten Prototypen ist höchst effektiv und belohnt Sie im Vergleich zur Entwicklung mit deutlich geringem Aufwand und spürbar reduzierten Kosten. Jeder Projektbeteiligte kann durch die Nutzung von Prototypen aktiv eingebunden werden.

■ **Anpassen des Designs**

Der größte Vorteil, einen Prototyp zu bauen, liegt darin, dass Sie maßgeschneiderte Produkte nach den individuellen Anforderungen entwickeln können. Es erfordert keine speziellen Werkzeuge oder Prozesse, um Design-Änderungen in das Produkt zu implementieren. Eine kleine Änderung im Modell – aber der gesamte Prozess bleibt der gleiche.

■ **Minimierung von Fehlern**

Die Herstellung eines Prototyps bietet die Möglichkeit, Fehler in der Konstruktion vor der Massenproduktion zu erkennen. Die Materialien, die für das Prototyping zur Verfügung stehen, ähneln stark denen des eigentlichen Produkts, wodurch es in den meisten Fällen leichter möglich ist, physikalische Tests durchzuführen. Die Risiken von Fehlern und Usability-Problemen können sehr früh identifiziert werden – so lassen sich Probleme vermeiden, die später während des Herstellungsprozesses auftreten könnten.

Nachteile
- ■ Die Bauzeit ist zu lang.
- ■ Überprüfer neigen dazu, eher oberflächliche Aspekte zu bemerken als den Inhalt.
- ■ Entwickler sind abgeneigt, Dinge zu ändern, für deren Anfertigung sie Stunden gebraucht haben.

Case Study Lunar:
Wie Lunar den vernetzten Kunden
beim Einkauf begleitet

Junge Menschen sind immer auf dem Sprung – am Morgen müssen sie den Zug rechtzeitig erwischen, um pünktlich zur Arbeit zu kommen, die sie dann den ganzen Tag über einnimmt. Den Abend wollen sie am liebsten gemütlich mit Freunden verbringen. Da bleibt keine Zeit, sich auch noch Gedanken um den Lebensmitteleinkauf bzw. das Abendessen zu machen. Obwohl sie gerne öfter selbst kochen würden – nicht zuletzt, weil sie damit auch Geld sparen könnten –, fühlen sich viele am Ende des Tages einfach zu müde, um noch darüber nachzudenken, was es zum Abendessen geben könnte. So ist der gesamte Kochprozess – von der anfänglichen Planungsphase bis hin zum Abwasch – eine unglaublich zeitaufwendige Angelegenheit.

„Wie können wir unseren Kunden die Essensplanung erleichtern?"
Mit dieser Herausforderung beschäftigte sich das Food Tech Projects Team bei Lunar, als es überlegte, mit welchem Angebot es folgenden Kundenaussagen begegnen könnte: „Ich entscheide spontan, was ich essen möchte", „Ich gehe mehrmals pro Woche einkaufen", „Meine Kinder bestimmen nicht mit, was es zu essen gibt. Dann gäbe es nur Pommes ...", „Ich habe keine Lust, mich mit der Essensplanung auseinanderzusetzen", „Wir stimmen uns im Laufe des Tages ab, was wir abends essen werden" etc.

Auch der Lebensmittelhandel ist im Zeitalter der Digitalisierung angekommen – und so suchen Unternehmen wie Lunar nach nutzerorientierten technologischen Verbesserungen wie beispielsweise Handy-Anwendungen für die Herstellung von Einkaufslisten oder die Einlösung von Coupons. Durch Interviews mit Kunden vor Ort und vorläufige Prototyping-Ergebnisse konnte das Team schnell feststellen, dass diese digitalen Neuentwicklungen den Alltag durchaus erleichtern können. Digitale In-Store-Innovationen, wie Rezeptsuche oder Weinempfehlungen zu Speisen, ergänzen das Shopping-Erlebnis.

„Stellen Sie die richtigen Fragen, und arbeiten Sie mit Prototypen!"

Im Rahmen eines Design-Thinking-Prozesses entwickelte Food Tech Projects die mobile Applikation Vianda. Sie ermöglicht es den Kunden, selbst kochen und kreativ in der Küche sein zu können, ohne dabei zu viel Zeit investieren zu müssen: Vianda nimmt ihnen beispielsweise die aufwendige Rezeptsuche ab und nimmt den Kunden mit jeder Mahlzeit auf eine spannende kulinarische Reise mit. Der Benutzer beginnt dabei als Anfänger in der Küche und wird durch Rezepte und Techniken geführt, die gleichzeitig sein Wissen über die Verwendung der Zutaten vergrößern.

Die vorläufig erstellten Prototypen hatten dem Team nämlich gezeigt, dass Menschen mit keiner bis wenig Erfahrung in der Küche nur ungern neue Rezepte ausprobieren – aus Angst, dass ihre Mahlzeit nicht gelingt. Die App Vianda verringert diese Angst, indem sie dem Nutzer Rezepte anbietet, die sorgfältig ausgewählt werden und ihn schrittweise durch den Kochprozess führen – besonders gut nachvollziehbar durch viele Abbildungen. Sobald der Nutzer ein Gericht ausgewählt hat, das er gerne kochen möchte, kann er die Zutaten auf einer Einkaufsliste speichern.

Jannik Streek, Projektleiter: „Wenn wir im Laufe unseres Projekts festgestellt haben, dass wir feststeckten, dann immer dann, wenn wir die falschen Fragen gestellt oder zu wenig ausprobiert haben. Erst wenn wir das Problem wirklich aus der Perspektive des Nutzers sahen, kamen wir auch weiter. In unserem Projekt haben wir uns so auch intern gefragt, wie Mütter wieder mehr Spaß am Kochen haben könnten, wenn die Kinder beispielsweise gesundes Essen kategorisch ablehnen. Und plötzlich sprudelte unser bis dahin so zurückhaltendes Team nur so über vor Ideen und Begeisterung. Das hat schließlich auch unsere Kunden überzeugt."

 **Blitzlicht**

 Feedback

 Meinungen einholen

 Max. 25 – 30 Personen

 Flipchart, Notizzettel

 Pro Teilnehmer max. 1 Minute

Das Blitzlicht ist eine Technik, die mit wenig Vorbereitung und fast ohne Arbeitsmaterial durchgeführt werden kann. Während der Blitzlichtrunde äußern sich die Teilnehmer mit ein bis zwei Sätzen – nicht länger als eine Minute – zu einer vom Moderator gestellten Frage. Dabei werden Einzelmeinungen zu bestimmten Fragestellungen schnell ausgetauscht. Spontane Äußerungen zu einer Idee, Herausforderung oder Problemstellung sowie zu möglichen Konflikten und Problemen können dadurch erfasst werden. Dabei geht es nur um Meinungen zu gestellten Fragen und nicht um Ideen wie beim Brainstorming.

Die im Folgenden aufgeführten Regeln für eine Blitzlichtrunde sollen gewährleisten, dass das Potenzial dieser Technik möglichst ausgeschöpft wird:

Meinungen einholen

- Jeder Teilnehmer spricht nur über sich, seine persönlichen Vorstellungen und Erwartungen.
- Die Aussagen sollen sich auf die Frage beziehen und in der Ich-Form geäußert werden.

- Alle Wortbeiträge sind nicht länger als ein bis zwei Sätze.
- Jeder Teilnehmer hält sich an den vorgegebenen Zeitrahmen.
- Während ein Teilnehmer sich äußert, sind die anderen Gruppenmitglieder ausschließlich Zuhörer! Einzig Verständnisfragen dürfen gestellt werden.
- Getroffene Äußerungen werden nicht kommentiert, kritisiert oder bewertet!
- Bevor nicht jeder, der entweder an der Reihe war (chronologischer Ablauf) oder der möchte (freiwilliger Ablauf), seine Stellungnahme abgegeben hat, findet keine Diskussion statt.
- Es sollten nicht mehr als 25 bis 30 Personen am Blitzlicht teilnehmen.

Vorgehen

- Schritt 1: Bilden Sie zur Vorbereitung der Blitzlichtrunde zunächst einen Stuhlkreis, in dem auch der Moderator Platz nimmt.
- Schritt 2: Wenn sich die Teilnehmer nicht der Reihe nach äußern sollen, sondern in beliebiger Reihenfolge, ist es sinnvoll, einen Gegenstand, ein kleines Plüschtier, einen Tennisball oder etwas Ähnliches, als „Sprechstein" bereitzustellen. Nur derjenige Teilnehmer, der den „Sprechstein" hat, darf sich äußern, alle anderen sind Zuhörer. Nach dem Wortbeitrag gibt (oder wirft) der jeweilige Teilnehmer den „Sprechstein" an einen anderen Teilnehmer weiter. Hinweis: Gerade bei im Blitzlicht ungeübten Gruppen kann es hilfreich sein, auf einem Flipchart die Regeln und die Fragen zu visualisieren.
- Schritt 3: Die vom Moderator formulierte Frage soll möglichst konkret sein, weil dann eine kurze und relevante Antwort leichter fällt.

TIPP Ein Blitzlicht muss nicht notwendigerweise ausgewertet werden. Es kann als Momentaufnahme bzw. Aussage zu einer Fragestellung stehen bleiben. Wenn Sie das Blitzlicht jedoch als Grundlage für das weitere Vorgehen nutzen wollen, sollte die Gruppe im Anschluss an die Blitzlichtrunde die verschiedenen zutage getretenen Aspekte diskutieren.

Vorteile

- Alle Teilnehmenden kommen zu Wort.
- Eine Blitzlichtrunde geht (relativ) schnell, sodass Konzentration und Geduld der Teilnehmenden nicht überstrapaziert werden.
- Die abschließende Blitzlichtrunde ermöglicht ein schnelles und relativ umfassendes, wenn auch nur summarisches Feedback; jeder kann Stellung nehmen und alle werden gehört.

Nachteile

- Ein Blitzlicht ist immer nur eine Momentaufnahme.
- Es kommt oft zu Gruppendenken; wenn z. B. die ersten drei Teilnehmer tendenziell die gleiche Meinung geäußert haben, wird es der vierte Teilnehmer oft nicht wagen, eine andere Meinung zu vertreten.

66 Der Zauberer von Oz

 Prototyping

 Testen, wie Nutzer ein bestimmtes Produkt oder System annehmen würden

 Testleiter, Assistent, Nutzer

 Authentischer Prototyp

 Je nach zu testendem Produkt bis zu 20 Minuten

Der Zauberer von Oz ist eine Methode, bei der ein Teilnehmer mit einer Schnittstelle, einem System oder einem physischen Objekt interagiert. Dieses System wird jedoch von einer „unsichtbaren" Person betrieben.

Mit dieser Technik wird dem Nutzer vorgegaukelt, dass er es mit einem funktionierenden System zu tun hat. Das System wird dabei hinter den Kulissen von einem Menschen bedient, der in das System schlüpft und als Maschine agiert. Damit wird vorab getestet, ob die Interaktion mit einem System funktioniert – ohne auf teure Prototypen zurückgreifen zu müssen.

Nachstellen eines funktionsfähigen Prototyps Wenn das Herstellen eines funktionsfähigen Prototyps zu teuer oder aufwendig ist, bietet sich diese Methode an. Damit können Sie schon ohne viel Aufwand ermitteln, wie die Nutzer ein System oder Produkt annehmen und wie sie es verstehen. Generell eignet sich diese Methode eher für Projekte, die noch keine vergleichbaren Konkurrenzlösungen haben; Sie können sie aber auch nutzen, wenn es um das Implementieren völlig neuer Technologien und die Interaktionen mit diesen Technologien geht.

Vorgehen
- Schritt 1: Wählen Sie eine zu prüfende Idee oder ein Konzept aus. Erstellen Sie einen Prototyp aus Bildern, Videos, Animationen und Elementen, um den Test durchzuführen.
- Schritt 2: Suchen Sie nach Teilnehmern für den Test und einen geeigneten Standort. Stellen Sie sicher, dass der Prototyp so agiert, als würde das Produkt/System funktionieren. Bitten Sie eine Person, den Assistenten zu spielen.
- Schritt 3: Der Assistent verbirgt sich und beobachtet die Aktionen des Benutzers, während das angeblich fertige System auf die Aktionen des Nutzers reagiert, indem es die verschiedenen Antworten auslöst, die das System auch nach der tatsächlichen Fertigstellung zu diesem Zeitpunkt in der Interaktion geben sollte.
- Schritt 4: Notieren Sie, was bei diesem Test gut funktioniert und was nicht funktioniert hat und vor allem, wie der Nut-

zer auf die Funktionen oder das Produkt selbst reagiert und damit agiert hat.

- Schritt 5: Fragen Sie die Teilnehmer nach ihrem Eindruck vom System und vom Design. Machen Sie sich Notizen dazu.

Vorteil

- Ermöglicht, komplexe Systeme zu testen, bevor sie programmiert werden

Nachteile

- Muss sehr gut vorbereitet werden
- Aufwendig
- Funktioniert nur bei Softwaresystemen gut

Hinweis

Diese Methode muss vor dem Test umfassend erprobt werden. Wenn die Dinge nicht wie erwartet funktionieren, wird der Benutzer erkennen, dass der Prototyp gefälscht ist.

67 Fast Finish

	Prototyping
	Schnell Lösungsvarianten entwickeln und Projektziele überprüfen
	Design-Thinking-Team
	Prototyping-Material
	Je nach Projekt intern festgelegte Zeitspanne

Im Rahmen dieser Methode legen Sie ein fiktives Projektende fest – und überlegen dann gemeinsam mit Ihrem Team, wie sich innerhalb dieser künstlich verkürzten Zeitspanne ein präsentierbares Ergebnis bauen lässt. So können Sie verschiedene Lösungsmöglichkeiten und Varianten schnell entwickeln und ein vorab definiertes Projektziel überprüfen.

Projektziele überprüfen Dabei wird unnötiges Herumfeilen an Details unterbunden und die Konzentration wird auf wesentliche Dinge fokussiert. Das Vortäuschen von Stress erzeugt viel Anspannung, was wiederum zu neuen Ideen führen kann. Ich habe mit dieser Methode vor allem in festgefahrenen Projektsituationen gute Erfahrungen gemacht, da die Zeit zum Nachdenken und Grübeln künstlich verkürzt wird.

Vorgehen

- Schritt 1: Überlegen Sie in der Gruppe, wie Sie das Projekt (Produkt oder Konzept) schnell zu Ende bringen können.
- Schritt 2: Diskutieren Sie, wie Sie innerhalb kürzester Zeit ein Ergebnis entwickeln können, das präsentierbar ist.
- Schritt 3: Variieren Sie die vorgegebene Zeitspanne, z. B. 30 Minuten oder heute Abend (Was wäre die Lösung für heute Abend?).

Vorteile

- Schnell Rückmeldung und Feedback einholen
- Entwickeltes Konzept prüfen und beurteilen

Nachteile

- Die Gesamtumsetzung bzw. das Gesamtprojekt kann schnell aus den Augen verloren werden.
- Kann wertvolle Zeit kosten, die zum Projektende hin fehlt
- Komplexe Fragestellungen eignen sich weniger für diese Methode bzw. müssen zuerst in Teilprojekte zerlegt werden.

Innovationszusammenfassung

	Prototyping
	Möglichst reales Bild von der umzusetzenden Lösung
	Design-Thinking-Team, Nutzer
	Prototyp, Flipchart, um Ergebnisse zu erfassen
	Je nach Prototyp bis zu 2 Stunden

Die Innovationszusammenfassung ist eine Technik, bei der die Innovationspläne in Botschaften und Bilder übersetzt werden, damit sie für alle Stakeholder und Endanwender verständlich sind. Empathie, Metaphern, Analogien und Visualisierungen werden eingesetzt, um den Stakeholdern ein möglichst klares Bild vom Produkt oder der Dienstleistung zu präsentieren.

Mithilfe dieser Technik lassen sich die zu kommunizierenden Inhalte in drei Aspekte gliedern: die Botschaft, die Zielgruppe und das Medium, das diese Botschaft transportiert. Diese Technik ist deshalb ein strukturierter Ansatz für die Kommunikation und fördert die Konsistenz der Botschaft in verschiedenen Formaten. Damit können auch Botschaften oder Nachrichten auf unterschiedliche Zielgruppen wie Finanzmanager, Marketing-Forscher, Ingenieure oder Endbenutzer ausgerichtet werden.

Botschaft – Zielgruppe – Medium

Die Inhalte werden so aufbereitet, dass die Beteiligten ein gleiches Bild eines bestimmten Vorhabens bekommen – nur so können sie es gemeinsam verbessern und schließlich umsetzen.

Vorgehen

- ▣ Schritt 1: Überprüfen Sie Ihren Strategieplan und das Vision-Statement. Identifizieren Sie wichtige Botschaften im Strategieplan, im Vision-Statement und in anderen, ähnlichen Dokumenten und wählen Sie die wichtigsten Ideen daraus aus, die Sie kommunizieren wollen.

- ▣ Schritt 2: Erforschen Sie Ihre Zielgruppe. Denken Sie an unterschiedliche Menschen, mit denen Sie Ihre Innovationslösungen umsetzen können. Zusätzlich zu den wichtigsten Botschaften bestimmen Sie, welche Art von detaillierten Informationen benötigt wird, um das Publikum zu aktivieren und es zur Beteiligung zu animieren. Überlegen Sie, wie Gespräche mit diesen Personengruppen aussehen könnten, damit diese wirklich verstehen, wie deren Rolle während der Umsetzung aussehen kann.

- ▣ Schritt 3: Überlegen Sie sich verschiedene Ansätze für die verschiedenen Zielgruppen. Denken Sie über jeweils verschiedene Präsentationsformate nach. Wird der Inhalt durch Tatsachen, Illustrationen, Visualisierungen, Geschichten oder Metaphern präsentiert, die Emotionen ansprechen? In den meisten Fällen wird es eine Kombination dieser verschiedenen Formate sein. Wählen Sie je nach Zielgruppe das beste Format aus. Beispielsweise können quantitative Bezugspunkte einem finanzpolitischen Stakeholder mehr Sicherheit vermitteln als eine Geschichte.

- ▣ Schritt 4: Entwickeln Sie für jedes Publikum eine Zusammenfassung des Innovationsvorhabens. Besprechen Sie die Rolle, die eine bestimmte Gruppe bei der Umsetzung spielen soll. Identifizieren Sie, was dabei wichtig ist, und legen Sie auch fest, wie Sie diese Personen ansprechen. Basierend auf diesem Verständnis überprüfen Sie alle Ihre Ergebnisse aus dem gesamten Innovationsprozess und extrahieren die wichtigsten Insights, die Sie am sinnvollsten an die Gruppe kommunizieren wollen.

- ▣ Schritt 5: Überprüfen Sie alle notwendigen Kommunikationsdokumente und Präsentationen. Testen Sie sie vorab stichprobenartig und bauen Sie das erhaltene Feedback ein.

Vorteile

- Bringt eine Ausrichtung ins Unternehmen
- Fördert die Vollständigkeit
- Verbessert die Kommunikation
- Unterstützt den Übergang vom Prototyp zur Umsetzung

Nachteile

- Kann aufwendig werden
- Eignet sich weniger für komplexe Fragestellungen

69 Paper Prototyping

 Prototyping

 Konzepte schnell und einfach testen

 Design–Thinking–Team

 Papier, Stifte

 Zwischen 10 und 30 Minuten

Mit dem Paper Prototyping visualisieren Sie grundlegende Konzepte in einem frühen Stadium schnell und mit einfachen Mitteln – und testen sie auf mögliche Usability-Probleme. Mithilfe der potenziellen Endanwender gewinnen Sie Aufschluss über die Bedien- und Nachvollziehbarkeit eines Interaktionskonzepts.

BEISPIEL Im Rahmen eines Projekts habe ich als Lösung eine App erarbeitet. Um diese für den Nutzer möglichst sinnvoll zu gestalten, untersuchte ich zunächst verschiedene Interaktionsmöglichkeiten für eine große Multitouch-Oberfläche, die sich zudem mit einem Stift bedienen lassen sollte. Das Paper Prototyping hat sich in diesem Fall besonders angeboten, da die Interaktion ganz ähnlich wie bei der Multitouch-Funktion abläuft und schnell verschiedene Gesten und Größen der Bedienelemente getestet werden konnten.

Vorgehen

- Schritt 1: Drucken Sie gemeinsam im Team alle für die Erstellung eines Papier-Prototyps notwendigen grafischen (Bedien-)Elemente der zu testenden Anwendung aus oder zeichnen Sie diese. Mithilfe der ausgeschnittenen Elemente werden die einzelnen Schritte zusammengestellt und beim Test mit dem Probanden „manuell animiert". Auf Basis der einzelnen Schritte ist es jetzt möglich, unterschiedliche Gestaltungs- und Interaktionsmöglichkeiten sowie mehrere Nutzungsszenarien zu testen (siehe Vorlage).
- Schritt 2: Ein Moderator bittet die Testperson, den Papier-Prototyp wie eine herkömmliche Anwendung zu benutzen und bestimmte Aufgaben zu bewältigen.
- Schritt 3: Eine weitere Person, die in den Prozess der Erstellung des Papier-Prototyps involviert war, spielt z.B. einen menschlichen Computer und reagiert auf die Eingaben des Anwenders, indem sie die Interaktionselemente bewegt oder austauscht.
- Schritt 4: Der Moderator nimmt im weiteren Verlauf des Tests eine beobachtende Rolle ein. Mittels einer Fotoreihe der einzelnen Abläufe kann ein Stop-Motion-Film erstellt werden. Die Ergebnisse werden dann ausgewertet und das Feedback wiederum in einen neuen Prototyp integriert. Dieser Schritt wird so lange wiederholt, bis alle mit dem Ergebnis einverstanden sind und mit der Umsetzung gestartet werden kann.

Vorteile

- Das Konzept kann mithilfe einer einzelnen Testperson erprobt werden.
- Geringer Aufwand
- Großer Nutzen
- Intern durchführbar
- Billig
- Verschiedene Interaktionskonzepte können sehr schnell auf ihre Bedienbarkeit hin getestet werden.
- Es wird klar, wie leicht oder schwer es dem Nutzer fällt, das Interface zu bedienen, und wo die Schwierigkeiten liegen.

Nachteil

- Der Gesamtfokus muss im Auge behalten werden, sonst verliert man sich schnell in Details.

70 Quick and Dirty Prototyping

	Prototyping
	Schnelle Simulation eines möglichen Endprodukts und Darstellung von Ideen
	Design-Thinking-Team
	Prototyping-Material
	5 bis maximal 10 Minuten

Zur Verfügung stehende Materialien wie Papier, Karton, Kollagen, kurze Skizzen etc. werden eingesetzt, um Ideen, Lösungen oder Interaktionen sehr schnell zu verdeutlichen.

Vorgehen

- Schritt 1: Um sicherzugehen, dass alle Mitglieder des Teams über denselben Sachverhalt sprechen, werden vorhandene Materialien und Gegenstände verwendet, die den eigentlichen Sachverhalt simulieren. Hierbei können alle noch so abwegigen Gegenstände kombiniert werden, seien es Klebeband, Stifte, andere Büroutensilien oder die Dinge, die man eben mit sich führt. Wichtig ist nur, dass diese schnell zur Hand sind und ein minimaler Kosten- und Zeitaufwand nötig ist.
- Schritt 2: In Kleingruppen werden die verschiedenen Prototypen innerhalb einer vorgegebenen Zeit diskutiert und besprochen. Dazu werden die erstellten Prototypen weitergegeben.
- Schritt 3: Jeder Teilnehmer gibt sein Feedback kurz und knapp ab. Der Moderator schreibt die Insights auf.

Vorteile

- Schnell
- Billig
- Sehr einfach
- Geringer Aufwand
- Großer Nutzen

Nachteile

- Nutzer sehen oft nur vorhandene Probleme, nicht Probleme, die bei der Umsetzung entstehen könnten.
- Kein wirklicher Ersatz für spätere Umsetzung
- Nicht jede Anforderung ist leicht und schnell umsetzbar.

 **Roadmap**

	Entscheidungen treffen
	Entscheidungsmöglichkeiten visualisieren
	Design-Thinking-Team, Auftraggeber
	Flipchart, Stifte
	Ca. 1 Stunde

Die Roadmap erforscht, wie Lösungen aufgebaut werden sollen, wobei kurzfristige Entscheidungen als Grundlage für langfristige Lösungen dienen. Sie zeigt auch, welche Lösungen für eine kurzfristige Umsetzung besser geeignet sind als andere. Darüber hinaus gibt die Roadmap an, wie sich einzelne Lösungen autonom entwickeln und später in zwei verschiedene, parallel laufende Lösungen spalten können. Dadurch kann schnell eingegriffen und die Lösung dem Ziel angepasst werden.

Mögliche Verlaufsvarianten aufzeigen

Vorgehen

- Schritt 1: Entwickeln Sie eine erste Zeitleiste. Schätzen Sie die Zeitdauer, die für die Implementierung der verschiedenen Lösungen erforderlich ist. Taktische, kurzfristige Lösungen passieren innerhalb der nächsten 12 bis 24 Monate, strategische mittelfristige Lösungen finden in 2 bis 5 Jahren statt und langfristige visionäre Lösungen treten erst in mehr als 5 Jahren auf.
- Schritt 2: Erstellen Sie Pilot-Lösungen – also Prototypen – auf der Zeitachse und visualisieren Sie diese. Überprüfen Sie

Ihre gesamte Sammlung an Lösungen und stellen Sie diese auf der Zeitachse dar. Denken Sie an die gesamte Bandbreite der Aktivitäten, die geschehen müssen, damit eine Lösung implementiert werden kann. Denken Sie über die erforderlichen Vorlaufzeiten und ersten Schritte nach, die erforderlich sind, um eine Idee von Anfang an bis zur Umsetzung zu bringen. Erstellen Sie eine Roadmap in Form eines verzweigten Baumdiagramms.

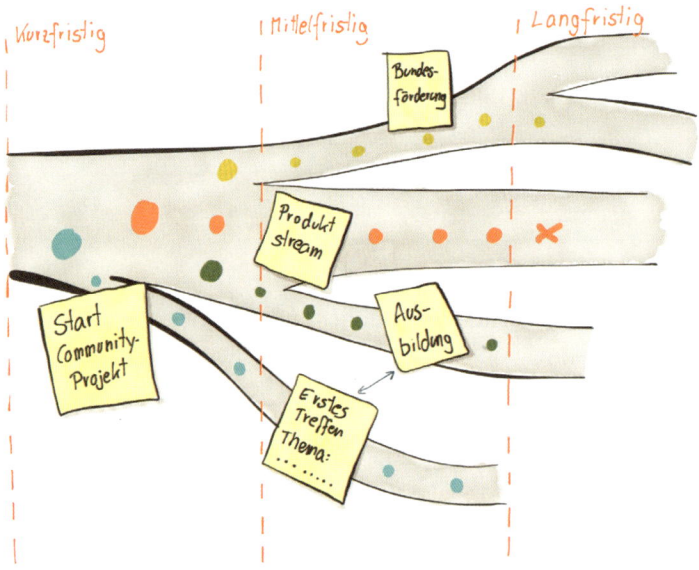

- Schritt 3: Richten Sie die Lösungen an den allgemeinen Zielen der Organisation aus. Überprüfen Sie Ihre ersten Ideen von Lösungen. Entspricht die Reihenfolge den von der Organisation festgelegten Zielen? Entsprechen die Lösungen den Fähigkeiten, Finanzen und Ressourcen des Unternehmens? Sind sie in der richtigen Reihenfolge angeordnet, um mit der Umsetzung zu beginnen? Wenn nicht, ordnen Sie die Lösungen auf der Zeitleiste neu an, um die Ausrichtung der Ziele und Aktivitäten zu verbessern.

- Schritt 4: Besprechen und diskutieren Sie die Roadmap im Team. Beschreiben Sie die Art der Beziehung zwischen den verschiedenen Lösungen. Bauen die Lösungen aufeinander in einer logischen Reihenfolge auf? Schreiben Sie eine kurze Zusammenfassung, die die Logik des Auftrags erklärt und die zeigt, warum bestimmte Lösungen vorangehen oder folgen und warum jene der bevorzugte Weg sind. Beschreiben Sie die verschiedenen Zweige, die von der Hauptzeitleiste abgehen. Erklären Sie, wie diese Zweige zum Gesamtsystem der Lösungen beitragen und Wert schaffen.
- Schritt 5: Teilen Sie die Karte mit den Stakeholdern, diskutieren und verschieben Sie die Implementierungsdetails. Besprechen Sie auch die Lebensfähigkeit der Roadmap auf Grundlage der Ziele des Unternehmens. Welche Lösungen können kurzfristig umgesetzt werden? Bestimmen Sie, wie die Ressourcen basierend auf der Roadmap zugewiesen werden. Wer könnte Partner auf dem Weg sein?

Vorteile

- Erarbeitet eine Ausrichtung im Unternehmen
- Erstellt Pläne
- Hilft Optionen auszuwählen
- Fördert das gemeinsame Verständnis

Nachteile

- Aufwendig
- Langfristige Planung ist im Vorfeld notwendig.
- Die Lösung muss bereits sehr weit fortgeschritten sein.

72 Speedboat

	Feedback einholen
	Kunden dazu motivieren, ihre Beschwerden in konstruktive Kritik und Verbesserungsvorschläge umzuwandeln
	Design-Thinking-Team, Nutzer
	Vorlage, Flipchart, Moderationskarten, Haftnotizen
	1 Stunde

Kunden wollen sich beschweren dürfen. Zu Recht. Aber Vorsicht, dass Sie nicht gleich eine Lawine lostreten, wenn Sie ohne Hintergedanken nach Beschwerden fragen! Aus scheinbar harmlosen Kleinigkeiten werden dann schnell massive Anklagen, von denen Sie sich erholen müssen und die für beide Seiten frustrierend und ermüdend sind.

Probleme und Hindernisse identifizieren

Das muss aber nicht sein. Fragen Sie Ihre Kunden ruhig nach Beschwerden und Befindlichkeiten, aber machen Sie es so, dass Sie es in der Hand haben, wie die Beschwerden eintrudeln und diskutiert werden. Auch wenn sich das alles etwas anstrengend anhört – Speedboat ist ein interaktiver, kollektiver und lustiger Weg, um Einschränkungen, Hindernisse, Probleme mit einem Produkt oder einem Projekt zu identifizieren, dann Aktionen zu priorisieren und diese Probleme schließlich aus dem Weg zu räumen. Ich zeige Ihnen hier einen Prozess, den ich oft in Projekten mit großem Erfolg anwende und der Ihnen hilft, frische, neue Ideen für die wichtigsten Anliegen Ihrer Kunden gleich vor Ort zu entwickeln.

Vorgehen

- Schritt 1: Zeichnen Sie ein Boot auf ein Whiteboard (oder nutzen Sie die Vorlage).
- Schritt 2: Da das Boot sehr schnell unterwegs sein kann, braucht es Anker, die es zurückhalten. Das Boot steht stellvertretend für Ihr Produkt oder Ihr Unternehmen. Die Sachen, die Ihren Kunden nicht gefallen, werden in Form des Ankers repräsentiert.
- Schritt 3: Die Kunden schreiben auf einen Anker das auf, was sie nicht mögen. Laden Sie sie ein, gleich zu schätzen, um wie viel schneller das Boot sein könnte, wenn der Anker nicht da wäre. Die Schätzungen der Geschwindigkeit sind das geschätzte Schmerzlevel.
- Schritt 4: Die Informationen werden gesammelt und die verschiedenen Anker nach deren Wichtigkeit priorisiert.
- Schritt 6: Die Methode endet in der Regel mit einem Aktionsplan, in dem Schritte festgehalten sind, um die wichtigsten Anker zu entfernen.

Vorteile

Während die meisten Kunden zwar Beschwerden haben, sind nur die wenigsten wirklich verärgert oder negativ gegen Ihr Unternehmen oder Ihr Produkt eingestellt. Selbst wenn die Kunden extreme Frustrationen zum Ausdruck bringen, wollen die meisten doch, dass das Produkt/der Service erfolgreich ist. Zeigen Sie diesen Personen einen Weg, ihre Frustration so auszudrücken, dass nicht eine einzelne Person die Diskussion dominiert oder Gruppendenken einsetzt. Das Speed-Boat bietet eine „sichere" Umgebung, in der Kunden sagen können, was sie stört.

Viele Menschen fühlen sich nicht wohl dabei, ihren Frust verbal auszudrücken. Wenn Sie ihnen die Chance geben, Dinge anders auszudrücken, tragen Sie zu dem Prozess bei. Die Reflexion hilft Ihnen selbst auch dabei, darüber nachzudenken, was wirklich wichtig ist. Bitten Sie die Kunden, ihre Probleme zu verbalisieren, vor allem schriftlich, sodass sie motiviert sind, über diese Fragen nachzudenken. Viele von ihnen werden dabei selbst erkennen, wie trivial die meisten Fragen sind, und konzentrieren sich dann auf die wirklich wichtigen Dinge. Sie laden die Menschen zwar dazu ein, sich zu beschweren, in Wahrheit aber ändern Sie geschickt deren Perspektive und Sie erkennen für Ihr Unternehmen oder Ihr Produkt neue Wege zu mehr Erfolg.

Nachteil

Wenn diese Übung in der Gruppe stattfindet, kann es schnell zu Gruppendenken und dadurch wiederum zu verzerrten Einsichten kommen.

 **73** Storyboarding

   Prototyping

   Einfache und nachvollziehbare Übermittlung von Ideen und Konzepten

   Design-Thinking-Team

   Stift, Papier

   Je nach Projekt bis zu 1 Stunde

Diese Technik unterstützt den Konzeptentwurf dank skizzenhafter grafischer Darstellung und Beschreibung. Dadurch kann eine Idee bzw. Konzept einfach vermittelt und Feedback eingeholt werden.

Das Storyboarding kommt eigentlich aus der Theater- und Filmindustrie und ist eine Methode, die verschiedene Szenen und Episoden eines Stücks grafisch darstellt. Es kann aber auch verwendet werden, um Konzepte zu visualisieren, also die verschiedenen Stufen und Wege eines Prozesses.

Das Storyboard besteht aus einer Hierarchie von verschiedenen Grafiken. Diese verbinden die Knoten des Storyboards, die Szenen und Episoden genannt werden.

Visualisierung des Konzeptentwurfs

Mit der Storyboarding-Methode kann sowohl das Konzept einzelner Ideen als auch das eines ganzen Produkts oder Services visualisiert werden. Einige Knoten sind obligatorisch und folgen aufeinander, z. B. die verschiedenen Abläufe eines Prozesses. Andere sind optional, etwa die Vorstellung eines Produkts im Rahmen einer Präsentation.

Vorgehen

- Schritt 1: Unterteilen Sie eine Idee oder ein Konzept in sinnvolle Einzelbilder.
- Schritt 2: Visualisieren Sie diese skizzenhaft. Jedes Bild sollte dabei die Kernaussage treffen.
- Schritt 3: Ordnen Sie anschließend die einzelnen Bilder in einer logischen Abfolge an.

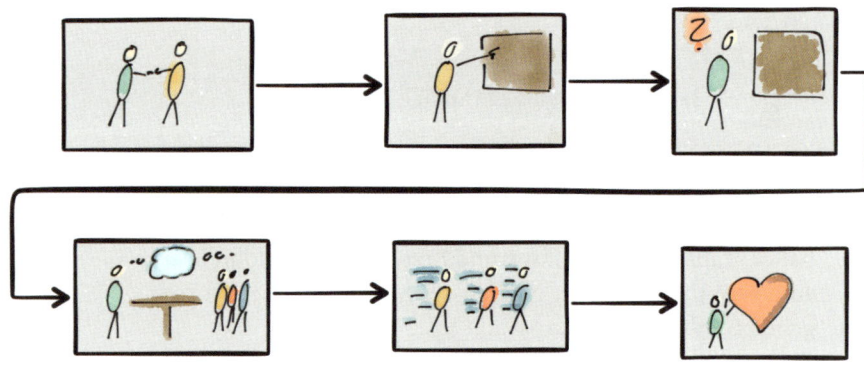

Vorteile

- Bietet einen Überblick über eine Idee oder ein Konzept
- Veranschaulicht die Funktionalität von einzelnen Elementen
- Veranschaulicht die Navigation durch ein System

Nachteil

- Qualität hängt vom Zeichner ab.

 **Storytelling**

	Analyse
	Erfahrungen und Nutzen mit Geschichten kommunizieren
	Design-Thinking-Team, Nutzer
	Papier, Stift, eventuell Kamera, Diktiergerät
	Pro Interview zwischen 5 und 10 Minuten

Storytelling ist eine narrative Methode aus den Sozialwissenschaften. Dabei wird ein Nutzer befragt bzw. aufgefordert, seine Meinung, Erfahrung oder Ähnliches mit einem bestimmten Kontext mitzuteilen, und seine Ausführungen werden dokumentiert, um sie später besser zu analysieren und in die Verbesserung des Produkts, Prozesses oder Services einfließen zu lassen.

Eine gut erzählte Geschichte ist darüber hinaus ein effektives Werkzeug, um Probleme mit bestehenden Produkten oder Modellen zu beschreiben, neue Ideen zu finden und Verständnis für die Notwendigkeiten zu entwickeln, die z. B. die Implementierung eines neuen Prozesses mit sich bringt. Je nach Mitteleinsatz und Zeitaufwand können Geschichten mit verschiedenen Medien entweder aus Unternehmens- oder Kundenperspektive erzählt und an alle Stakeholder verbreitet werden (Gespräche, Bildgeschichten und Comics, Texte und Bilder, Rollenspiele, Kurzvideos etc.).

Der Designer fordert den Nutzer dazu auf, seine Geschichte zu erzählen: „Erzählen Sie mir davon, wie Sie neulich ...“ Die Aufgabe des Designers ist es dann, den Redefluss des Storytellers aufrechtzuerhalten und bestimmte Leitfragen zu stellen, ohne jedoch den Erzähler abrupt zu unterbrechen. Leitfragen sind W-Fragen (warum, wie, wann, wieso etc.). Der Erzähler sollte jedoch nicht zu sehr in seiner Ausführung unterbrochen weren, schließlich ist das Storytelling kein Interview und es lebt davon, die Informationsselektion des Erzählers im Nachhinein in der Gruppe zu analysieren und Schwerpunkte seiner Meinung, Erfahrung und Sichtweise zu ermitteln.

Die Dokumentation der Story kann durch eine weitere Person erfolgen oder aber durch eine Kamera bzw. ein Audioaufnahmegerät. Die Dokumentation ist später wichtig für die Interpretation des Erzählten. Aus den Interpretationen entstandene Ideen können mittels eines Affinitätsdiagramms gesammelt und strukturiert werden. Wichtig ist es, nach häufig auftretenden Mustern innerhalb der Geschichte bzw. auch bei mehreren Dokumentationen von Geschichten zu suchen, Erfahrungen zu vergleichen, also Geschichten untereinander und auch die sich wiederholenden Erfahrungen, Meinungen oder Muster.

Hinweise

- Storytelling ist eine Ergänzung bzw. Alternative zu den an Fakten und technischen Lösungen orientierten expliziten Formen der Wissensdarstellung; es deckt implizites Wissen ebenso wie geheime und offene Werte der Unternehmenskultur auf („aufdeckende Funktion“).
- Storytelling ist aufgrund der emotionalen Dimension eine andere, an Erfahrungen und Empfindungen geknüpfte Darstellungsform, womit ein anderer Zugang zu den Mitarbeitern erreicht wird („ansprechende Funktion“).
- Tricks, Erfahrungen und Fertigkeiten, die nicht unmittelbar zugänglich sind, sollen durch Storytelling anschaulicher dokumentiert und vermittelt werden („vermittelnde Funktion“).

- Komplexe Lösungen für dringende Probleme werden in Form von „war stories" oder spannenden, „merkwürdigen" Geschichten hautnah geschildert. Dabei geht es nicht nur um die intensive Schilderung einer Situation, sondern stärker um die Überwindung von Schwierigkeiten, von „kniffligen" Problemen und dem wiederholten Auftreten von Barrieren und der Generierung von Wissen, Können und Fertigkeiten („generative Funktion").
- Storytelling kann eine soziale Funktion innerhalb einer Organisation haben (wie Sprungbrett-Storys, die Messages enthalten und Wege zur Veränderung innerhalb eines Unternehmens aufzeigen sollen.)

Geschichten haben den Vorteil, dass sie Realität und Fiktion gewollt vermischen. Dadurch ermöglichen sie Projektbeteiligten oder Workshop-Teilnehmern, sich in die Zukunft (z. B. eines neuen Geschäftsmodells und seiner Auswirkungen) hineinzuversetzen. Wenn indirekte Stakeholder überzeugt werden sollen (z. B. zur Investition in einen verbesserten Prototyp), kann eine gute Geschichte in der Markteinführungsphase als Marketinginstrument wiederverwendet werden. Darüber hinaus macht das Geschichtenerzählen Spaß, die Kernaussagen bleiben Beteiligten lange in Erinnerung und gegebenenfalls motiviert es die Beteiligten zu weiteren Implementierungsschritten.

Vorgehen

Die Vorgehensweise beim Storytelling hängt ab

- vom gewählten Nutzen und von der Zielsetzung der Geschichte im Entwicklungsprozess (Motivation, Beschreibung des Nutzens etc.),
- von der Zielgruppe, für die die Geschichte erzählt werden soll, und
- von dem gewählten Medium, in dem die Geschichte für eine spezifische Zielgruppe erzählt werden soll (Text, Bilder, Grafik, Video, Audio).

- Schritt 1: Unter Anleitung von Moderatoren können Teile einer wahren Geschichte mit Projektmitarbeitern selbst erhoben werden.
- Schritt 2: Diese werden dann fiktiv abgeändert und/oder erweitert.
- Schritt 3: Es kann auch ein Story-Kernteam ein Storyboard erstellen und dies dann mit internen und direkten Stakeholdern adaptieren und erweitern.

Die Geschichten sollten …

- kurz und nicht zu umständlich oder detailliert sein,
- anschaulich und der Zielgruppe des Publikums angemessen sein,
- interessant sein und ein neues Verständnis für die Zuhörer ermöglichen,
- eine Botschaft zur Veränderung beinhalten.
- Die Protagonisten der Story können „prototypisch" für das Unternehmen (Mitarbeiterperspektive) oder den Kunden (Kundenperspektive) stehen.
- Wahre Geschichten sind besser als erfundene Storys.
- Die Story soll ein Happy End haben.

- Schritt 4: Ist der Mitarbeiter der Hauptprotagonist der Geschichte, dann zeigt er oder sie, wie das neue Modell einen Sinn ergibt. Dabei könnte der Mitarbeiter von seinen Erfahrungen zu Kundenproblemen oder über eine verbesserte Nutzung von Ressourcen, Aktivitäten oder Kooperationen erzählen, die mit dem neuen Geschäftsmodell dann gelöst oder verbessert werden könnten. Der Mitarbeiter kann auch aus der Unternehmens-/Projektorganisationssicht darstellen, was sich mit einem neuen Ansatz verbessern würde.

Oder: Aus der Sichtweise des Kunden erzählt der Mitarbeiter, welche Herausforderungen in der Zukunft er/sie zu leisten hat und welche Aufgaben erledigt werden müssen. Die Story beschreibt dann, wie durch die Lösung bzw. das neue Angebot für den Kunden Wert geschaffen wird, wie das sein Leben beeinflusst hat, was er dafür zu zahlen bereit war und wie er sich bei der Nutzung jetzt fühlt. Hierbei sollte auf Authentizität Wert gelegt werden.

Vorteile

- Gute Veranschaulichung von Sachverhalten aus persönlichen Perspektiven
- Wirkungsvolle Kommunikation
- Zeigt, welche Chancen eine bestimmte Lösung bietet, aber auch, welche Probleme mit ihrer Anwendung einhergehen können
- Da die erzählten Geschichten auch immer eine bestimmte Perspektive repräsentieren, hilft die Technik bei geschicktem Einsatz, mögliche Konflikte zwischen Stakeholdern frühzeitig zu erkennen.

Nachteil

- Aufwendig, wenn die Methode nicht in der Gruppe durchgeführt wird

75 Szenario-Technik

	Analyse
	Analyse und Prognose von bzw. für unterschiedliche Situationen
	Design-Thinking-Team
	Papier, Stift, Flipchart, Moderationskärtchen
	Von Projektgröße abhängig

Die Szenario-Technik wird als Prognose- und Analyseinstrument in unterschiedlichen Anwendungsbereichen eingesetzt. Sie unterstützt bei der strategischen Planung und zeigt mögliche zukünftige Situationen und deren Entwicklungsverlauf auf. Mithilfe der Szenario-Methode können alternative und denkbare Entwicklungen besser erfasst werden und es muss nicht mehr nur von linearen Prognosen ausgegangen werden.

Mögliche Zukunftsentwicklungen erkennen
Erste Ansätze der Szenario-Technik im heutigen Verständnis gehen auf den militärischen Bereich zurück. Damals wurden damit strategische Planungsüberlegungen im Rahmen der Vorbereitung von kriegerischen Akten formuliert, um mögliche Feldzüge und Reaktionen besser vorbereiten zu können. Die Bedeutung der Szenario-Technik als Analyse- und Prognoseinstrument nahm jedoch erst in den 1970er-Jahren zu, indem fortan strategische Planungsüberlegungen auch in der Wirtschaftspraxis berücksichtigt wurden. Die Szenario-Technik wird heute als Prognose und Analyseinstrument in unterschiedlichen Anwendungsbereichen eingesetzt. Die Anwendungsgebiete und -situationen der Szenario-Technik sind vielfältig. Sie eignet sich u. a.

- sowohl für betriebs- als auch volkswirtschaftlichen Problemstellungen,
- als Entscheidungsvorbereitung und
- zur Abschätzung zukünftiger Entwicklungen von Produkten, Unternehmen und Regionen.

Vorgehen

- Schritt 1: Definieren Sie mithilfe von Brainstorming-Techniken das Thema, über dessen zukünftige Entwicklung Sie sich informieren möchten.
- Schritt 2: Beschreiben Sie den gegenwärtigen Zustand des Themas.
- Schritt 3: Identifizieren und strukturieren Sie Einflussfaktoren und -bereiche: Alle möglichen Einflussfaktoren (z. B. medizinische Versorgung und Pflege, Gesellschaft, Ethik, Werte, Forschung und Technologie, politische und juristische

Rahmen, finanzieller Rahmen etc.), die das definierte Thema beeinflussen bzw. unmittelbar darauf einwirken, werden gesammelt, strukturiert, zusammengefasst und danach bezüglich ihrer Wirkungsintensität bewertet.

- Schritt 4: Um die Entwicklungsdynamik der Einflussfaktoren beschreiben zu können, bestimmen Sie mögliche quantitative (z. B. Ausgaben) und qualitative Kriterien (z. B. Einstellung der Kunden) und Kerngrößen (Deskriptoren). Hier bieten sich Experten-Workshops an, um die relevanten Deskriptoren zu ermitteln. Diese sollten im Ist-Zustand beschrieben werden.

- Schritt 5: In dieser Phase erarbeiten Sie Trends und Annahmen für das Zieljahr. Idealerweise können Sie dabei auf bereits bekannte Prognosen und auf Expertenwissen zurückgreifen. Bei den meisten Deskriptoren werden sich durch die Einbeziehung aller Fakten eindeutige Trends abzeichnen. Allerdings gibt es auch Entwicklungen, bei denen unterschiedliche Entwicklungen bzw. alternative Annahmen (z. B. für die nächsten fünf Jahre) eintreten können. In beiden Fällen sollten Sie die Begründungen dokumentieren.

- Schritt 6: Fassen Sie die verschiedenen alternativen Annahmen in stimmigen und widerspruchsfreien Aussagen zusammen. Eine 2 × 2-Matrix (Tool 32) kann helfen, übersichtlich anzuzeigen, welche Ausprägungen sich gegenseitig verstärken, neutral oder widersprüchlich zueinander sind. Aus den zusammengefassten Annahmen können Sie im Anschluss zwei bis drei Kombinationen nach den Kriterien „hohe Konsistenz", „hohe Unterschiedlichkeit" und eventuell „hohe Wahrscheinlichkeit" auswählen.

- Schritt 7: Erstellen Sie eine Szenario-Entwicklung und -interpretation. Dazu nehmen Sie die gewonnenen Informationen aus den durchgeführten Analysen und erstellen daraus ganzheitliche Zukunftsbilder. Beachten Sie dabei auch mögliche interne und externe Störereignisse (z. B. Eintritt eines neuen Konkurrenten). Entwickeln Sie wenn notwendig auch Alternativen. Die Szenarien zeigen mögliche Zukunftsentwicklungen und ihre Konsequenzen auf. Sie sollten prägnant, anschaulich und spannend beschrieben und durch verschiedene Darstellungen und Illustrationen verdeutlicht werden.

■ Schritt 9: Erstellen Sie einen Maßnahmenkatalog für weitere Handlungs- bzw. Gestaltungsstrategien, um die gewünschte Entwicklung der Szenarien zu unterstützen und zu verstärken. Unerwünschte Entwicklungen sollen damit abgeschwächt oder vermieden werden.

Vorteile
■ Stark skalierbar
■ Ermittlung möglicher Szenarien
■ Zeigt verschiedene Einflussfaktoren anschaulich auf

Nachteile
■ Erfordert ein hohes Maß an Methodenwissen
■ Braucht viel Zeit für die Durchführung
■ Dient nur mittelbar der Entwicklung einer Lösung

 76   Try it yourself

	Analyse
	Produkte oder Konzepte testen und auf mögliche Fehlerquellen überprüfen
	Design-Thinking-Team
	Prototyp, Stift, Papier
	Vom jeweiligen Szenario abhängig

Ein gestaltetes Produkt oder ein Projektentwurf wird im Alltag benutzt und selbst getestet, um es auf mögliche Fehlerquellen zu überprüfen. In diesem Fall ist der Tester auch gleichzeitig die Testperson. Dadurch werden auch mögliche Schwachstellen oder Anwenderschwierigkeiten ermittelt.

Bei diesem Ansatz schlüpft jedes Mitglied des Teams in die Rolle eines Stakeholders wie beispielsweise Endbenutzer, Designer, Ingenieur, Führungskraft, Vermarkter, Lieferant, Partner und andere. Das Ausprobieren am „eigenen Leib" holt einzelne Teammitglieder aus ihren üblichen Denkweisen und Annahmen heraus, verbessert die Qualität und Quantität der Ideen und fördert nützliche Diskussionen.

Die Methode fördert das nutzerorientierte Denken und die Diskussionen über Empathie, denn der Fokus liegt auf der Generierung von Konzepten, die für einen anderen von Nutzen sind. Deshalb ist sie eine besonders nützliche vorbereitende Übung für Teammitglieder, die mit nutzerorientierter Innovation nicht vertraut sind. Es kann auch eine gute Technik für individuelle Vorstellung in Abwesenheit eines Stakeholders sein.

Individuelles Ausprobieren

Vorgehen

- ▨ Schritt 1: Identifizieren Sie wichtige Themen oder Konzepte und die Stakeholder.
- ▨ Schritt 2: Erleben Sie die Ideen und arbeiten Sie in Rollenspielen mit den jeweiligen Prototypen. Weisen Sie jedem Teammitglied eine Stakeholder-Rolle zu.
- ▨ Schritt 3: Diskutieren und teilen Sie die Erkenntnisse, die Sie dabei gemacht haben. Dokumentieren Sie dazu Ihre Erfahrungen und beschreiben bzw. skizzieren Sie Ihr Feedback. Nutzen Sie diese Unterlagen für weiteres Feedback und Gespräche über mögliche Verfeinerungen und Aufbau mit den Stakeholdern.

Vorteile

- Eigene Erfahrungen sammeln
- Sich in den Nutzer hineinversetzen
- Nutzerbedürfnisse nachvollziehen

Nachteil

- Es bleibt eine subjektive Erfahrung und nicht die des Stakeholders, da dieser immer noch andere Erfahrungen/Erwartungen/Wissen mitbringt.

 77 Vorschau-Szenario

	Prototyping
	Hypothetische Zukunftsszenarien berücksichtigen und alternative Lösungen entwickeln
	Design-Thinking-Team, Nutzer
	Flipchart, Papier, Stifte, Haftzettel
	1 – 2 Stunden

Ganzheitliche Lösungen entwickeln

Das Vorschau-Szenario ist eine Methode, mit der Sie hypothetische Zukunftsszenarien basierend auf aufkommenden Trends entwickeln können. Danach werden alternative Lösungen entwickelt, um mögliche Situationen zu beschreiben, wie sie in der Zukunft aussehen könnten.

Bei dieser Methode verwende ich oft 2 × 2-Matrizen (Tool 32), um über Szenarien und mögliche zukünftige Situationen nachzudenken. Die beiden Dimensionen der Karte basieren auf den aufkommenden Trends (soziale, kulturelle, technologische, ökonomische und wirtschaftliche), die für das Projekt als entscheidend eingestuft werden und maximale Auswirkungen auf die Nutzer und den Kontext haben. Danach werden die Szenarien für jeden Quadranten aufgeschrieben. Basierend auf diesen Szenarien werden Konzepte generiert – die nicht bereits vorher entwickelt wurden – und dann auf der Karte eingetragen. Die geplante Karte kann dann verwendet werden, um komplementäre Konzepte zu kombinieren oder um ganzheitliche Lösungen zu entwickeln.

BEISPIEL

Im Rahmen eines Projekts für eine Schule konzentrierte ich mich auf die Schaffung von Lösungen, mit denen die speziellen sozialen Bedürfnisse der Teenager befriedigt werden sollten. Diese haben sich durch die Interaktionen mit Medien extrem verändert. Dazu generierte ich Konzepte, indem ich auf zukünftige Trends achtete, die die Teenager in Sachen Politik, Wirtschaft, Gesellschaft und Technologie beeinflussen würden. Diese Trends wurden Grundlage für die Vorausschau-Szenarien. Ich priorisierte die verschiedenen Szenarien und achtete darauf, was für Teenager wirklich wichtig und interessant war. Das war einerseits das verfügbare Geld und andererseits Themen wie Technik und Modetrends. Dazu erstellte ich eine 2 × 2-Matrix und entwickelte darauf aufbauend Vorschau-Szenarien. Eines davon war ein Szenario, in dem die Teenager sich selbst durch den Stil ihrer Mode auszudrücken versuchten. Kleidung wird schon seit jeher entsprechend der Lebenseinstellung und des Mindsets ausgewählt, T-Shirts sind im Falle vieler Teenager Botschafter ihrer Gedanken und Werte. Das Team entwickelte aufgrund dieser Insights eine Reihe von physischen und virtuellen Lösungen, die in mehreren imaginierten Szenarien visualisiert wurden. Durch die Interviews fanden wir heraus, dass das Thema Gewicht und Mode zwar wichtig ist, aber der Trend weg vom Magermodel geht. Kleidung wird dadurch einen noch höheren Stellenwert einnehmen. Aber auch intelligente Kleidung, die über Sensoren direkt mit dem Gehirn verbunden sein soll, wurde besprochen. Diese Outfits der Zukunft transportieren Emotionen und passen sich entsprechend der Gefühlslage des Trägers farblich an – je nachdem, ob dieser konzentriert, frustriert oder entspannt ist. Wir haben dazu Kollagen mit spezieller Software erstellt (die Ergebnisse wurden sogar teilweise durch einen 3-D-Drucker noch plastischer visualisiert) und eine eigene Persona, wie Teenager sich in den kommenden Jahren kleiden werden. Diese Persona bestand aus einer Holzpuppe, die mit selbstgenähten Stoffen bekleidet wurde. Dabei hat das Design-Thinking-Team vor allem darauf geachtet, wie die Teenager selbst die Bilder wählten und zusammenstellten. Diese Aussagen wurden dann im Rahmen des Projekts mit anderen Schülern geteilt und besprochen.

Vorgehen

- Schritt 1: Trends auflisten und den wichtigsten auswählen. Diese Trends können aus früheren Trendmatrizen kommen oder durch andere Methoden eruiert worden sein. Ermitteln Sie jeden Trend auf der Grundlage seiner Bedeutung für das Projekt. Wählen Sie die beiden wichtigsten Trends aus.
- Schritt 2: Erstellen Sie eine 2 × 2 Matrix mit ausgewählten Trends. Betrachten Sie die ausgewählten Trends und interpretieren Sie zukünftige Möglichkeiten. Denken Sie an Extreme, die aufgrund dieser Trends passieren können, und wandeln Sie diese Extreme in eine Reihe von Skalen um. Erstellen Sie eine 2 × 2-Matrix mit diesen Skalen.
- Schritt 3: Schreiben Sie ein Szenario in jeden Quadranten der Karte. Jedes Szenario beschreibt die Bedingungen eines möglichen zukünftigen Zustands, wenn die beiden Extreme passieren. Wählen Sie einen beschreibenden Titel für jedes Szenario.
- Schritt 4: Entwickeln Sie Konzepte in jedem Quadranten, bei denen Sie alle Trends beachten, die Sie am Anfang dieser Methode identifiziert haben. Betiteln Sie jedes Ihrer Konzepte.
- Schritt 5: Kombinieren Sie die verschiedenen Konzepte und erarbeiten Sie verschiedene Lösungen, indem Sie die Konzepte miteinander kombinieren.
- Schritt 6: Schreiben Sie kurze Zusammenfassungen für jede Lösung. Beschreiben Sie, wie die Lösungen in den möglichen Zukunftsszenarien funktionieren und wie sich die verschiedenen Konzepte ergänzen könnten. Teilen Sie diese Ideen mit dem Team. Welche Szenarien erwarten Sie höchstwahr-

scheinlich in der Zukunft? Wie werden Sie die Lösungen an-passen, wenn die Szenarien doch anders aussehen? Welche optionalen Lösungen müssen Sie für diese möglichen Ände-rungen erstellen?

Vorteile
- Ermöglicht besseres Einfühlen in Zielgruppe
- Betrachtet den zukünftigen Kontext
- Erleichtert Diskussionen
- Legt den Fokus auf den Prozess
- Fördert Ideen

Nachteile
- Aufwendig
- Trends können nur erahnt werden.

Glossar

Hier finden Sie Erläuterungen zu den wichtigsten Begriffen rund um Design Thinking, die in der Literatur und im Design-Umfeld immer wieder auftauchen.

A

A-B-Test
Testverfahren, bei dem einem Prozentsatz von Nutzern eine alternative Version eines Designs angezeigt wird. Die Effektivität der beiden Designs wird dann miteinander verglichen.

Abweichende Ideen
Expansive Ideengenerierung und Erforschung von Ideen

Actor (Darsteller)
Eine Person, die an der Erstellung, Lieferung, Unterstützung oder Nutzung eines Produkts, Services oder Dienstleistung beteiligt ist

Affinitätsdiagramm
Eine Technik, mit der sich eine große Anzahl an Ideen generieren lässt. Diese werden dann in der Gruppe sortiert, um natürliche Beziehungen aufzuzeigen und diese wiederum zu überprüfen und zu analysieren.

Allgemeiner Anpassungseffekt

Die 3-stufigen, kurz- und langfristigen Reaktionen des Körpers auf Stress: (1) Alarm (Flucht oder Angriff); (2) Widerstand (körperliche Anpassung an die Stressoren und Versuche, die Auswirkungen der Stressoren zu reduzieren); (3) Erschöpfung (körperliche Resistenz ist erschöpft und das Immunsystem könnte beeinträchtigt werden)

Analogien

Analogien sind Produkte, Services oder Situationen, die aus einem anderen Bereich oder einer anderen Branche kommen und deren Schwerpunkte einander ähneln. Sie werden herangezogen, um Vorschläge für Verbesserungen zu entwickeln.

Analyse

Ein breiter Begriff, der eine Vielzahl von Werkzeugen, Techniken und Prozessen umfasst, die zum Extrahieren von nützlichen Informationen oder sinnvollen Mustern aus Daten verwendet werden

Anwendungsfälle

Ein Anwendungsfall (engl. use case) bündelt alle möglichen Szenarien, die eintreten können, wenn ein Nutzer versucht, mithilfe des betrachteten Systems ein bestimmtes fachliches Ziel (engl. business goal) zu erreichen. Er beschreibt, was inhaltlich beim Versuch der Zielerreichung passieren kann, und abstrahiert von konkreten technischen Lösungen. Das Ergebnis des Anwendungsfalls kann ein Erfolg oder Fehlschlag/Abbruch sein.

Autoritätsgehorsam

Gehorsam gegenüber Autoritäten (die sich als solche z. B. durch Titel, Kleidung präsentieren), deren Anordnungen sich fast jeder Mensch unter bestimmten Bedingungen fügt (Gehorsamsbereitschaft). Dieses Phänomen kann in Meetings auftreten und führt dazu, dass Menschen das wiedergeben, von dem sie glauben, dass die Autoritätsperson es hören möchte. Das verfälscht die Ergebnisse enorm. Die Design-Thinking-Regeln gehen gezielt gegen dieses Phänomen vor, indem z. B. explizit auf die Verwendung von Titeln verzichtet wird und der Beitrag jedes Teilnehmers als gleich wichtig eingeschätzt wird.

B

Backstage

Backstage-Aktionen sind Handlungen, die Mitarbeiter eines Unternehmens verrichten, die zwar unsichtbar für den Kunden sind, sich aber dennoch auf ihn auswirken. In einem Restaurant beispielsweise ist die Annahme einer Bestellung eine Front-Aktion, die Zubereitung der Speise jedoch eine Backstage-Aktion (solange der Kunde nicht sieht, wie sein Essen zubereitet wird).

Bedürfnis (oder Need)

Eine notwendige Funktion oder Bedingung. Es gibt eine Vielzahl von menschlichen Bedürfnissen wie Nahrung, Dach über dem Kopf, Sicherheit, Liebe und Zuwendung und Selbstverwirklichung.

Bedürfnisfindung

Dies bezeichnet die Kunst, mit Menschen zu sprechen und ihre Bedürfnisse zu entdecken – die expliziten genauso wie die verdeckten. Nur wenn wir die Probleme wirklich verstehen, können wir sinnvolle Einsichten gewinnen – um nachhaltige Lösungen zu finden, zu inspirieren und zu informieren.

Benutzerfreundlichkeit

Benutzerfreundlichkeit beschreibt die Selbstverständlichkeit, mit der ein Benutzer durch technische Systeme, wie etwa Webseiten, navigiert wird. Je einfacher und leichter ein Nutzer seine persönlichen Ziele mit einem technischen Produkt erreichen kann, desto benutzerfreundlicher ist es. Daher ist eine hohe Benutzerfreundlichkeit inzwischen in vielen Branchen ein sehr wichtiges Wettbewerbskriterium geworden.

Beta-Test
Die begrenzte Einführung eines Softwareprodukts mit dem Ziel, Fehler vor dem endgültigen Start zu finden

Bias (Tendenz)
Einseitiger Blickwinkel, Vorurteil oder Teilperspektive. Ein Interviewer könnte versehentlich die Antworten eines Befragten durch Vorannahmen beeinflussen und dadurch eine erwünschte, aber verfälschte Antwort bekommen.

Brainstorming
Ein Gruppen- oder individueller Kreativitätsansatz, bei dem Ideen und Lösungen von Teams in einem gemeinsamen Meeting erstellt werden. Damit Brainstorming funktioniert, ist es wichtig, die Ideengenerierungs- von der Ideenbewertungsphase zu trennen.

Business Process Reengineering
Eine radikale Prozessmethode, die darauf abzielt, die Geschäftsprozesse eines Unternehmens fundamental neu zu gestalten

C

Code
Ein Wort, das ausgewählt wird, um eine Idee, ein Thema oder ein Ereignis darzustellen, das ein wichtiges Thema in einem Interview ist. Nachdem diese Worte beschlossen worden sind, werden sie mit Farben oder Symbolen verknüpft, mit denen Passagen der Transkripte markiert werden.

Co-Design
Prozess, in dem das Design-Thinking-Team direkt mit dem Endbenutzer interagiert, um auf das Wissen zuzugreifen, das entscheidend für die Entwicklung von erfolgreichen Design-Lösungen ist. Die Design Thinker sollten dazu verschiedene Möglichkeiten zur Kommunikation anbieten.

Confirmation Bias

Die Neigung, Informationen zu suchen, zu finden und zu interpretieren, die den eigenen Glauben und die eigenen Meinungen bestätigt

Customer Journey

Bezeichnet die einzelnen Zyklen, die ein Kunde durchläuft, bevor er sich für den Kauf eines Produkts entscheidet. Im Grunde sind damit alle Berührungspunkte (Touchpoints) des Nutzers mit dem Unternehmen, einem Prozess, einem Produkt oder einer Dienstleistung gemeint. Hierzu zählen nicht nur die direkten Interaktionspunkte zwischen Kunden und Unternehmen (Anzeige, Werbespot, Webseite usw.), sondern auch die indirekten Kontaktpunkte, an denen die Meinung Dritter über ein Unternehmen, ein Produkt oder eine Serviceleistung eingeholt wird (Bewertungsportale, Userforum, Blog usw.).

Customer Relation Management (CRM)

Customer Relationship Management kann übersetzt werden mit Kundenbeziehungs-Management. CRM ist eine Entscheidung in der strategischen Ausrichtung eines Unternehmens und beeinflusst alle Prozesse, die mit den Kunden zu tun haben.

D

Decoy Effekt

Beim Decoy-Effekt (auch Tausch-Effekt oder assimilierter Dominanzeffekt genannt) bedient man sich einer dritten Alternative. Diese beeinflusst die Entscheidung für eines der anderen beiden zur Wahl stehenden Objekte.

Definieren

Eine Phase eines Projekts, in der es darum geht, die Bedürfnisse und Herausforderungen des Projekts explizit zu bestimmen

Design Challenge
Eigentliche Fragestellung, die es zu bearbeiten gilt; Ergebnis der Definitionsphase

Design Thinker
Person, die den Design-Thinking-Prozess gemeinsam mit einem Team durchläuft

Design Thinking
Design Thinking ist mehr als nur eine Methode oder ein Innovationsprozess – es ist ein Mindset für Change im Unternehmen.

Design-Thinking-Prozess
Besteht aus den 4 Phasen Verstehen, Definieren, Ideen generieren, Testen. Der Prozess ist nicht-linear und iterativ.

Design-Thinking-Raum
Der Design-Thinking-Raum sollte folgende Kriterien erfüllen: genügend Platz für alle Teilnehmer, viel Tageslicht, gute Luft, kein Echo oder Hall, erhöhte Tische und Stühle, Whiteboards und Flipcharts (am besten mit einem geringen Gewicht), Haftnotizen in verschiedenen Farben und Formen, Flipchart- und Whiteboard Marker.

Dienstleistungssystem
Die Ökologie der Beziehungen, Interaktionen und Kontexte eines Dienstes, Kanäle, Ressourcen und Touchpoints, interne und externe, die die Erbringung einer Dienstleistung erleichtern

Disruption
Ein Prozess, bei dem ein bestehendes Geschäftsmodell oder ein gesamter Markt durch eine stark wachsende Innovation abgelöst bzw. zerschlagen wird. Der Unterschied zwischen einer normalen Innovation, wie sie in allen Branchen vorkommen kann, und einer disruptiven Innovation liegt in der Art und Weise der Veränderung. Während es sich bei einer Innovation um eine Erneuerung handelt, die den Markt nicht grundlegend verändert,

sondern lediglich weiterentwickelt, bezeichnet die disruptive Innovation eine komplette Umstrukturierung bzw. Zerschlagung des bestehenden Modells.

E

Einfühlen

Dieser Begriff wird verwendet, um die Schritte des Verstehens und der Beobachtung zusammenzufassen. Der Gebrauch dieses emotionalen Ausdrucks hilft, Design Thinker daran zu erinnern, dass sie immer die Erfahrung der Menschen betrachten müssen. Es reicht nicht, etwas nur aus der eigenen Perspektive zu sehen – es geht darum, zu verstehen, wie sich jemand fühlt und was eine bestimmte Erfahrung für ihn oder sie bedeutet.

Eintrittspunkt

Position des Zugangs bei einem Prozess, Service oder Dienst. Der erste Punkt, an dem der Nutzer mit dem jeweiligen Dienst interagiert (siehe auch Touchpoint)

Empathie

Wer einen empathischen Kontakt zu einem anderen Menschen herstellen will, wird nicht nur die Gefühle und Bedürfnisse des anderen nachvollziehen, sondern auch die damit zusammenhängenden Lebensumstände und Überzeugungen im Blick haben. Es geht nicht darum, wild zu interpretieren, wie es dem anderen geht, sondern sich in seine Situation hineinzuversetzen.

Endbenutzer

Auch Benutzer oder Endanwender; bezeichnet im IT-Bereich die Person, die die Software verwendet (siehe auch Nutzer, Anwender)

Ethnografie

Der Prozess des Sammelns von Informationen über den Nutzer und dessen Aufgaben direkt in dessen Umfeld – wie am Arbeitsplatz, im häuslichen Umfeld oder in der Freizeit

Evidenzbasiertes Design

Beim evidenzbasierten Design stützt der Designer seine Entwürfe auf glaubwürdige Forschungsergebnisse bzw. Daten, um bestmögliche Ergebnisse zu erzielen – denn das Design sollte nicht nur auf der Meinung des Designers basieren.

Experience Design

Anwendung von Design Thinking mit dem Ziel, für die Person, die mit dem Produkt, Prozess oder Service interagiert, eine angenehme Erfahrung zu schaffen. Dieser Prozess beginnt mit dem Verständnis der Bedürfnisse und Wünsche des Nutzers. Die Analyse konzentriert sich auf kognitive, emotionale und motorische Aspekte der Interaktion und ist abgeschlossen, wenn die Qualität der Erfahrung mit dem entwickelten Produkt zusammenpasst.

Extreme User

Eine Person, deren Eigenschaften oder Ausprägungen nicht denen des Durchschnitts der Gruppe von Benutzern entspricht. Extreme User können unterschiedliches Alter, Fähigkeiten, Berufe, Erfahrungen usw. haben. Die Fokussierung auf extreme User kann zu innovativeren Lösungen und tieferen Erkenntnissen über eine Gruppe von Benutzern führen und neue Märkte für ein Produkt oder eine Dienstleistung erschließen.

F

Faktoren der Umwelt

Der Erfolg von Design Thinking wird maßgeblich durch eine gemeinschaftliche Arbeits- und Denkkultur bestimmt. Diese beruht auf vier wesentlichen Elementen: interdisziplinäre Teams, Räume, Design-Thinking-Prozess und Auftrag.

Feldstudie/Feldbeobachtung

Eine Methode, um Daten über Benutzer zu sammeln. Sie umfasst auch Produktanforderungen, Beobachtungen und Befragungen. Die Daten werden direkt in der Umgebung des Nutzers gesammelt.

Fragebogen

Ein Forschungsinstrument, das aus einer Reihe von Fragen und anderen Aufforderungen besteht, um Informationen von den Befragten zu sammeln

Freemium

Ein sogenanntes Kofferwort aus „Free" und „Premium" und bezeichnet ein Geschäftsmodell, bei dem ein Unternehmen einen Service oder ein Produkt gratis anbietet. Zusätzlich kann der Nutzer Premiumdienste erwerben, indem er einen Aufpreis bezahlt.

G

Geschlossene Fragen

Fragen, die mit Ja oder Nein beantwortet werden können

Grounded Theory bzw. gegenstandsbezogene Theoriebildung

Ein sozialwissenschaftlicher Ansatz zur systematischen Auswertung von zumeist qualitativen Daten (Interviewtranskripte, Beobachtungsprotokolle), um neue Theorien aufzustellen

Gruppendenken

Der Konsens von Meinungen – ohne kritische Bewertung möglicher Konsequenzen oder Alternativen. Die Teammitglieder stimmen den Aussagen des jeweils anderen zu, damit der Status quo nicht gestört wird.

H

HCI (Human Computer Interaction)
Mensch-Computer-Interaktion beinhaltet die Untersuchung, Planung und Gestaltung einer Interaktion zwischen Menschen (Anwender) und Computern.

Heuristik
Ein analytisches Vorgehen, bei dem mit begrenztem Wissen über ein System mithilfe von Schlussfolgerungen Aussagen über das System getroffen werden, so zum Beispiel in Best Practices, Prinzipien oder Faustregeln, Versuch und Irrtum

Hick'sches Gesetz
Ein Modell, bei dem die Geschwindigkeit, mit der ein Mensch Informationen zur Entscheidungsfindung verarbeitet, ein Maß für dessen Intelligenz ist. Mehr Auswahlmöglichkeiten erhöhen die Entscheidungszeit.

High-fidelity-Prototyping
Bei dieser Art des Prototyping wird auf eine größere Ähnlichkeit mit dem endgültigen Produkt geachtet. Dazu wird statt einfacher Materialien (Stifte, Haftnotizen etc.) Software (z. B. Axure, Balsamiq) verwendet, um die Bedienelemente originalgetreu zu entwerfen.

How might we …? Wie können wir …?
Eine positive, umsetzbare Frage, die die Design Challenge zusammenfasst, aber nicht auf eine bestimmte Lösung ausgerichtet ist

Human-centered Design (nutzerorientiertes Design)
Dieser Ansatz zielt darauf ab, Services, Prozesse oder Produkte so zu gestalten, dass sie über eine hohe Gebrauchstauglichkeit (Usability) verfügen. Das wird dadurch erreicht, dass der (zukünftige) Nutzer mit seinen Bedürfnissen, Zielen und Eigenschaften im Mittelpunkt des Entwicklungsprozesses steht.

I

Ideen generieren
Phase im Design-Thinking-Prozess; besteht aus der Ideenfindung und der Ideenbewertung und dient der Entwicklung und Visualisierung unterschiedlicher Konzepte

Interdisziplinäre Zusammenarbeit
Kombiniert die Weisheit, Erfahrung und Fähigkeit Angehöriger verschiedener Fachdisziplinen in enger und flexibler Zusammenarbeit. Jedes Teammitglied braucht Einfühlungsvermögen, das es ihm erlaubt, in einem innovativen Problemlösungsprozess mit den anderen zusammenzuarbeiten. Design-Thinking-Teams können aus Anthropologen, Ingenieuren, Pädagogen, Ärzten, Juristen, Mechanikern, Rechtsanwälten, Wissenschaftlern etc. bestehen.

Induktive Analyse
Bei dieser Art der Analyse werden zunächst Daten gesammelt und analysiert, um dann auf dieser Basis Hypothesen zu erstellen. Der Nutzer und seine Perspektive stehen im Mittelpunkt der Lösung. Das erfordert viel Empathie, um dessen spezifische Bedürfnisse zu ermitteln. Diese Philosophie beinhaltet, dass zunächst mit dem Menschen und seinen Erwartungen gestartet wird, bevor die Lösung auf Machbarkeit und Wirtschaftlichkeit hin getestet wird.

Inkubator
Inkubatoren sind Einrichtungen, die Unternehmen auf den Weg der Existenzgründung bringen und sie dabei unterstützen.

Innovation
Innovation heißt wörtlich „Neuerung" und ist vom lateinischen Verb innovare (erneuern) abgeleitet. In der Umgangssprache wird der Begriff im Sinne von neuen Ideen und Erfindungen und deren wirtschaftlicher Umsetzung verwendet. Im engeren Sinne resultieren Innovationen erst dann aus Ideen, wenn diese in neue Produkte, Dienstleistungen oder Prozesse umgesetzt

werden, die tatsächlich erfolgreiche Anwendung finden und den Markt durchdringen (Diffusion). Das Gegenteil von Innovation ist die Exnovation.

Interaktionsdesign (IxD)

Auch Interaktionsgestaltung, die Gestaltung von Mensch-Maschine-Schnittstellen. Diese Disziplin, die es erst seit Ende der 1980er-Jahre gibt, beschäftigt sich mit grafischen Bedienoberflächen (GUI).

Insights

Ideen oder Begriffe, die als prägnante Aussagen ausgedrückt werden. Sie helfen dabei, Muster zu interpretieren, und können ein neues Verständnis eines Problems erzeugen. Synonym werden auch die Begriffe Einsicht, Erkenntnis, Eingebung oder Aha-Momente verwendet.

Interviewleitfaden

Eine Liste von Fragen zum direkten Gespräch, damit sichergestellt ist, dass die wichtigsten Fragen auch diskutiert werden. Der Leitfaden sollte zwar flexibel gestaltet sein, um auf mögliche, unerwartete Antworten reagieren zu können, aber trotzdem ist der Hauptzweck, dass der Fokus des Interviews nicht verloren geht.

Interviewer-Bias

Die bewusste oder unbewusste Beeinflussung von Personen im Rahmen von Interviews, was zu systematischen Verzerrungen von Ergebnissen, sogenannten Antworttendenzen, führt

I-shaped

Jemand, der tiefe Fähigkeiten und Kenntnisse in einem Bereich hat, aber dafür keine weitere Kompetenz in anderen Bereichen

Iteration

Der Prozess der Wiederholung eines Prozesses mit dem Ziel der Annäherung an ein gewünschtes Ziel, Lösung oder Ergebnis.

K

Kanal

Ein Medium für die Kommunikation oder Lieferung. Die meisten Unternehmen verwenden mehr als einen Kanal, beispielsweise Telefon, E-Mail, Website etc.

Kausalität

Eine Beziehung zwischen einem Ereignis (der Ursache) und einem zweiten Ereignis (dem Ergebnis), wobei das zweite Ereignis eine Konsequenz des ersten Ereignisses ist

Kognitive Dissonanz

Ein als unangenehm empfundener Gefühlszustand, der daher rührt, dass ein Mensch unvereinbare oder widersprüchliche Gedanken, Wahrnehmungen, Meinungen, Wünsche oder Absichten hat. Menschen versuchen, die Unbequemlichkeit zu reduzieren, indem sie eine der Überzeugungen verändern und so in einen Zustand der Konsonanz zurückkehren. So kann zum Beispiel jemand von sich annehmen, dass er zwar ein intelligenter Verbraucher ist, und dann mit der Erkenntnis konfrontiert werden, dass er dennoch zu viel bezahlt hat, beispielsweise für ein Auto. Die beiden Überzeugungen sind in Konflikt (dissonant) und daher unangenehm. So muss eine der Überzeugungen geändert werden – aber nicht die des Selbstglaubens! Weil es schwierig ist, ein anderes Auto zu bekommen, ändert sich daher oft die Einstellung des Kunden zu seinem Auto, sodass er es als wertvoller ansieht und daher den gezahlten Preis als angemessen empfindet.

Kollaboration

Interaktion verschiedener Menschen miteinander, z. B. Nutzer, Stakeholder und anderer Projektmitglieder

Kollektive Intelligenz

Gemeinsames Wissen, das aus der Zusammenarbeit einer Gruppe von Menschen entsteht und in Konsensentscheidungen zum Ausdruck kommt. Kollektive Intelligenz erfordert Offenheit, Austausch von Ideen, Erfahrungen und Perspektiven.

Komponenten der Innovation

Innovationen und wertvolle Problemlösungen vereinen drei wesentliche Komponenten: (technologische) Machbarkeit, (wirtschaftliche) Tragfähigkeit und (menschliche) Erwünschtheit. Design Thinking nimmt die menschliche Komponente zum Ausgangspunkt der Zielstellung und gestaltet innovative Produkte, Services oder Erlebnisse, die nicht nur attraktiv, sondern auch realisierbar und marktfähig sind.

Kontext

Der spezifische Rahmen, in dem ein Prozess, ein Produkt oder ein Service stattfindet. Erforschung und Definition des Kontexts bedeutet, dass es zwar Projektgrenzen gibt, die beachtet werden müssen, aber auch Chancen. Kontexte sind aber auch externe Elemente, die das Produkt, den Service oder den Prozess umgeben und beeinflussen. Diese Gegenstände können physisch und nicht-physisch sein. Der Umweltzusammenhang bezieht sich auf die Zeit, den Tag, den Standort, die Art des Ortes und jeden anderen physikalischen Aspekt, der das jeweilige Produkt, den Prozess oder Service beeinflussen könnte. Das Umfeld beeinflusst deren Erfolg.

Konvergentes Denken

Der Begriff wurde 1950 von J. P. Guilford, einem bekannten Persönlichkeits- und Intelligenzforscher, geprägt und beschreibt das gleichgerichtete Denken. Merkmale des konvergenten Denkens sind: zusammenführend, analysierend, in Richtung einer einzigen, präzisen Lösung abzielend. Dieses Denken eignet sich bestens zum Bewerten und Auswählen von Vorschlägen und kommt bevorzugt in dieser Phase des kreativen Prozesses zur Anwendung. Das Gegenteil des konvergenten Denkens ist das divergente Denken.

Kreativität

Im allgemeinen Sprachgebrauch vor allem die Eigenschaft eines Menschen, schöpferisch zu sein. „Creare" (lat.) bedeutet übersetzt „schöpfen", dieser Begriff wird meistens mit Berufen aus den Kunstbereichen verbunden.

L

Lean-Start-up

Umfasst eine ganz bestimmte Theorie und Geisteshaltung, mit der Unternehmer ein Unternehmen gründen können. Der Begriff Lean-Start-up stammt aus dem englischen Sprachraum, wobei „lean" „schlank" meint und andeuten soll, dass mit möglichst wenig Kapital ein erfolgreiches Unternehmen gegründet werden kann. Der Fokus liegt hierbei nicht etwa auf einer langen Vorab-Planung, sondern vielmehr auf Learning-by-doing, indem das Produkt oder die Dienstleistung frühzeitig auf den Markt gebracht wird.

Learnings

Die grundlegendsten Informationen, die sich aus einer Recherche entnehmen lassen, einschließlich direkter Aussagen, Anekdoten, erster Eindrücke, Hinweise zum Umfeld, Hinweise auf das, was denkwürdig oder überraschend ist, und vieles mehr

Likert-Skala

Verfahren zur Messung persönlicher Einstellungen (z. B. 1–5, wobei 1 = stark übereinstimmend und 5 = gar nicht übereinstimmend bedeutet)

Line of visibility

Funktionalitäten primär aus Kundensicht („beyond the line of visibility") und aus Mitarbeitersicht („behind the line of visibility")

Low-Fidelity-Prototyping

Zielt darauf ab, Ideen und Abläufe möglichst früh zu prüfen, um den Aufwand zu reduzieren und die Rückmeldungen der Testpersonen einfach und schnell integrieren zu können

M

Machbarkeit

Bedeutet, dass eine Anforderung oder ein Projektziel durchführbar ist und die Rahmenbedingungen (z. B. vorhandene Kapazitäten, gesetzliche Rahmenbedingungen) sichergestellt sind

Maslow'sche Bedürfnispyramide

Die Maslow'sche Bedürfnishierarchie, bekannt als Bedürfnispyramide, ist eine sozialpsychologische Theorie des US-amerikanischen Psychologen Abraham Maslow. Sie beschreibt menschliche Bedürfnisse und Motivationen in einer hierarchischen Struktur und versucht, diese zu erklären. Im Design Thinking wird dieses Modell genutzt, um die Bedürfnisse der Nutzer besser zu verstehen. Zum Beispiel kann ein Smartphone die Sicherheits- („Ich muss in einem Notfall jemanden erreichen können") und sozialen Bedürfnisse („Ich will in Verbindung bleiben, wo auch immer ich bin") erfüllen, aber auch das Selbstwertgefühl (Blick auf das coole Smartphone) steigern.

Minimum Viable Product

Ein minimal funktionsfähiges Produkt (MVP) umfasst die unbedingt notwendigen Funktionen eines neuen Produkts. Das Ziel eines MVP ist es, fundamentale Geschäftshypothesen möglichst effizient in der realen Welt zu testen.

Moderator

Das Ziel eines Moderators ist es, mit allen Gruppenmitgliedern einen gemeinsamen Lernprozess zu gestalten. Der Gesprächsmoderator unterstützt die Teilnehmer in einer Gesprächsrunde, indem er meist die Teilnehmer begrüßt, das Thema, den Ablauf und die Regeln erklärt. Moderatorinnen und Moderatoren steuern die einzelnen Redebeiträge, greifen wichtige Schlagwörter auf, fassen diese zusammen, bremsen übereifrige Teammitglieder, fördern die Klarheit, unterstützen den Dialog und vermitteln bei Konflikten und Problemen. Sie lenken den Umgang mit dem Thema und beziehen die Zuhörer mit ein.

N

Nutzer

Ein Benutzer (auch Endbenutzer) ist eine Person, die ein Hilfsmittel verwendet, um einen Nutzen zu erzielen, z. B. eine Zeit- oder Kostenverringerung. In diesem Buch werden die Begriffe Nutzer, Endnutzer, Anwender, Kunde simultan verwendet und bezeichnen jeweils die Person, für die eine Lösung erarbeitet wird.

P

Papier-Prototyp

Eine Handzeichnung, mit der schnell Feedback von anderen Personen eingeholt werden kann

Persona

Eine fiktive Identität, die die Benutzergruppe bzw. das Anwendersegment mit gemeinsamen Bedürfnissen und Merkmalen darstellt, für das eine Lösung gesucht werden soll. Personas zeichnen sich durch archetypische Merkmale aus.

Point of View (PoV)

Im Design Thinking bedeutet ein PoV den Standpunkt einer ganz bestimmten Person. Das Erstellen eines PoV beinhaltet das

Synthetisieren der in den Verstehens- und Beobachtungsphasen gewonnenen Daten, um eine gemeinsame Referenz bzw. Inspiration für spätere Ideengenerierungen und Prototypen zu schaffen. Die Idee ist, sich auf eine reale Person zu konzentrieren – mit vielen der konkreten Details, die während der Einfühlen-Phasen gefunden wurden. Der Ansatz besteht darin, ein oder zwei kurze Sätze zu entwickeln, die Nutzer + Bedürfnis + Insight ausdrücken.

Prototyp
Ein Modell, das entwickelt wurde, um ein Konzept mit den Endbenutzern zu testen und daraus zu lernen. Prototyping hilft dabei, die realen Arbeitsbedingungen und nicht die theoretischen Bedingungen zu verstehen.

R

Rapid Prototyping
Der schnelle Bau eines Modells, beschreibt eine Methode, die es Unternehmen erlaubt, schon in der Phase der Planung eine Art Probe-Modell zu bauen. Somit können schon frühzeitig Fehler oder Schwächen erkannt und behoben werden, bevor innerhalb des Produktionsprozesses hohe Kosten dafür anfallen würden. Generell dient der Begriff Rapid Prototyping als Überbegriff für viele Möglichkeiten bzw. Verfahren einer schnellen und unkomplizierten Modellanfertigung. Rapid Prototyping ist eine Spezialform des normalen Prototypings, wobei die Herangehensweise aus der Fertigungstechnik stammt. Hier findet eine durch Maschinen automatisierte Produktion von Prototypen statt, bei der die Maße und Beschaffenheit durch digital bestehende Modelle eingelesen und somit der Maschine vorgegeben werden. Ziel des Rapid-Prototyping-Verfahrens ist es zum Beispiel, 3-D-Modelle von materiellen Produkten mit einem 3-D-Drucker zu drucken.

Reframing

Hilft, verschiedene Perspektiven und neue Ideen zu einem existierenden Problem zu entwickeln – denn es gibt immer mehr als eine Perspektive auf ein Problem. Dazu helfen Fragestellungen wie „Was ist, wenn ein Mann oder eine Frau es verwendet?", „Was, wenn es in China oder Argentinien verwendet werden würde?" oder „Was ist ein anderer Grund für das Problem?" etc.

Return on Investment (ROI)

Ob sich eine Investition gelohnt hat, zeigt die Berechnung des Return on Investment, was im deutschen Sprachgebrauch so viel bedeutet wie Kapitalrendite und mit ROI abgekürzt wird. Die Kennziffer des ROI beschreibt das prozentuale Verhältnis zwischen dem investierten Kapital und dem Gewinn, den das Unternehmen erwirtschaften konnte. Der ROI kann als unabhängiger Maßstab für die Rentabilität und Leistung eines Unternehmens gesehen werden. Außerdem kann mit dem ROI überprüft werden, ob gesetzte Gewinnziele erreicht wurden.

Reziprozität

Gegenseitigkeit im sozialen Austausch; eine soziale Regel, die besagt, dass Menschen sich gezwungen fühlen, etwas zurückzugeben, nachdem sie beschenkt worden sind. Im Design Thinking geht es darum, Empathie für das Gegenüber aufzubauen. Wenn sich ein Design Thinker für jemand anderen interessiert und dessen Bedürfnisse verstehen will, wird der- oder diejenige im Gegenzug den Design Thinker dabei unterstützen, Produkte, Services und Prozesse zu entwickeln, die auch wirklich funktionieren.

Rollenspiel

Eine Spielform, bei der die Spielenden in andere Rollen schlüpfen, z. B. in die von realen Menschen, Tieren oder auch Gegenständen. Im Design-Thinking-Prozess soll so das Feedback der Nutzer eingeholt werden, um dann die Konzepte bzw. Lösungen zu entwickeln und zu optimieren.

S

Scrum

(Aus englisch scrum für „Gedränge"), die Bezeichnung für ein Vorgehensmodell des Projekt- und Produktmanagements, das vor allem in der agilen Softwareentwicklung vorkommt. In der Zwischenzeit wird es in vielen anderen Bereichen eingesetzt. Scrum besteht aus nur wenigen Regeln, die im sogenannten „Agile Atlas" (für den Kern, also die Grundlagen) oder im (etwas ausführlicheren) Leitfaden „Scrum Guide" beschrieben sind. Der Ansatz von Scrum ist empirisch, inkrementell und iterativ. Er beruht auf der Erfahrung, dass viele Entwicklungsprojekte zu komplex sind, um in einen vollumfänglichen Plan gefasst werden zu können.

Service Design

Wird oft mit Design Thinking gleichgesetzt, bezieht sich aber eigentlich nur auf den Prozess der Gestaltung von Dienstleistungen. Er wird von Designern normalerweise in enger Zusammenarbeit mit Unternehmen ausgeführt, um methodisch kunden- und marktgerechte Dienstleistungen zu entwickeln.

Service-Momente

Diskrete Interaktionspunkte zwischen einem Nutzer und einem Service, die oftmals in einer Customer Journey Map abgebildet werden

Soziales Lernen

Eine Form des Lernens, die darauf beruht, das zu beobachten und nachzumachen, was andere tun. Design Thinker können mit einem Nutzer effizienter kommunizieren, wenn sie sich so verhalten, wie der Nutzer es tun würde. Sie können die Überzeugungskraft des sozialen Lernens erhöhen, indem sie das gewünschte Verhalten durch Menschen veranschaulichen, die den anvisierten Nutzern ähnlich sind, den diese mögen oder respektieren.

Spielerfehlschluss

Der falsche Glaube daran, dass, wenn ein Ereignis häufiger als normal aufgetreten ist, es seltener in der Zukunft passieren wird

Sprint (Iteration)

Eine vordefinierte, begrenzte und wiederkehrende Periode, in der Ziele geplant, ausgeliefert und überprüft werden

Stakeholder

Eine Person, Gruppe oder Unternehmen, das direkt oder indirekt von einem Produkt, Prozess oder Service betroffen ist. Stakeholder sind alle Personen, die Einfluss auf die Lösung haben, insbesondere das Projektteam, Nutzer, strategische Partner, Kunden, Lieferanten, Anbieter und Management.

Stand-up-Meeting

Wird jeden Morgen abgehalten (ca. 10 Minuten lang), um Fortschritte zu aktualisieren und sicherzustellen, dass das Projekt auf der Spur ist, bzw. Lösungen zu finden, wenn es das nicht ist. Alle Teammitglieder beantworten ehrlich drei Fragen: 1. Was habe ich gestern gemacht? 2. Was werde ich heute tun? 3. Gibt es irgendetwas, das mich daran hindert, meine Ziele zu erreichen?

Start-up

Ein junges Unternehmen, das vor allem durch zwei Besonderheiten gekennzeichnet ist: Es hat eine innovative Geschäftsidee bzw. Problemlösung – und die Unternehmensgründung erfolgt mit dem Ziel, stark zu wachsen und einen hohen Wert zu erreichen. Die Finanzierung wird dabei häufig wegen der Risiken nicht über klassische Banken organisiert, sondern über Förderbanken und innovative Finanzierungsformen, wie etwa Venture-Kapital und Crowdfunding. Oft haben die Start-ups es dabei mit einem jungen oder noch nicht existierenden Markt zu tun und müssen erst ein funktionierendes, skalierbares Geschäftsmodell finden. Haben sie dieses gefunden und etabliert, gelten sie allgemein nicht mehr als Start-up. Auch ehemalige Start-ups oder gestandene Unternehmen bewahren sich mitunter die erfolgreichen Ansätze von Start-ups (wie Innovationsfähigkeit, Flexibilität, Modernität, flache Hierarchien), fördern sie durch Inkubatoren, gründen bzw. gliedern eigene Bereiche als Start-ups aus (sogenannte Spin-offs) oder übernehmen Start-ups durch Zukäufe.

Storyboard
Eine grafische Folge von Illustrationen, Worten oder Bildern zum Zweck der Kommunikation eines Nutzerszenarios oder einer Erfahrung. Storyboarding wurde von Walt Disney in den frühen 1930er-Jahren entwickelt. Die visuelle Sequenz von Ereignissen wird verwendet, um die verschiedenen Stationen und Situationen in einem Ablauf zu erfassen.

Suggestivfrage
Eine Frage, die so formuliert ist, dass der Befragte eine Antwort gibt, die der Forscher bevorzugt

Swim Lanes
Eine Kombination von Zuständigkeitsdiagrammen und klassischen Flussdiagrammen, mit der meist Geschäftsprozesse in bereichsübergreifenden Prozessabfolgen dargestellt werden – mitsamt den auftretenden Schnittstellen. Dieser Ansatz wird oft in der Dienstleistungsentwicklung verwendet; er stellt den Arbeitsablauf über die Zeit dar und wird üblicherweise von links nach rechts gelesen.

Synthese
Eine Analyse endet in der Erkenntnis über die einzelnen Elemente eines Vorgangs oder eines Systems und deren Zusammenhänge. Bei der Synthese wird dieser Vorgang umgekehrt und versucht, aus den Elementen, die durch die Analyse gefunden wurden, ein neues Ganzes zusammenzusetzen.

Szenario

Eine hypothetische Erzählung, die ein Ereignis oder eine Reihe von Ereignissen illustriert. Szenarien werden vor allem in der Phase des Prototyping eingesetzt, um Ideen zu erforschen und neu zu definieren. Sie haben meist die Form von Kurzgeschichten über Menschen und Aktivitäten, die die typische Verwendung des Produkts, Services oder Prozesses beschreiben und konzentrieren sich auf Ziele, Handlungen und Objekte.

T

Time-to-Market (TTM)

Von der ersten Idee für ein bestimmtes Produkt bis zu dessen tatsächlicher Markteinführung kann eine lange Zeit vergehen. Diese Zeitspanne, die auch die Entwicklung im technischen und logistischen Bereich miteinschließt, bezeichnet man als Time-to-Market oder kurz TTM. Der Begriff Time-to-Market kann am ehesten mit der Bezeichnung „Vorlaufzeit" übersetzt werden.

Touchpoints

Ein Touchpoint oder Berührungspunkt ist jeder Kontaktpunkt zwischen einem Kunden und dem Anbieter eines Prozesses, eines Produkts oder einer Erfahrung. Ein Berührungspunkt findet dort statt, wo ein (potenzieller) Kunde in Kontakt mit einem Unternehmen kommt. Die Identifizierung der Touchpoints ist ein wichtiger Schritt zur Erstellung einer Customer Journey Map. Jeder Touchpoint ist eine Möglichkeit, ein besseres Kundenerlebnis zu schaffen. Ein Berührungspunkt kann physisch, virtuell oder eine menschliche Interaktion sein. Beispiele: Werbung, Telefon, Soziale Medien, Fachmessen, Netzwerk, Blogs, Hören-Sagen etc.

Transkript

Das Verfahren zur schriftlichen Erfassung und Wiedergabe von Audio- oder Videoaufzeichnungen

T-shaped

Eine Person, die tiefe, spezialisierte Kompetenz in einem einzigen Themenbereich und zusätzlich allgemeine Kenntnisse und Fähigkeiten in einer ganzen Reihe von Disziplinen hat

U

Unerfüllte Bedürfnisse

Es gibt sechs Prinzipien, die sicherstellen, dass eine Lösung mit den Benutzerbedürfnissen kompatibel ist:

1. Das Design basiert auf einem expliziten Verständnis über den Nutzer, seine Aufgaben und Umgebungen.
2. Der Nutzer ist an der Entwicklung beteiligt.
3. Die Lösung wird durch eine nutzerzentrierte Analyse gesteuert und ausgewertet.
4. Der Prozess ist iterativ.
5. Die Lösung adressiert die gesamte Anwendererfahrung.
6. Das Team umfasst multidisziplinäre Fähigkeiten und Perspektiven.

Zielführende Fragen sind: „Wer sind die Nutzer?", „Was sind die Aufgaben und Ziele der Nutzer?", „Was sind die Erfahrungen der Nutzer?", „Welche Funktionen/Informationen braucht der Nutzer?".

Unique Selling Points (USP)

Die einzigartige Eigenschaft eines Produkts oder eines Markenartikels, mit der ein Vorteil gegenüber der Konkurrenz zu erreichen ist; kann in der Formgebung, in besonderen technischen Eigenarten oder dem Service begründet sein. Das Alleinstellungsmerkmal ist typischerweise die Grundlage einer Werbekampagne für ein Produkt.

Usability Roundtable

Ein Treffen, bei dem eine Gruppe von Nutzern eingeladen wird, um an einer konkreten Lösung zu arbeiten und frühe Prototypen zu diskutieren

Usability Tests

Vergleichen zwei oder mehr Designs miteinander. Beispiele könnten der Vergleich alternativer Wireframes, Vergleich vor und nach Änderungen eines Designs oder ein Vergleich eines Designs mit den Designs von Wettbewerbern sein.

User Experience (UX)

Bezeichnet das Nutzungserlebnis eines bestimmten Produkts. Sie spiegelt Erfahrungen sowie auch Empfindungen und Gefühle einer Person während der Benutzung eines Produktes wider.

User Story

„Anwendererzählung", eine in Alltagssprache formulierte Anforderung an eine Software. Sie ist bewusst kurz gehalten und umfasst in der Regel nicht mehr als zwei Sätze.

V

Verstehen

Es geht hier um das Verständnis des Problems. Dazu wird vor allem auf Beobachtungen gesetzt – intensive Recherchen und Feldforschungen, um wichtige Einsichten und Erkenntnisse zu gewinnen und die Rahmenbedingungen des Status quo zu entwickeln.

VUCA

Volatility, uncertainty, complexity and ambiguity (deutsch für Volatilität (Schwankung), Unsicherheit, Komplexität und Vieldeutigkeit). Das Akronym VUCA geht auf den militärischen Sprachgebrauch in den 1990er-Jahren zurück und beschreibt ursprünglich eine Welt nach dem Kalten Krieg, die durch Volatilität, Unsicherheit, Komplexität und Vieldeutigkeit gekennzeichnet ist. Im Laufe der letzten Jahre hat sich der Begriff in zunehmendem Maße durchgesetzt, um die geänderten Rahmenbedingungen der Unternehmensorganisation und der Mitarbeiterführung in einer globalisierten Welt zu beschreiben.

W

Wirtschaftlichkeit
Allgemeines Maß für die Effizienz im Sinne der Kosten-Nutzen-Relation. Das Ziel ist, mit einem möglichst geringen Aufwand einen gegebenen Ertrag oder mit einem gegebenen Aufwand einen möglichst großen Ertrag zu erreichen.

Wicked Problem
Ein „vertracktes" Problem ist ein Problem mit widersprüchlichen und sich ändernden Anforderungen. Der Begriff „wicked" wird verwendet, wenn: 1. Die Lösung davon abhängt, wie das Problem gestaltet ist; 2. Stakeholder zu unterschiedliche Weltsichten haben, um ein einheitliches Verständnis für das Problem zu entwickeln; 3. Die Einschränkungen des Problems und der Ressourcen, die erforderlich sind, um es zu lösen, sich mit der Zeit ändern; 4. Das Problem nie endgültig gelöst wird.

Wireframe
Eine grobe Anleitung für das Layout einer Website oder App, erstellt entweder mit Stift und Papier oder einer Software

Wünschbarkeit
Vom Nutzer erhofftes Ergebnis, Bedarfserfüllung

Z

Zufriedenheitssystem
Das Bedrohungssystem hilft den Menschen, Bedrohungen und Gefahren wahrzunehmen und auf sie zu reagieren. Das Antriebssystem hilft den Menschen, Ressourcen aufzuspüren, die für ihr Überleben und Gedeihen wichtig sind. Das Beruhigungs- und Zufriedenheitssystem ist der Ursprung von Gefühlen der Entspannung, des Wohlbefindens, der Sicherheit und Verbundenheit. Im Design Thinking geht es vor allem darum, für das Zufriedenheitssystem Produkte, Prozesse oder Dienstleistungen zu entwickeln.

Literaturverzeichnis

Bayazit, N.: *Investigating Design: A Review of Forty Years of Design Research*, in: Design Issues Vol. 20 (2004), S. 16–29

Bock, W. & Gronert, S. (Hrsg.): *Das Modell als Denkbild – Jahrbuch der Fakultät Gestaltung*, Verlag der Bauhaus-Universität Weimar, Weimar 2005

Bonsiepe, G.: *Entwurfskultur und Gesellschaft – Gestaltung zwischen Zentrum und Peripherie*, Birkhäuser Verlag, Basel 2009

Bürdek, B. E.: *Design – auf de, Weg zu einer Disziplin*, Dr. Kovac Verlag, Hamburg 2012

Bürdek, B. E.: *Design – Geschichte, Theorie und Praxis der Produktgestaltung*, Birkhäuser Verlag, Basel 2005

Cross, N.: *Designerly Ways of Knowing*, Springer Verlag, London 2006

Cross, N.: *Engineering Design Methods*, John Wiley & Sons Ltd, West Sussex 2000

Curedale, R.: *design methods 1 – 200 ways to apply design thinking*, Design College Inc., Topanga 2012

Dienst, M.: *Methoden für den Entwurf und die Gestaltung*, Grin Verlag, Berlin 2010

Fiell, C. & Fiell, P.: *Design Handbook: Concepts – Styles – Materials*, Taschen Verlag, Köln 2006

Fischer, W. & von Hartmann, G. B. (Hrsg.): *Zwischen Kunst und Industrie. Der Deutsche Werkbund.*, Die neue Sammlung Staatliches Museum für angewandte Kunst, München 1975

Früh, W.: *Inhaltsanalyse: Theorie und Praxis*, UTB Verlag, Konstanz 1998

Häder, M.: *Empirische Sozialforschung: Eine Einführung*, VS Verlag für Sozialwissenschaften, Wiesbaden 2006

Jonas, W.: *Design-System-Theorie – Überlegungen zu einem systemtheoretischen Modell von Design-Theorie*, Die Blaue Eule Verlag, Essen 1994

Jones, J. C.: *Design Methods – seeds of human futures*, John Wiley & Sons Ltd., Bath 1981

Kries, M.: *Total Design: Die Inflation moderner Gestaltung*, Nicolaische Verlagsbuchhandlung, Berlin 2010

Krippendorff, K.: *Die semantische Wende – Eine neue Grundlage für Design*, Birkhäuser Verlag, Basel 2013

Kumar, V.: *101 Design Methods – A Structured Approach for Driving Innovation in Your Organization*, John Wiley & Sons Ltd., New Jersey 2013

Larson, R., & Csikszentmihalyi, M.: *The experience sampling method*, in: New Directions for Methodology of Social and Behavioral Science – Nr. 15 (1983), S. 41–56

Lawson, B.: *How Designers Think*, Architectural Press, Oxford 2005

Lockwood, T.: *DesignThinking – Integrating Innovation, Customer Experience, and Brand Value*, Allworth Press, New York 2009

Loos, A.: *Warum Architektur keine Kunst ist. Fundamentales über scheinbar Funktionales*, in: Der Sturm (1910) Luhmann, N.: *Die Realität der Massenmedien*, Westsdt. Verlag, Opladen 1996

MacDonald, N.: *What is Web Design?*, Rotovision SA, Hove 2003

Macefield, R.: *Usability Studies and the Hawwthorne Effect*, in: Journal of Usability Studies Volume 2 Issue 3 (2007), S. 146–154

Mareis, C., Joost, G. & Kimpel, K.: *entwerfen wissen produzieren – Designforschung im Anwendungskontext*, transcript Verlag, Bielefeld 2010

Martin, B. & Hanington, B.: *Design Methoden*, Stiebner Verlag, München 2013

Martin, N., Lessmann, S. & Voß, S.: *Crowdsourcing: Systematisierung praktischer Ausprägungen und verwandter Konzepte*, in:

Multikonferenz Wirtschaftsinformatik 2008, hrsg. v. Bichler, M. et al., München 2008, S. 273–274

Müller, F.: *Was Design von der Ethnografie lernt*, in: IO Managment (2001), Nov/Dez 2011, S. 4–7

Nerdinger, W. & Durth, W. (Hrsg.): Ausstellungs-Katalog: 100 *Jahre Deutscher Werkbund*, Prestel Verlag, München 2007

Osborn, A.: Unlocking Your Creative Power: *How to Use Your magination to Brighten Life, to Get Ahead*, Hamilton Books, Amherst 2009

Osterwalder, A. & Pigneurr, Y.: *Business Model Generation: A Handbook For Visionaries, Game Changers, And Challengers*, Wiley, Hoboken 2010

Rittel, H. W. J.: *Second-generation Design Methods*, hrsg. v.: Corss, N.: Developments in Design Methodology, John Wiley and Sons Ltd, Chichester 1984, S. 317–327

Rockley, A. & Cooper, C.: Managing Enterprise Content. *A Unified Content Strategy*, New Riders, Berkley 2012

Romero-Tejedor, F. & Jonas, W.: *Positionen zur Designwissenschaft*, Kassel University Press, Kassel 2010

Romero-Tejedor, F.: *Der Denkende Designer – Von der Ästhetik zur Kognition: Ein Paradigmenwechsel*, Georg Olms Verlag, Hildesheim 2007

Rowe, P. G.: *Design Thinking*, The MIT Press, Cambridge 1987

Schneider, G. & Romano, R.: *ICT-Geschäftsprozessunterstützung und Akzeptanzförderung: Grundlagen zur Prozessoptimierung und Veränderungsbegleitung mit Beispielen, Fragen und Antworten*, Compendio Bildungsmedien, Zürich 2012

Schröder, M.: *Heureka, ich hab's gefunden: Kreativitätstechniken, Problemlösung und Ideenfindung*, W3L Verlag, Bochum 2005

Selle, G.: *Geschichte des Designs in Deutschland*, Campus Verlag, Framkfurt/Main 2007

Sherwin, D.: *Creative Workshop – 80 challenges to sharpen your design skills*, F+W Media International, Cincinnati 2010

Vogel, C. M. & Cagan, J.: *Creating Breakthrough Products: Innovation from Product Planning to Program Approval*, FT Press, Upper Saddle River 2002

Wasson, C.: *Ethnography in the Field of Design*, in: Human Organization 59 – Nr. 4 (2000), S. 377–388

Watzlawick, P. (Hrsg.): *Die erfundene Wirklichkeit – Wie wissen wir, was wir zu wissen glauben? Beiträge zum Konstruktivismus*, R. Piper Verlag, München 1985

Zeisel, J.: Inquiry by Design: *Tools for Enviroment-Behavior Research*, Brooks/Cole Publishing, Monterey 2006, S. 117

Methodenverzeichnis

Danksagung

Dieses Buch stellt eine Vertiefung meines vorherigen Werkes „Design Thinking im Unternehmen" dar und ist vor allem für Menschen gedacht, die Design Thinking als Methode praktisch anwenden und ihr Wissen vertiefen möchten. Ich möchte damit sowohl die Methode als auch die Praxis der Umsetzung behandeln. Für mich ist vor allem die Erfahrung, das ständige Üben und Anwenden, wichtig, wenn nicht sogar wichtiger als der Gedanke an Innovation an sich.

Ich hoffe sehr, dass dieses Buch Unternehmen dabei unterstützt, Design-Thinking-Methoden auszuprobieren, eigene Prototyping-Labore zu gründen, Abteilungen für Innovation einzurichten und Design Thinking als allgemeines Mindset einzuführen.

Ich möchte mich vor allem bei folgenden Interviewpartnern herzlich bedanken, dass Sie mir und meinen Lesern einen so tiefen Einblick in ihr innovatives Vorgehen und ihr Mindset gegeben haben: Friedrich Blaha (Franz Blaha Sitz- und Büromöbel Industrie GmbH), Johannes Guttmann (Sonnentor), Isabella Gyr (Aduno Gruppe), Sabrina Hauptman (Otto GmbH), Inna Helrod und Jannik Streek (EDEKA Lunar), Thomas Landis (Fio), Erno Obogeanu-Hempel (THIS IS AWESOME), Peter-Frans Pauwels (TomTom). All diese Menschen inspirierten mich auf dem Weg zur Innovation und halfen mir, anderen Unternehmen neue Triebkraft und eine neue Ausrichtung zu geben. Am meisten möchte ich mich aber bei meinem Partner in allen Lebenslagen, Peter Gerstbach, bedanken, der mir das Vertrauen und die Liebe schenkt, die mich beflügeln und mich ermutigen, meinen eigenen Weg zu gehen.

Nicht zuletzt möchte ich mich bei all den Menschen in den Unternehmen bedanken, mit denen ich gemeinsam in den letzten Jahren viele neue Lösungen entwickeln durfte. Von ihnen lernte ich viel darüber, wie und wo Innovation im Geschäftsumfeld entstehen kann. Und auch meinen Kollegen und den anderen Beratern danke ich, die mit mir gemeinsam diesen Weg gehen: Danke für all die Begeisterung, das gemeinsame Lernen und das Wissen.

Liebe Leser, ich übergebe Ihnen nun mein neues Werk, das ich mit viel Liebe und Hoffnung geschrieben habe, Ihnen einen Weg zu kreativen und innovativen Problemlösungen zu zeigen.

Die Autorin

Ingrid Gerstbach ist Expertin für Design Thinking und Innovationsmanagement, Wirtschaftspsychologin und Unternehmensberaterin. Sie sieht sich als Entwicklungshelferin für Unternehmen, um Innovationen, neue Erfolgspotenziale und nachhaltige Wertschöpfung zu ermöglichen. Dazu unterstützt sie mittelständische Unternehmen bei der Entwicklung und Umsetzung von Veränderungen und hilft ihnen, Projekte erfolgreich zu gestalten und konkurrenzfähig zu machen.

www.ingridgerstbach.com